SOCIÉTÉ CENTRALE DES ARCHITECTES

FONDÉE EN 1840 — AUTORISÉE EN 1843
DÉCLARÉE D'UTILITÉ PUBLIQUE PAR DÉCRET DU 4 AOUT 1865

MANUEL

DES

LOIS DU BATIMENT

DEUXIÈME ÉDITION, REVUE ET AUGMENTÉE

SECOND VOLUME — PREMIÈRE PARTIE

FASCICULE 1

JE-BEAU-LE-VRAI-L'UTILE

PARIS

LIBRAIRIE GÉNÉRALE DE L'ARCHITECTURE

ET DES TRAVAUX PUBLICS

DUCHER ET Cie

Éditeurs de la Société Centrale des Architectes

51, RUE DES ÉCOLES, 51

1880

MANUEL

DES

LOIS DU BATIMENT

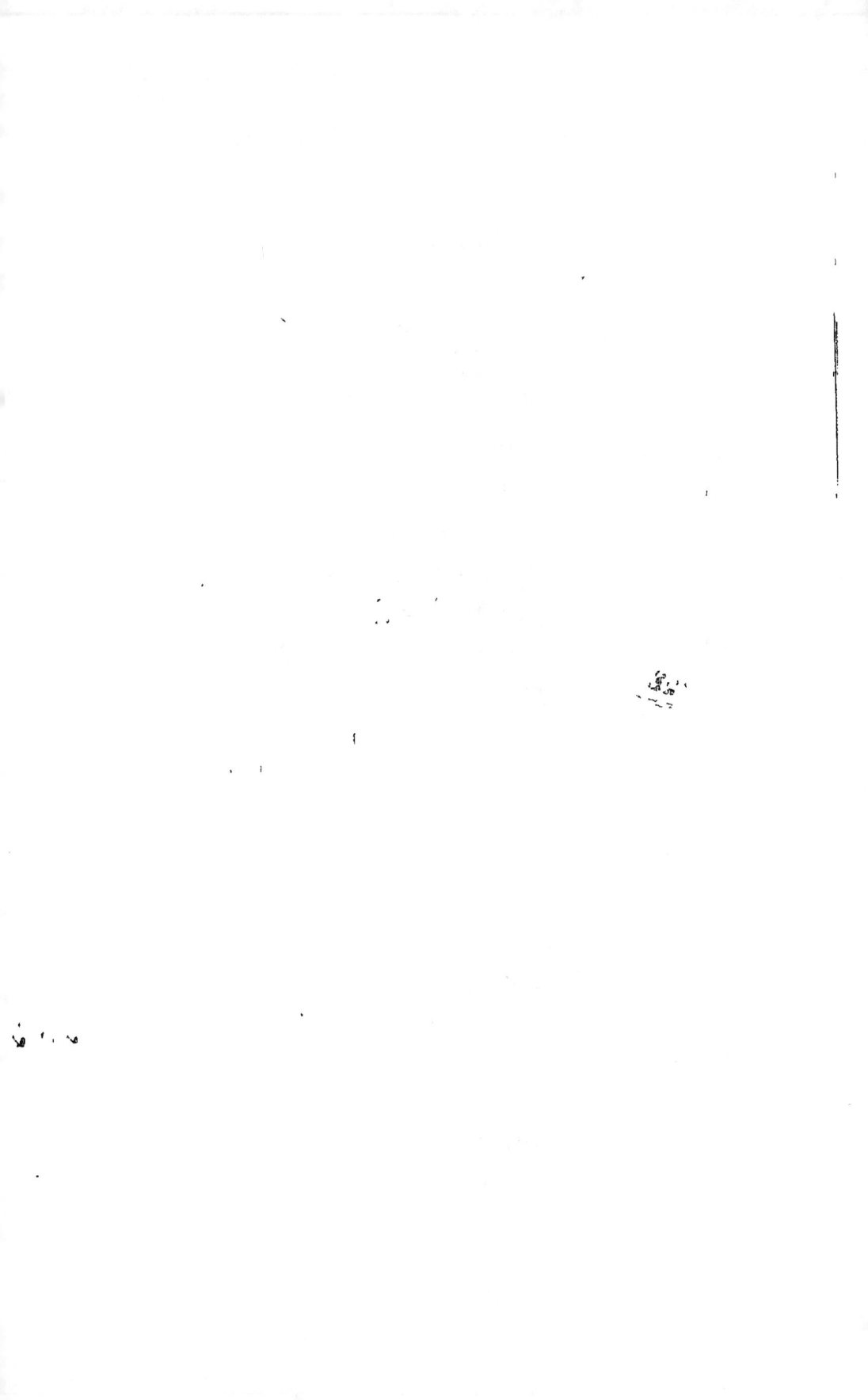

SOCIÉTÉ CENTRALE DES ARCHITECTES

FONDÉE EN 1840 — AUTORISÉE EN 1843

DÉCLARÉE D'UTILITÉ PUBLIQUE PAR DÉCRET DU 4 AOUT 1865

MANUEL

DES

LOIS DU BATIMENT

DEUXIÈME ÉDITION, REVUE ET AUGMENTÉE

DEUXIÈME VOLUME — PREMIÈRE PARTIE

FASCICULE I

LE BEAU-LE VRAI-L'UTILE

PARIS

LIBRAIRIE GÉNÉRALE DE L'ARCHITECTURE

ET DES TRAVAUX PUBLICS

DUCHER ET Cⁱᵉ

Éditeurs de la Société Centrale des Architectes

51, RUE DES ÉCOLES, 51

1879

MANUEL

DES

LOIS DU BATIMENT

SECTION IV

USAGES ANCIENS
RÈGLEMENTS ADMINISTRATIFS
ET
LOIS COMPLÉMENTAIRES

LOIS DU BATIMENT

SECTION IV

USAGES ANCIENS
RÈGLEMENTS ADMINISTRATIFS
ET
LOIS COMPLÉMENTAIRES

AVIS

Cette quatrième section comprend par ordre chronologique les anciens édits, anciennes ordonnances, arrêts du Conseil du Roi ou du Parlement; les ordonnances ou décrets, arrêtés, circulaires ministérielles et instructions, et les lois complémentaires concernant la voirie ou les constructions.

I. — LES COUSTUMES GÉNÉRALLES DE LA PRÉUOSTE ET
VICOMTÉ DE PARIS (art. IXXIX à XCI), d'après le procès-verbal dressé le 8 mars 1511.

(Voir tome I, *Essai historique sur la législation du bâtiment*, note C, p. 72 à 75, la copie de ces treize
articles certifiée conforme par M. CH. BÉMONT, archiviste-paléographe.)

II. — CODE DU ROY HENRY III. — *De la Police :
Titre* XLIII. — *Du Retranchement des Saillies des
Maisons et autres Reiglemens concernans la salubrité et
commodité des Villes.* — HENRY II. *A Compiègne, en
May,* 1554. — CHARLES IX. *Ès Estats d'Orléans, art.* 96
et 97, *et à Montpellier en Decembre* 1564 (1).

I. — Tous propriétaires des maisons, et bastimes des
Villes de nostre Royaume, seront tenus et contraincts
par les Juges des lieux abbattre et retrancher, à leurs
despens, les Saillies desdictes maisons aboutissans sur
Rue : et ne pourront estre refaictes ny rebasties, ny
pareillement les maisons qui sont sur Rues publiques,
d'autres matières que de pierre de Taille, Bricque ou
Maçonnerie, de Moillon, ou pierre. Et en cas de négligence de la part desdicts propriétaires, leurs maisons
seront saisies pour des deniers qui prouiendront des
loüages, ou vente d'icelles, estre réedifiées et basties.

II. — Enioignons très-expressémet à tous Juges, et
Maires, Escheuins, et Conseillers des Villes de tenir la
main à ceste décoration, et bien public de nos Villes ;
à peine de s'en prendre à eux, en cas de dissimulation
ou négligence.

(1) Copié sur un exemplaire de l'édition in-folio de 1587,
portant en tête les lettres de privilége du Roy, « donné
à Paris, le sixiesme iour de May, l'an de grâce 1587, et de
nostre regne le treizième ».

III. — CODE DU ROY HENRY III. — *De la Police :
Tiltre* XLII. — *Des Bouës, et autres immondices des
Rues.* — CHARLES IX. *A Paris, en Feburier,* 1567,
chap. XVIII, *art.* 1, 2, 4, 5, 6, 7, 8. — HENRY III. *A
Paris, en novembre,* 1577 (1).

I. — LES Officiers de la Police donneront ordre de
faire nettoyer les Rues et places publiques des Villes,
et faire oster, enleuer, couler, et deriuer les Bouës et
ordures d'icelles, soit par artifice de Ruisseaux d'eau
deriuez de Fontaines, Puits ou Rivieres, par Canaulx,
Pompes, ou autrement, soit par Tombereaulx, ou semblables Engins et instruments.

II. — SERONT soigneux de faire couler et deriuer
Fontaines aux principaux endroicts des Villes, en ce
que faire se pourra, tant pour user desdictes eauës par
les personnes, que pour nettoyer lesdictes places et endroicts des Villes.

III. — DEFENDONS à tous habitans des Villes, de faire
mettre ou ietter aux Rues le fumier des estables des
bestes estans en leurs maisons : ains enioignons de
les faire enleuer des estables, et promptement faire
porter hors des villes : sur peine de vingt liures parisis d'Amende, dont le tiers sera appliqué au complai-
gnant, ou Dénonciateur.

IV. — LES habitans seront tenus de faire nettoyer par
iour deuant leurs maisons, selon leur estenduë, et mettre
en un monceau pres du Ruisseau les immondices desdictes Rues, et ce qui sera amassé des menuës immon-

(1) Copié sur l'exemplaire in-folio de l'édition de 1587, cité
page précédente.

dices de leurs maisons : à fin que les Tobereaux passans les puissent enleuer : et ce, sur peine de cent
sols parisis d'Amende, applicable comme dessus.

V. — SEMBLABLEMENT serôt tenus faire ietter par
chacun iour deux seaux d'eauë, pour le moins, sur le
Paué, et Ruisseaux estans deuant lesdictes maisons, à
fin de tenir lesdicts Pauez et ruisseaux nets et moins
infectez : et ce, sur les mesmes peines que dessus.

VI. — LESDICTS Officiers de Police donneront ordre
à faire porter lesdictes immondices en lieux où ils ne
facent incômodité aux Villes et habitans d'icelles, soit
en salubrité de l'air, aisance, santé et commodité des
habitans, ou autrement : et pour cest effect faire fosses,
ou fossez, pour iecter et couurir lesdictes immondices :
et de mesme diligence feront faire fosses ou cloaques,
pour receuoir les eauës coulans desdictes Rues et
Ruisseaux.

IV. — COUSTUMES DE LA PREUÔSTÉ ET VICOMTÉ DE PARIS
(*De Servitutes* et *Rapports* de Jurez, art. CLXXXIIII à
CCXIX), d'après l'édition de 1580.

(Voir tome I, *Essai historique*, note D, p. 76 à 84, la
copie de ces trente-six articles certifiée conforme
par M. CH. BÉMONT, archiviste-paléographe.)

V. — CODE DU ROI HENRY III. — *De la Police :*
Tiltre xIIII. — *Du Retranchement des Saillies des*
Maisons, etc. — HENRY III, 1586 (1).

III. — DÉFENDONS à tous manans et habitans de la
Ville et Faulxbourgs de Paris, de quelque estat, qualité et condition qu'ils soyent, qu'ils n'ayent à mettre
aucunes Selles, Pilles, Muids, Escoffrets, Bancs, Cheua-
lets, Escabelles, Tronches et autres auances, sur Rue,
et hors leurs Ouuroirs et Boutiques : et de pendre à
icelles, aucunes Toiles, Serpilières, Perches ou Monstres
à Marchandise : n'autres choses quelsconques, dont la
liberté du passage commun puisse estre aucunemet
empeschée : Ains leur enjoignons retirer lesdictes
auances dedans leursdicts Ouuroirs et Boutiques : sur
peine de cent sols parisis d'Amende, pour chacune
contrauention.

(1) Édition in-folio de 1587, citée p. 5.

VI. — ÉDIT *de création d'un office de grand-voyer*
de France. (1)

Fontainébleau, mai 1599, rég. au parl. le 7 septembre (Vol. VV, f°. 34 — *Mém. ch. des compt.*, SSSS, f° 124
— *Dict. de Voierie*, p. 457.)

HENRY, etc. Nos prédécesseurs rois, considérant les
entreprises et usurpations qui se font sur les voyes et
ruës publiques des villes, au grand préjudice du public, et l'incommodité des passans; pour faire cesser
telles voyes, avaient fait plusieurs édicts contenans le
réglement qu'ils avaient connu estre nécessaire pour
l'observation d'iceux, estably en notre ville de Paris,
capitale de ce royaume, un voyer, ayant entr'autres
choses, le pouvoir d'avoir l'œil ausdites voyes et passages, les conserver en leurs espaces, grandeurs et
largeurs; visiter les bastiments estans sur les ruës et
voyes; alligner les bastimens nouveaux et toutes autres
fonctions qui en dépendent; chose grandement importante, et l'une des principales de la police : et depuis a
esté créé en aucunes autres villes, des offices de voyers
avec pareille authorité qui a fait cesser les usurpa-

(1) (ISAMBERT, *Recueil général des Anciennes Lois françaises*,
in-8°, t. XV, n° 134, p. 221 à 224). — V. ci-après l'ordonnance
du prévôt de Paris sur la police générale de la voierie, 22 septembre 1600, l'édit de décembre 1607 sur les fonctions de grand
voyer, lettres patentes de septembre 1608, édit de Louis XIII,
février 1626, qui supprime l'office de grand voyer; édit d'avril
1627, février 1631, mai 1635; ordonn. des trésoriers de France,
du 26 octobre 1666, et notre traité de la voierie (loi du . . . .
1829), comme les maires l'ont de la petite voierie, d'après les
lois de 1790 et 1793.

tions dont usoient les communautez et particuliers, ès édifices, et bastimens et allignements des ruës, maisons et autres choses très-nécessaires. Et d'autant que par l'injure du temps, que négligence des officiers et autres personnes préposées ausdites charges, lesdits réglemens ont esté du tout délaissez, et les mesmes abus qui s'y commettoient, continüez.

A quoy estant besoin de pourvoir pour l'importance de cette affaire, concernant généralement tous nos subjets, et commodité du commerce, avons jugé estre à propos pour le bien de nosdits subjets, d'establir un estat de grand-voyer, ayant l'authorité et super-intendance sur tous les voyers establis, et qui le pourroient estre cy-après en toutes et chacunes les villes de nostredit royaume et pays de nostre obéissance, pour la conservation de nos droits et l'observation des réglemens establis pour le faict desdits voyers :

Ayons par cettuy nostre édict perpétuel et irrévocable, estably, créé et erigé, establissons, créons et érigeons, ledit estat de grand-voyer de France, pour y estre pourveu présentement, et quand vacation eschérra, par nous et nos successeurs, de personnes capables, dont la suffisance, dignité, expérience et intégrité requise en icelle charge, nous soient cognuës et approuvées, et en jouïr et user aux honneurs, authoritez, prérogatives, prééminences, franchises, libertez, pouvoirs, droits, profits et émolumens audit office appartenans, et aux gages, taxations et droits qui seront spécifiez et déclarez par ses lettres de provision, qui aura le pouvoir de super-intendance sur tous nos voyers establis en toutes les villes de nostre obéissance, et lesquels seront tenus recognoistre ledit grand-voyer en ce qui dépend de leurs charge et fonctions, à condition que ledit grand-voyer ne pourra prétendre au-

cune jurisdiction contentieuse, et sans qu'en consé=
quence de ladite création, il puisse estre fait à l'adve=
nir aucunes nouvelles créations d'officiers, ny levées
de deniers sur nos subjets, pour les droits qui seront
attribuez audit estat, et que celuy qui en sera pourveu,
l'exercera en personne, et en son absence, les officiers
ordinaires des lieux où il n'y aurait point de voyers.

Si donnons, etc.

VII. — ORDONNANCE *du Prévôt de Paris pour la police générale, et réglement sur la voierie* (1).

Paris, 22 septembre 1600, lu et publié à son de trompe et cri public par les carrefours et faubourgs de Paris le 14 octobre 1600. (*Dictionn. de Voierie*, p. 459, in-4°, Paris, 1782.)

Sur ce qui nous a esté remontré par le procureur du roy, prenant le fait et cause pour le voyer dudit seigneur, ès ville, fauxbourgs, prévosté et vicomté de Paris que, contre plusieurs ordonnances du roy et réglemens sur le fait de la police générale, et arrests de la cour cy-devant faits et donnez sur l'embellissement et décoration des bâtimens de cette ville et fauxbourgs, accroissement et ouvertures des rues, chemins et voyes publiques; plusieurs se sont licenciez et émancipez depuis vingt-cinq ou trente ans, et mesmement pendant les troubles derniers, de faire entreprises sur lesdites rues, places, chemins et voyes d'icelle ville et fauxbourgs, soit en bastimens de maisons, pans de murs, eschoppes, restablissement ou confortation de saillies, avances, estalages ou autres entreprises, et en telle sorte que lesdites rues, places, marchez et voyes de cetteditte ville et fauxbourgs, sont tellement encombrez et empeschez que le public n'y peut aucunement passer, aller ne venir, soit de jour ou de nuit, sans y recevoir de grandes incommoditez, et bien souvent en

(1) ISAMBERT, *Anciennes Lois françaises*, etc.; t. XV, n° 141, p. 239 à 245. — V. ci-devant édit d'institution du grand voyer, mai 1599, et la note.

advient de grands dangers et inconvéniens. Nous requerant sur ce, et conformément ausdites ordonnances, réglemens, arrests, y pourvoir, et faire réitérer les deffenses y contenues, suivant laquelle requeste, et icelle considérée, qu'avons trouvée juste et raisonnable.

(1) Défenses sont faites et réitérées à tous maçons, charpentiers, menuisiers, serruriers et autres ouvriers artisans, de ne faire à l'avenir aucun bâtiment, pans de murs, jambes, estrières ou autres édfices sur les rues, chemins et voyes de ladite ville, fauxbourgs et banlieue, sans avoir au préalable pris l'alignement dudit voyer ou son commis.

(2) Et quant aux alignements des encoignures des rues estans en et au-dedans de l'étendue desdits lieux, ils seront pris par ledit voyer ou sondit commis, en la présence de nous et dudit procureur du roy, comme il a été en tout temps observé.

(3) Pareilles défenses sont faites auxdits maçons, charpentiers, menuisiers, et tous autres ouvriers, de ne mettre, asseoir, maçonner et attacher au-devant des maisons aucunes avances sortans hors œuvre, ou ouvrant sur rue et voyrie, depuis le rez-de-chaussée en amont, sans avoir aussi pris permission et alignement dudit voyer ou son commis, pour les hauteurs et saillies d'icelles.

(4) Comme aussi semblables défenses que dessus sont faites à tous lesdits maçons, charpentiers, menuisiers, et tous autres artisans, de n'innover aucune chose au-devant desdites maisons, et autres lieux où il y a saillies ou pans de bois, iceux réedifier, ne faire ouvrages en icelles qui les puisse conforter, conserver ou soutenir, ni faire aucun encorbellement en avances pour porter aucun mur, pan de bois, ou autre chose en saillie, et porter à faux sur lesdites rues, ains le tout con-

tinuer à plomb depuis le rez-de-chaussée tout contremont.

(5) Semblables deffenses sont faites à tous les susdits
ouvriers de n'excéder, n'outrepasser ès avances qu'ils
feront sur la voyrie, les hauteurs et longueurs, portées et contenues par les permissions et alignemens
qui leur en seront baillez par écrit par ledit voyer ou
son commis, le tout à peine de cinquante écus d'amende
et de prison contre les contrevenans, et de pouvoir par
ledit voyer ou sondit commis, abattre et démolir ce qui
se trouvera avoir esté fait et entrepris contre et au
préjudice de ce que dessus.

(6) Et aussi sont faites deffenses sur les mesmes
peines que dessus, à tous charpentiers, menuisiers ou
serruriers, de ne faire asseoir ny ferrer cy-après aucunes fermetures de boutiques estans en avances ou
saillies sur la voyerie, soit par le pied, ou goussets par
le haut, ny de deux assemblages brisez; et s'ouvrant
par le milieu en forme de trappes, l'une se soutenant
par le haut et l'autre s'abattant ar le bas, ains seront
assis et planter d'un droit alignement, après les pans
de murs, jambes ou poteaux, estrières, et la fermeture
en fenestre et coulisse pour la commodité publique.
Et ordonnons qu'à l'avenir, toutes les establies que les
marchands et autres personnes désirent avoir au-devant de leurs maisons et boutiques, pour estaler et
faire montre de marchandises estant en icelles, seront
faites et construites d'un aiz ou membrure, qui servira
de coulisse à la fermeture desdites boutiques, sans aucune avance ou saillie par le pied, ny en goussets par
le haut, comme dessus est dit, et en icelles des con-
tr'avances en forme de battans, brisez, ferrez ou em-
boistez, afin qu'ils se puissent renverser ou oster à
toutes occasions, que le public se trouvera oppressé ou

incommodé au passage et endroits où ils seront posez et assis.

(7) Et ne pourra néanmoins ledit voyer ou son commis donner ses alignemens et permissions, à scavoir, ès plus grandes et plus larges rues desdites ville et fauxbourgs, pour les aiz ou membrures qui serviront de coulisse à la fermeture des boutiques, comme dessus est dit que de deux pouces, pour seulement servir de liaison et maintenir lesdites fermetures de boutiques, et les battans et contravances qui seront mis en icelles membrures ou aiz, comme dit est de cinq à six pouces. Les establies ou escoffroirs ne pourront estre attachez à fer ni à cloud, et les auvens seront de dix à douze pieds de longueur, deux pieds et demy de chassis en largeur, et affichez de douze pieds de hauteur du rez-de-chaussée, et aux petites rues à l'équipolent, et selon qu'il jugera pour la commodité du public.

(8) De tous lesquels alignéments et permissions susdits, iceluy voyer et ses commis ne pourra prendre ne s'attribuer pour son droit de voyer plus grande somme que celle que nous avons trouvé avoir cy-devant été prise par les prédécesseurs voyers ou leurs commis; à scavoir des alignemens des encoignures, pans de mur ou de bois et de chacun d'iceux, soixante sols parisis, sans que pour un seul pan de mur ledit voyer ou son commis puisse prendre plus de soixante sols parisis, encore que pour raison des coudes ou ply qui s'y pourroient trouver, il fust besoin donner audit pan de mur plusieurs estalonnemens; et pour toutes les autres permissions et alignemens qu'il donnera des choses susdites, pour ce qui sera fait et édifié de neuf, et de chacune des avances, soixante sols parisis, et de la réfection ou innovation d'icelles, trente sols parisis; le

tout conformément à l'avis par nous donné à nos sei=
gneurs de la cour de parlement, suivant l'arrest d'icelle
sur ce donné, et à nous adressant.

(9) Toutes fermetures de boutiques qui se trouveront
de présent ès rues, places, marchez et voyes esdites
ville et fauxbourgs de Paris, excéder en saillies ou
avance hors des corps des pans de murs, jambes ou
posteaux, estrières, soit au rez=de=chaussée, ou par le
haut, au=dessus des membrures d'icelles fermetures,
en goussets ou autrement; comme aussi lesdites mem=
brures qui se trouveront excéder en avances plus de
deux pouces après lesdits corps de pans de murs,
jambes ou posteaux, estriers, seront ostez, rompus,
démolis et abattus, et iceux réduits et réforméz suivant
les alignemens et avances que dessus, dedans quin=
zaine du jour de la publication des présentes, sans que
ledit voyer ou ses commis puissent prendre ny deman=
der aucuns droits de voyerie pour ledit nouveau ali=
gnement et retranchement, et pour cette fois seule=
ment, en obéissant par les propriétaires ou locataires à
ce que dessus dedans le temps susdit. Et à faute de ce
faire avons permis et permettons audit voyer ou ses
commis, les faire oster, abattre et démolir, aux frais
et dépens des propriétaires ou locataires, lesquels frais
lesdits locataires seront tenus avancer, sauf leur recours
contre qui, et ainsi qu'ils verront estre à faire par
raison.

(10) Seront aussi ostez et abattus tous estalages ex=
cédans huit pouces après le gros mur ès plus grandes
rues, serpilières, râteliers, escoffroirs, selles, tonneaux,
billots, troncs et pièces de bois, siéges ou autres pierres
ou encombremens qui se trouveront par les rues empes=
cher lesdites rues et voyes, soit au=devant des bouti-
tiques des marchands ou autres endroits, et ce dans

une huitaine du jour de la publication des présentes, à
peine de confiscation des choses susdites et de dix écus
d'amende, applicable comme dessus. Et à faute de ce
faire, avons permis audit voyer du roi et son commis,
commissaires et sergens, d'enlever, prendre et confis=
quer tout ce qui sera par eux trouvé sur lesdites rues
et voyes.

(11) Comme aussi seront ostées et abattues toutes
fausses vues qui se trouveront faites dans les auvents
qui sont au-devant des boutiques, et aux fenestres
des chambres et arrière=boutiques, soit sur une rue ou
ailleurs, desquelles s'aident les marchands de soye et
autres marchands, et dont ils tirent du faux jour pour
déguiser leurs marchandises en la montre et vente
d'icelles, le tout dans une huitaine, à peine de dix écus
d'amende contre chacun d'eux. Et à faute de ce faire,
avons enjoint audit voyer les faire oster et abattre par
son commis, aux depens desdits contrevenans.

(12) Deffenses sont aussi faites à toutes personnes,
mesmes aux charrons. sculpteurs, marchands de bois,
charpentiers et tous autres, de mettre ny tenir sur les
chemins, rues, voyes et voyeries, soit au=devant de
leurs maisons, sur les quais, chemins, rivages, bordages
et avenues des rivières ou autres lieux, places et voies
publiques, aucuns carosses, coches, charettes, cha=
riots, troncs et pièces de bois ou autres choses qui puis=
sent encombrer ou empescher les chemins et voyes.
Et à eux enjoint d'oster et retirer ceux qui y sont de
présent, dedans huitaine du jour de la publication des
présentes; et à cette fin auront granges, chantiers,.
cours ou autres lieux commodes pour les y retirer, le
tout à peine de dix écus d'amende, et de confiscation
des choses susdites qui y seront trouvées.

(13) Deffenses sont aussi faites à tous teinturiers,

foulons, tondeurs, frippiers et tous autres, de ne mettre seicher sur perches, soit ès fenestres de leurs greniers, ou autrement sur rues et voyes, aucuns draps, toiles ou autres choses qui puissent incommoder ou empescher le public, ou offusquer les rues à peine de dix écus d'amende.

(14) Les propriétaires ou autres qui feront bastir sur les rues et voyes, comme aussi les ouvriers qui entreprendront à faire lesdits bastimens, ne pourront tailler leurs pierres esdites rues, ny matériaux plus de vingt-quatre heures, ains se retireront dans les places à bastir. Comme aussi ne pourront mettre en icelles rues et voyes aucunes vuidanges, soit de gravois, terres ou autres qui les puissent encombrer, sinon lors et à l'instant que les tombereaux les pourront charger et enlever desdits lieux, à peine de dix écus d'amende.

(15) Deffenses sont faites aussi à tous revendeurs, regratteurs, fruitiers, harengères, poissonnières et autres gens de basse condition, de ne vendre et estaller èsdites rues et voyes publiques, aucunes marchandises ou denrées; ains est enjoint à eux retirer et vendre icelles ès places et marchez publics, lieux et endroits qui leur ont été et seront destinez et baillez par ledit voyer ou son commis, sans qu'il les puisse néanmoins placer ès entrées desdits marchez, ne y vendre par les dessusdits, à peine de confiscation de leurs marchandises, et de denrées, et de prison.

(16) Et néanmoins pour la commodité du public, et pour donner moyen aux regrattiers susdits de vivre, pourront iceux regrattiers prendre boutiques et maisons particulières de ladite ville et fauxbourgs, et en icelles vendre leurs fruits et autres denrées, ou de porter panniers à col par les rues, allans et venans en

icelles, sans que pour ce ils se puissent placer ou estaller sur lesdites rues et voyes.

(17) Comme aussi seront les boulangers forains, placez par ledit voyer ou son commis, ès places à ce destinées, une fois pour tout l'an, au commencement de janvier, et ce en la présence du commissaire du quartier.

(18) Deffenses sont aussi faites à tous propriétaires ou locataires, et autres qui ont maisons assises ès places, marchez et autres lieux publics où il est accoustumé de tenir foires ou marchez èsdites villes et fauxbourgs, et au-dedans desquelles se vendent et estallent marchandises ou denrées par marchands forains et autres, de n'empescher lesdits marchands forains et autres, au plaçage qui leur sera donnné par le voyer èsdits lieux, ny en la vente de leurs marchandises ou denrées, ny mesme en prendre ou exiger d'eux aucune chose, sous prétexte qu'ils pourront alléguer en recevoir incommodité, à peine de vingt écus d'amende et de prison, attendu qu'au roy seul appartient la seigneurerie foncière desdites rues, places, marchez, chemins royaux et publics.

(19) Autres deffenses sont aussi faites à tous artisans et gens de mestiers, comme petits merciers, ferreurs et vendans esguillettes, espingles, faisans esguilles, savetiers, revendeurs, racoustreurs de bas d'estame et autres de basse condition, de poser leurs establies, selles ou billots èsdites rues et voyes, contre et au-devant des maisons particulières ou autrement, sans le gré des propriétaires ou locataires, et sans qu'au préalable le lieu auquel ils désireront se placer et mettre leursdites marchandises, establies, selles ou billots, n'aye esté veu et visité par le voyer du roy susdit ou son commis, sur la commodité ou incommodité du

public, et n'ayant de luy pris sa permission et congé,
à peine de confiscation desdits estaux, marchandises
et denrées y estans, et d'amende arbitraire.

(20) Ledit voyer pourvoira au pavement des rues, et
où il se trouvera quelques pavez cassez et rompus ou
enlevez en la rue, l'ouverture soit promptement restablie aux dépens des détempteurs des maisons, et
prendre garde à ce que le pavé fait de neuf soit bien
fait et ne se trouve plus haut élevé que celuy de son
voisin.

(21) Sont faites deffenses à tous charretiers menans
et conduisans terraux, vuidanges de privez, bouës et
autres immondices, de décharger ailleurs qu'ès fosses
et voieries à ce destinées, et où il leur sera commandé
par ledit voyer ou son commis, à peine de confiscation
des chevaux, charrettes et harnois, de dix écus d'amende et de prison.

(22) Comme aussi sont faites deffenses à toutes personnes de jeter aucunes eauës, immondices ni ordures par les fenêtres esdites rues et voyes, tant de
jour que de nuit, à peine de deux écus d'amende et de
prison.

(23) Lesquelles amendes ci-dessus adjugées contre
les contrevenans, seront baillées; à scavoir le tiers au
roy et les deux tiers audit voyer, tant pour les salaires
de lui et de ses commis, que frais qui luy conviendra
faire pour le soutennement et manutention de l'exécution de ces présentes, et afin que deuëment et diligemment il soit par lui vacqué au fait de sa charge.

(24) Et à cette fin mandons au-dit voyer de tenir la
main à l'exécution de tout ce que dessus, et de nous
estre fait rapport par son commis ès jours de police,
des contraventions qui y seront faites, comme des
choses dépendans de sa charge et office, et aux com-

missaires et sergens dudit Chastelet, les assister toutes fois et quantes qu'ils en seront requis, et faire en sorte que le roy soit obéi, et la justice maintenue et gardée.

(25) Et à cet effet ordonnons que cette nostre presente ordonnance sera leue et publiée, tant à la police, icelle tenant, que par les carrefours de cette dite ville et fauxbourgs, et d'icelle mis affiches ès poteaux, places et autres lieux et endroits apparens et ensuivans desdites ville et fauxbourgs, à ce qu'aucun à l'avenir n'en prétende cause d'ignorance, et aye à y obéir sur les peines que dessus, et autres plus grandes, s'il y échet.

VIII. — Édit *sur les attributions du grand-voyer, la juridiction en matière de voierie, la police des rues et chemins, etc.* (1).

Paris, décembre 1607 ; reg. au Parl. le 14 mars, ch. des comptes le 19 mai 1618 (vol. YY, f° 96. — Bacquet, p. 322. — *Dict. de voierie*, p. 467 (a) (2).

HENRY, etc... Ayant reconnu cy-devant combien il importoit au public que les grands chemins, chaussées, ponts, passages, rivières, places publiques et rues des villes de cestuy nostre royaume, fussent rendus en tel estat que, pour le libre passage et commodité de nos sujets, ils n'y trouvassent aucun destourbier ou empeschement ; Nous aurions à cette occasion fait expédier notre édict du mois de mai 1599, pour la création du titre d'office de l'estat de grand voyer de France, afin que celuy qui en sera par nous pourvu, y apportast un tel soin, vigilance et affection, que nous et le public en peut retirer l'utilité requise, ce qu'ayant depuis fait pour la personne de nostre très cher et amé cousin le sieur duc de Sully, grand-maistre de nostre artillerie, gouverneur et nostre lieutenant général en Poitou, qui s'en serait jusqu'à présent si dignement

(1) ISAMBERT, *Anciennes Lois françaises*, etc., t. XV, n° 193, p. 336 à 341 (V. l'édit de mai 1599, et la note.), et PAILLET, *Manuel*, cité note suivante.

(2) Voir plus loin, p. 33 et suivantes, les notes *a, b, c, d* et *e*, empruntées au *Manuel complémentaire des Codes français* de PAILLET (p. 13 à 19), et que leur longueur a fait rejeter à la suite de cet Édit.

acquitté, qu'il nous a donné tout sujet de contente-
ment. Mais d'autant que depuis la discontinuation de
ladite charge de grand voyer, il s'est glissé plusieurs
désordres au fait de ladite voyrie, particulièrement
en nostre ville de Paris, par les entreprises des juges
des seigneurs hauts-justiciers, lesquelles, outre leurs
fonctions ordinaires, disputent les droits attribuez à
leurs charges ; aussi par la négligence de nos officiers
en icelle, pour n'avoir assez donné à connaistre à un
chacun ce que portoient les réglémens cy-devant sur
ce faits et sur les droits qui sont attribuez à la voyrie
de ladite ville ; nous avons estimé non seulement
utile, mais très nécessaire pour le bien de nos sujets,
leur donner une particulière connoissance sur celui
de ladite voyrie, comme aussi pour leurs droits, que
nous voulons estre d'oresnavant perceus par nos
voyers ou ceux qui seront commis par eux à cet
effet.

A ces causes, nous, de l'avis de nostre conseil, ausquels estoient plusieurs princes de nostre sang et autres notables seigneurs de nostre royaume, avons, par
cestuy nostre édit et réglement perpétuel et irrévocable, voulu et ordonné que les articles contenus en
celuy contenant ladite voyrie, soient entretenus,
suivis et observez de point en point par tous nos
sujets.

(1) Que la justice de la voyrie sera à l'avenir
exercée, ainsi et par les juges qu'elle avait accoustumé auparavant, sans toutefois préjudicier au droit
d'icelle.

(2) Nous voulons que nostre grand-voyer, ou autres
par luy commis ayent la connoissance de ladite voyrie, tant des villes, fauxbourgs et grands chemins, vulgairement appelez chemins royaux, et que nos amez

et féaux conseillers, les gens de nostre chambre du trésor de Paris, connoisent de tous différens qui interviendront pour leurs droits deux et affectez à ladite voyrie, ausquels nous avons attribué et attribuons la connoissance de tels différens, qui y seront par eux jugez et terminez, nonobstant et sans préjudice de l'appel, jusqu'à la somme de dix livres parisis d'amende et au-dessous, et pour les sommes excédant dix livres parisis par provision, pour ce qui est de nostre domaine seulement et du prévost de Paris, pour ce qui regarde à la police, comme les allignemens, périls éminens et autres cas semblables de la ville et faux-bourgs d'icelle, et par appel en nostredicte cour de Parlement ; la moitié desquelles amendes à nous réservée, sera mise entre les mains du receveur de nostre domaine de ladite ville, et l'autre moitié appartenant audit grand-voyer et sesdits commis, pour et au lieu des frais qu'il convient faire journellement en l'exercice de sa charge, au payement desquelles les particuliers seront contraints en vertu des sentences ou extraits du greffe en la manière accoutumée.

(3) Voulons aussi et nous plait que lorsque les rues et chemins seront encombrez ou incommodez, *nostredict grand voyer ou ses commis* (1) enjoignent aux particuliers de faire oster lesdits empeschemens, et sur l'opposition ou différens qui en pourroient résulter, faire condamner lesdits particuliers qui n'auront obey à ses ordonnances trois jours après la signification qui leur en sera faite, jusqu'à la somme de dix livres et au-dessous pour lesdites entreprises par eux faites, et pour cet effet, les faire assigner à sa requeste *par de-*

---

(1) Aujourd'hui les préfets pour la grande voirie, les maires pour la petite voirie. = D'après PAILLET.

vant ledit prévost de Paris (1), auquel nous donnons
aussi tout pouvoir et jurisdiction (*b*) (2).

(4) Deffendons à *nostre dict grand voyer ou ses commis* (3) de permettre qu'il soit fait aucunes saillies,
avances et pans de bois aux bâtimens neufs, et mesme à
ceux où il y en a à présent de contraindre les réédifier,
ny faire ouvrages qui les puissent conforter, conserver
et soutenir, ny faire aucun encorbellement en avance
pour porter aucun mur, pan de bois ou autres choses
en saillie, et porter à faux sur lesdites rues, ains faire
le tout continuer à plomb, depuis le rez-de-chaussée
tout contremont, et pourvoir à ce que les rues s'em-
bellissent et élargissent au mieux que faire se pourra,
et en baillant par luy les allignemens, redressera les
murs ou il y aura ply ou coude, et de tout sera tenu
de donner par écrit son procez-verbal de luy signé ou
de son greffier, portant l'alignement desdits édifices
de deux toises en deux toises, à ce qu'il n'y soit contrevenu : *pour lesquels allignemens nous lui avons ordonné soixante sols parisis pour maison, payables par les
particuliers qui feront faire lesdites édifications sur ladite
voyrie, encore qu'il y eût plusieurs allignemens en icelle,
n'estant compté que pour un seul* (*c*) (4).

(5) Comme aussi nous défendons à tous nosdits sujets de ladite ville, fauxbourgs, prévosté et vicomté
de Paris, et autres villes de ce royaume, faire aucun

---

(1) Maintenant devant le conseil de préfecture pour les contraventions à la grande voirie, et devant le tribunal de police
municipale pour les contraventions à la petite voirie.— D'après
PAILLET.

(2) Voir plus loin, p. 35.

(3) Préfets et maires.

(4) Voir plus loin, p. 36.— Les passages soulignés du texte
sont abrogés. — D'après PAILLET.

édifice, pan de mur, jambes estriers, encoigneures, caves ny caval, forme ronde en saillie, siéges, barrières, contre-fenestre, huis de caves, bornés, pas, marches, siéges, montoirs à cheval, auvens, enseignes establies, cages de menuiserie, chassis à verre et autres avancés sur ladite voyrie, sans le congé et allignement de nostredict grand voyer ou desdits commis. *Pourquou faire nous lui avons attribué et attribuons la somme de soixante sols tournois*, et après la perfection d'iceux, seront tenus lesdits particuliers d'en avertir ledit grand voyer ou son commis, afin qu'il récolle lesdits allignemens, et reconnoisse si lesdits ouvriers auront travaillé suivant iceux, sans toutes fois payer aucune chose pour ledit récollement et confrontation, et où il se trouveroit qu'ils auroient contrevenu ausdits allignemens, *seront lesdits particuliers assignez par devant le prévost de Paris ou son lieutenant*, pour voir ordonner que la besongne mal plantée sera abattue, et condamnez à telle amende que de raison, applicable comme dessus (d) (1).

(6) Deffendons *au commis de nostredict grand-voyer*, de prendre aucuns droits pour mettre les treillis de fer aux fenêtres sur rues, pourvu qu'ils n'excèdent les corps des murs qui seront tirez à plomb, et pour ceux qui sortiront hors des murs payeront la somme de *trente sols tournois* (2).

(7) Faisons aussi deffenses à toutes personnes de faire et creuser aucunes caves sous les rues (3), et pour le

----

(1) Voir plus loin, p. 41. — Les passages soulignés sont abrogés. — Note de PAILLET.

(2) Les passages soulignés sont abrogés. — Note de PAILLET.

(3) V. l'arrêt du conseil du 3 août 1685, l'art. 4 de l'ordonnance du bureau des finances du 27 mars 1754 et l'ordonnance du bureau des finances du 4 septembre 1778.

regard de ceux qui voudront faire degrez pour monter
à leurs maisons, par le moyen desquels les rues estré=
cissent, faire siéges esdites rues, estail ou auvent, clorre
ou fermer aucunes rues, faire planter bornes au coin
d'icelles, ès entrées de maisons, poser enseignes nou=
velles, ou faire le tout réparer, prennent congé *dudit
grand=voyer ou commis. Pour lesquelles choses faites
de neuf, et pour la permission première, nous luy avons
attribué et attribuons la somme de trente sols tournois
pour la visitation d'icelles : et pour celles qu'il conviên=
dra seulement réparer et refaire, la somme de quinze sols
tournois* (1); et où aucuns voudroient faire telles entre=
prises sans lesdites permissions, le pourra faire con=
damner en ladite amende de dix livres, payable comme
dessus, ou plus grande somme, si le cas y échet, et
faire abattre lesdites entreprises; le tout au cas que
lesdites entreprises incommodent le public, et pour
cet effet, sera tenu le commis dudit grand=voyer se
transporter sur les lieux auparavant que donner la
permission ou congé de faire lesdites entreprises.

(8) Pareillement avons deffendus et deffendons à
tous nosdits sujets de jeter dans les rues eaues ny
ordures par les fenestres, de jour ny de nuit, faire
préaux ny aucuns jardins en saillies, aux hautes fe=
nestres, ny pareillement tenir fiens, terreaux, bois, ny
autres choses dans les rues et voyes publiques, plus
de vingt=quatre heures, et encore sans incommoder les
passans, autrement lui avons permis et permettons de
les faire condamner en l'amende comme dessus, au=
quel voyer ou commis nous enjoignons se transporter
par toutes les rues mesmes par les maistresses, de
quinze jours en quinze jours, afin de commander

(1) Les passages soulignés sont abrogés. — Note de PAILLET.

qu'elles soient délivrées et nettoyées, et que les passans ne puissent recevoir aucunes incommoditez (1).

(9) Deffendons aussi à toutes personnes de faire des éviers plus haut que rez de chaussée, s'ils ne sont couverts jusqu'audit rez de chaussée, et mesme sans la permission de *nostredit grand voyer, ses lieutenants ou commis*, pour laquelle permission luy sera payé trente sols indistinctement, tant pour ceux qui sont au rez de chaussée que ceux qui ne se trouveront audit rez-de-chaussée.

(10) Ordonnons à *nostredit grand-voyer ou commis*, de faire crier aux quatre festes annuelles de l'an, de par nous et de par luy, à ce que les rues soit nettoyées, et outre qu'il y ait à ordonner aux charretiers conduisans terreaux et gravois et autres immondices de les porter aux champs, aux lieux destinez aux voieries ordinaires, et au défaut de luy obéir, saisira les chevaux et harnois des contrevenans, pour en faire son rapport, sans qu'il puisse donner main levée qu'il n'en soit ordonné.

(11) Enjoindra aux sculpteurs, charrons, marchands de bois, et tous autres, de retirer et mettre à couvert, soit dans leurs maisons ou ailleurs ce qu'ils tiennent d'ordinaire dans les rues, comme pierres, coches, charrettes, charriots, troncs, pièces de bois et autres choses qui peuvent empescher ou incommoder ledit libre passage desdites rues, comme aussi aux teinturiers, foullons, frippiers et tous autres, de ne mettre seicher sur perches de bois, soit ès fenestres de leurs greniers ou autrement sur rues et voyes aucuns draps, toiles et autres choses qui peuvent incommoder et offusquer la veue desdites rues, sur les peines que dessus, et sur

---

(1) Voir, pour la petite voirie, C. pén., art. **471**.

les contraventions qui se feront, lesdites deffenses estant. faites par ledit sieur *grand-voyer ou ses commis*, seront les contrevenans condamnez en l'amende comme dessus.

(12) Voulons et nous plaist que *ledit grand-voyer et ses commis* ayent l'oeil et connoissance du pavement desdites rues, voyes, quais et chemins, et où il se trouvera quelques pavez cassez, rompus ou enlevez, qu'ils les fassent refaire et establir promptement mesme faire l'ouverture des maisons des refusans d'icelles, aux dépens des détempteurs desdites maisons, injonction préalablement faites ausdits détempteurs, et prendra garde que le pavé de neuf soit bien fait, et qu'il ne se trouve plus haut élevé que celuy de son voisin (1).

(13) Deffendons au commis de nostredit grand-voyer, de donner aucune permission de faire des marches dans les rues, mais seulement continuer les anciennes ès lieux où elles n'empêchent le passage (*e*) (2).

(14) Ne pourra aussi *nostredict voyer ou commis*, donner permission d'auvent plus bas que de dix pieds, à prendre du rez-de-chaussée en amont, *et pour ceux qu'il donnera, ensemble pour les enseignes, luy appartiendra pour les permissions nouvelles, trente sols tournois; et pour le changement des enseignes, réfection et changement d'auvent, n'en prendra que quinze sols tournois* (3).

(15) Et d'autant que la plus grande partie des abus qui se sont commis en ladite voyrie sont provenus à

(1) V. PERROT, *Dictionnaire de la Voirie*, p. 316; ISAMBERT, *Traité de la Voirie*, t. III, p. 183; DAVENNE, 1re édit., t. Ier, p. 115, et la loi du 11 frimaire an VII (30 mai 1799), art. 4.

(2) Voir plus loin, p. 44.

(3) Ce qui est souligné est abrogé. — V. le § 15 de la note c.

cause des permissions que donnent les commis d'aucuns seigneurs hauts justiciers, tant laïcs qu'ecclé-
siastiques prétendans avoir droit de voyrie en notredite
ville, fauxbourgs, prévosté et vicomté de Paris, qui
n'ont tenu compte délivrant lesdites permissions, de
prendre exactement garde, si elles estoient conformes
aux réglemens et ordonnances faites sur le fait de ladite
voyrie. A cette cause, nous voulons et entendons qu'où
il se trouvera que lesdits voyers particuliers ayent cy-
devant donné ou donnent cy-après icelles permissions
contre la teneur de nos dits édits et ordonnances,
ledit sieur grand-voyer, ses lieutenans ou commis, les
feront appeler pour les faire condamner à réparer ce
qui auroit esté mal fait, le tout sans préjudice desdits
seigneurs, et autres pretendus droits de haute justice
et voyrie en nostredite ville et fauxbourgs, lesquels
nous voulons, après la vérification du présent réglement, estre appelez à la diligence de nostre procureur
général, auquel mandons ainsi le faire, pour eux ouïs,
et les titres qu'ils produiront veus et examinez, leur
estre pourvu, ainsi que de raison.

(16) Entendons aussi que ledit grand-voyer et ses
commis en la ville, prévosté et vicomté de Paris, jouis-
sent bien et duement comme les autres voyers ont cy-
devant jouy, de tous les autres menus droits qui lui
sont attribuez par les titres de ladite voyerie, extraits
de nostre chambre des comptes, trésor et chastelet de
Paris, comme chandelles, gasteaux, beurre, œufs, fro-
mages, figues, raisins, bouquets, roses et plusieurs
autres menus droits qui se cueillent et perçoivent par
chacun an ès jours et saisons accoustumés, de ceux et
celles qui estallent et placent sur ladite voyrie, tant ès
marchez, rues, voyes et places publiques de nostredicte
ville, fauxbourgs, prévosté et vicomté de Paris; tous

lesdits droits ordonnez estre perceus par plusieurs arrests, sentences et jugemens donnez, tant par nostredite cour de parlement, les conseillers de ladite justice
de nostre trésor, que par nostre prévost de Paris.

(17) Voulons et nous plaist que ledit grand-voyer ou
commis, pourvoyent des places vulgairement et anciennement appelées les places ordonnées par le feu
roy saint Louis, estre aumosnées à pauvres femmes,
veuves et filles orphelines et à marier, sises tant ès
halles de Paris, rue au Feure, qu'ès environs,' comme
aussi de toutes les autres places dépendantes de ladite
voyrie, sises tant esdites halles, cimetière saint Jean,
grand et petit Chastelet, marché Neuf, place Maubert,
et autres lieux et endroits de nostre ville et fauxbourgs
de Paris, pour en jouir comme cy-devant les voyers en
ont jouy bien et deuement.

(18) Lesquels lieutenans et commis de nostre grand
voyer pourront commettre en chacune ville, un maçon
ou autre personne capable, pour donner les allignemens sur rues, dont le nom sera registré en la justice
ordinaire, le surplus des autres charges et fonctions,
ledit commis les fera en personne. En quoy faisant lui
sera obéy, sans qu'il soit besoin de sergent pour faire
faire lesdites significations appartenant à sadite charge,
sauf, s'il employé autres gens sous luy pour voir les
contraventions, auquel cas seront tenus les commis
des lieutenans de nostredit grand-voyer de se servir
des sergens ordinaires.

Si donnons, etc.,

EDIT DE 1607 SUR LA VOIRIE.

(D'après Paillet) (1).

Note a.

Les bureaux des finances et les trésoriers de France.

1. Avant le règne de Henri IV, les trésoriers de France étaient chargés, en vertu d'ordonnances royales d'octobre 1489, octobre 1508 et janvier 1551, de visiter les chemins publics et de veiller à leur entretien et à leur conservation. Cette magistrature, instituée pour l'administration du trésor des rois de France, formait, dans chaque généralité, une juridiction désignée sous le nom de *bureau des finances*, qui connaissait de tout ce qui intéressait le domaine royal; et comme dans les premiers temps de la monarchie, les revenus de la couronne se composaient en majeure partie du produit des terres qui en formait l'apanage, les fonctions des trésoriers de France les appelant sans cesse sur les divers points du royaume, soit pour visiter les domaines du roi, soit pour recevoir les redevances, l'analogie des grands chemins avec les propriétés de la couronne, et là nécessité de les parcourir souvent pour l'exercice de leur office dans les *chevauchées* qui leur étaient ordonnées, fut l'origine de la charge que reçurent ces magistrats, de veiller à la conservation des routes. L'édit de 1559 qui créa l'office de grand-voyer, dont fut pourvu le duc de Sully, ne leur enleva pas cette attribution; mais les difficultés qui s'élevèrent entre eux et le grand-voyer, ne tardèrent pas à faire sentir la *nécessité* d'introduire un meilleur ordre dans ce système, et un édit de 1626 supprima cette dernière charge, dont les fonctions furent définitivement réunies à celles des présidents trésoriers généraux de France, chacun pour le ressort de sa généralité. Peu après, ils y ajoutèrent l'office de voyer particulier de Paris. Les *bureaux des finances* réunissaient deux sortes de compétence, l'une administrative et l'autre ju-

_____

(1) Voir plus haut note 2, p. 23.

II 3

diciaire : la première consistait dans le pouvoir d'ordonner les travaux des ponts et chaussées et autres ouvrages d'utilité publique, dont la direction leur était confiée, et de prononcer sur les difficultés qui s'élevaient en cette partie de leurs fonctions, sauf l'appel de leurs décisions au Conseil d'État; la seconde leur donnait le droit de juger en première instance les contraventions relatives à la voierie; et dans ce cas, ils relevaient des parlements. Toutefois l'action de ces corps, comme voyer, ne s'étendait pas aux voiries seigneuriales exercées par les seigneurs justiciers dans leurs terres, sur les chemins et rues des villes de leurs domaines. A Paris même, un arrêt du Parlement de Paris du 18 janvier 1661, entre les trésoriers de France et le voyer de l'archevêché, et un autre du 25 du même mois, entre les mêmes et les religieux de Saint-Germain-des-Prés, prouvèrent que leurs droits y étaient limités. Dans les villes de province où la justice n'appartenait pas au roi, ils ne connaissaient que des matières qui intéressaient les routes de traverse, et, par extension, des chemins à la charge des seigneurs péagers. *Dictionn. de voierie*, par Perrot, p. 424. Un arrêt du Conseil d'État, du 27 février 1765, remit aux trésoriers de France, le soin de faire exécuter les plans qui avaient été dressés pour les routes entretenues aux frais du roi, et de statuer sur les contraventions auxquelles leur exécution pourrait donner lieu. Enfin des lettres-patentes du 10 avril 1783 prescrivirent la même mesure à l'égard des rues de Paris. ═ Depuis l'Assemblée Constituante rendit la loi du 26 juillet 1790, qui prononça, article 1er, que le régime féodal et la justice seigneuriale étant abolis, nul ne peut, à l'un ou l'autre de ces titres, prétendre aucun droit de propriété ni de voirie sur les chemins publics, rues et places des communes, et par la loi du 16-24 août de la même année, elle confia, par l'article 3, ce qui les concerne, à la vigilance et à l'autorité des municipalités. V. l'art. 5 de la loi du 10 juin 1793. Un décret de la même Assemblée, du 22 décembre 1789, avait déjà chargé les administrations départementales d'exercer, sous l'autorité et l'inspection du roi, la conservation des forêts, rivières, chemins et autres choses publiques, la direction des travaux pour la confection des routes, canaux et autres ouvrages publics dans le ressort de chaque département. Une loi du 6-7 et 11 septembre 1790, supprime les trésoriers de France, et décide, art. 6, que l'administration, en matière de grande voirie, appartient aux corps

administratifs (aujourd'hui préfets), et la police de conservation, tant pour les grandes routes que pour les chemins vicinaux, aux tribunaux du district. Celle du 7-14 octobre suivant
ajoute que l'administration en matière de grande voirie, attribuée aux corps administratifs, comprend, dans toute l'étendue
de la France, l'alignement des rues des communes qui servent
de grandes routes. Aujourd'hui, le jugement des difficultés qui
peuvent s'élever en matière de grande voirie, c'est-à-dire sur la
conservation des routes et des rues qui en font partie, est attribué aux conseils de préfecture par les lois des 28 pluviôse
an VIII (17 février 1800) et 29 floréal an X (19 mai 1802). V. la
loi du 16 septembre 1807, relative au desséchement des marais, etc., et particulièrement le titre 11, concernant les indemnités et l'alignement. Les tribunaux de police, connaissent,
d'après l'article 471 du Code pénal, des contraventions de
voirie urbaine et de petite voirie. La loi du 19-22 juillet 1791
confirme provisoirement les règlements qui subsistent touchant
la voirie, ainsi que ceux actuellement existant à l'égard de la
construction des bâtiments et relatifs à leur solidité et sûreté...
Ainsi la juridition seule est changée.

2. Des règlements généraux sur la voirie ont été reconnus
et déclarés applicables à toutes les communes de France, par
les lois des 16-24 août 1790 et 19-22 juillet 1791, art. 29, sans
distinction et sans excepter les anciens ressorts de Parlement où l'édit de 1607 et les règlements subséquents sur la
matière n'auraient pas été enregistrés. V. C. pén., art. 471,
n° 15; Cass. 5 février 1844, P. t. 1 de 1844, p. 504. V. dans le
même sens. Cass. 6 juillet 1833, 23 fév. 1839, P., 1, t. 2 de 1843,
p. 777; Armand Husson, *Traité de la législation des travaux publics et de la voirie,* t. II, p. 479.

3. L'édit de 1697 est commun à la grande et à la petite voirie.
Elles n'ont été séparées que par l'arrêt du conseil du 18 novembre 1781 (*Traité de la grande voierie et de la voierie des villes,
bourgs et villages,* par MM. Gillon et Stourm, p. 313).

Note b.

L'amende *de dix livres et au-dessous,* établie par l'art. 3 de
l'édit de décembre 1607, n'est plus applicable aux contraventions de petite voirie, lesquelles ne sont passibles que de l'a-
mende de un franc à cinq, suivant le n° 5 de l'article 471 du

Code pénal; mais cette amende reste toujours la peine des contraventions de grande voirie de cette classe, car la loi du
23 mai 1842, relative à la police de la grande voirie, ne s'é-
tend qu'aux amendes fixes d'un chiffre plus élevé et aux
amendes laissées à l'arbitraire des juges, lesquelles varient
entre un minimum de 16 francs et un maximum de 300 francs.

Note c.

Le droit donné à l'autorité de régler les alignements, l'o-
bligation imposée aux riverains de demander alignement avant
de commencer leurs constructions, sont fondées sur la nécessité de surveiller la conservation du sol affecté à la voie publique. Lorsque la largeur de cette voie publique a été légalement fixée, chaque propriétaire a le droit de construire sur
l'extrême limite de sa propriété; il doit demander alignement,
afin que l'autorité puisse faire reconnaitre cette limite et la
faire tracer; mais l'autorité ne pourrait lui prescrire de reculer
sa construction au delà de la largeur légale du chemin. Il y
aurait exception, si, en dehors de la largeur légale du chemin,
le terrain appartenait à la commune : dans ce cas, le propriétaire ne pourrait recevoir autorisation de bâtir le long de
la limite légale qu'en devenant, dans les formes voulues, ac-
quéreur de cette portion du sol. De même, si pour rendre au
sol, sa largeur légale, un propriétaire était tenu de reculer, il
aurait droit d'exiger indemnité pour la valeur du terrain qu'il
céderait au chemin. Pour les chemins vicinaux, les préfets laissent ordinairement aux maires le droit de donner des alignements, sous la réserve de l'approbation du sous-préfet qui exa-
mine si la largeur du chemin a été respectée. Pour les chemins
vicinaux de grande communication placés sous l'autorité immédiate des préfets, les alignements sont donnés par ces fonctionnaires, sur la proposition des maires, le rapport de l'agent
voyer, et la proposition du sous-préfet. Le propriétaire riverain
qui ne respecte pas l'alignement qui lui a été tracé et qui em-
piète sur le sol du chemin, commet une usurpation sur un chemin vicinal qui doit être poursuivie devant le conseil de préfecture, lequel ordonne la réintégration du sol, et conséquem-
ment la démolition des constructions. Le propriétaire qui
construit sans avoir demandé alignement, et qui usurpe sur la
largeur légale du chemin, commet une double contravention :

usurpation d'une portion du sol du chemin vicinal, et négligence de se pourvoir d'autorisation. La première contravention
doit être poursuivie devant le conseil de préfecture; la seconde
doit l'être devant le tribunal de police chargé de punir les contraventions aux règlements faits par les autorités administratives. Le propriétaire qui construit sans avoir demandé alignement, mais qui n'usurpe pas sur la largeur du chemin, commet
une contravention de la compétence du tribunal de police; mais
dans ce cas, il n'y a pas lieu de requérir ni de prononcer la démolition d'une construction qui ne nuit pas au chemin. Les maires
doivent prendre un arrêté portant défense de construire aucun
bâtiment ou mur le long d'un chemin vicinal, sans avoir demandé alignement. Les rues des bourgs et villages ne peuvent
jamais être considérées comme faisant partie des chemins vicinaux. Les alignements dans ces rues restent dans les attributions directes des maires, en vertu de l'art. 3 du titre 11
de la loi du 24 octobre 1790, sauf le droit de réformation
attribué au préfet par l'art. 46 du titre Ier de la loi du
22 juillet 1791. L'article 21 de la loi du 21 mai 1836 ne s'applique qu'aux chemins vicinaux. Lorsque les préfets jugent
qu'il est nécessaire d'avoir plus de garantie du bon usage de la
faculté laissée aux maires, dans les rues qui sont la prolonga-
tion des chemins vicinaux de grande communication, ils ne
peuvent provoquer le règlement de ces *traverses* que par ordonnance du roi, ainsi que cela a lieu pour les plans des
villes, en exécution de l'art. 52 de la loi du 16 septembre 1807.
Circulaire du ministre de l'intérieur du 24 juin 1836.

(2) Suivant un avis du Conseil d'État du 20 novembre 1839,
le droit d'autoriser ou d'interdire les saillies, de quelque nature qu'elles soient, sur la partie des voies publiques qui dépend de la grande voirie, appartient aux préfets chargés de
donner l'alignement.

(3) Nul ne peut bâtir ou réparer, soit dans l'intérieur des
villes, bourgs ou villages, soit en pleine campagne, sur un
terrain bordant les grandes routes ou les rues qui leur servent
de prolongement, sans permission spéciale de l'autorité administrative (édit du mois de décembre 1607, déclaration du
16 juin 1693, arrêt du Conseil du 27 février 1765, confirmés par
la loi des 19-22 juillet 1791), c'est-à-dire des préfets pour tout
ce qui concerne la grande voirie et des maires pour la petite
voirie. L'autorisation émanée d'un maire pour des construc-

tions nouvelles sur la grande voirie serait nulle. Le propriétaire qui l'aurait obtenue ne saurait s'en prévaloir pour se
soustraire aux poursuites dirigées contre lui (arrêt du Conseil
du 27 février 1765; ordonn. du 29 août 1821; arrêt du Conseil
d'État du 4 mai 1826, D., t. 27, p. 33; troisième partie. La juridiction des préfets ne s'étend pas aux portions de route traversant les places publiques. Elles font partie des terrains communaux. La présence d'une route royale ou départementale
n'en change pas la condition. l'État n'y exerce qu'un simple
droit de passage, et non de propriété. Elles ne cessent pas
d'être soumises au régime de la voirie urbaine (Cass., 2 décembre 1825, D., t. XXVI, p. 145; ordonn. du 16 janvier 1828).

(4) Les permissions ne sont valables que pour une année. Si,
dans le courant de l'année qui suit la permission, le propriétaire n'a point exécuté les travaux pour lesquels elle a été
accordée, il doit, avant de les commencer, se pourvoir d'une
nouvelle permission (lettres-patentes du 22 octobre 1733, citées
dans le traité de la grande et petite voirie de MM. Gillon et
Stourm, n° 231, et omises dans les collections de MM. Isambert,
Walker et Davenne). Il est d'usage d'insérer dans la permission
qu'elle ne vaut que pour un an.

(5) Le principe qu'aucune construction ne peut être entreprise sur ou joignant une voie publique quelconque, sans avoir
préalablement demandé et obtenu l'autorisation du maire,
consacré par l'édit de décembre 1607, a été depuis étendu à
toutes les communes par l'art. 3, n° 1, tit. 2 de la loi du 16-
24 août 1790; l'art. 29, tit. 1er de celle du 19-22 juillet 1791; le
n° 5 de l'art. 471 du Code pénal. Cette règle est d'ordre public.
La contravention ne saurait être excusée par le motif qu'aucun
arrêté du maire n'a rappelé l'observation des règlements à cet
égard. Cass., 22 février 1839, P., t. 2 de 1843, p. 776. Il en est
de même de la confection et de la réédification des ouvrages
propres à conforter, conserver ou soutenir les saillies ou
avances des bâtiments sur la voie publique. Cass., 23 février 1839,
P., t. II de 1843, p. 777. Un tribunal ne peut se dispenser d'ordonner la démolition des travaux exécutés au mépris de la
prohibition, sous prétexte que cette démolition ne parait ni
urgente, ni indispensable (même arrêt), ou bien que les travaux
n'ont pas rétréci la voie publique (Cass., 6 août 1836, P., t. I de
1837, P. 502), ou même qu'ils l'ont élargie et rendue plus com-
mode. Cass., 11 janvier 1840, P., t. I de 1841, p. 84.

(6) Un arrêt du Conseil, du 2 août 1826, a réprimé une con=
trâvéntion à l'article 4 qui défend de construire en pans de bois
sur la rue (M. Macarel, Rec. des arrêts du Conseil, t. 8, p. 497).

(7) On ne peut sans autorisation, d'après l'article 4 de l'édit
de décembre 1607, enduire d'une couche de gros mortier, la
façade d'une maison sujette à reculement. Cass. 17 décembre 1836,
P., t. I de 1837, p. 518. V. l'art. 29, tit. 1ᵉʳ de la loi du 12=22 juillet 1791, et les art. 471, n° 5, et 484 du Code pénal.

(8) Le droit de voirie attribué à l'autorité municipale a tou=
jours compris le pouvoir notamment de régler l'alignement, la
hauteur et la régularité des bâtiments et constructions élevés
ou réparés joignant la voie publique, et d'empêcher les entreprises de toute nature qui seraient contraires à la décoration
des villes, bourgs ou villages, ainsi qu'à la sûreté et commodité des citoyens. Il n'a pas été dérogé à ces principes par
l'art. 52 de la loi du 16 décembre 1807 qui oblige les maires des
villes à donner des alignements conformément aux plans
généraux qui seront arrêtés en Conseil d'État. Par suite, le
règlement par lequel un maire a dressé un plan d'alignement dans une localité pour laquelle il n'en a pas encore
été arrêté, est obligatoire, tant qu'il n'a pas été réformé par
l'autorité supérieure. Cass., 8 août 1833, P., t. 1 de 1834,
p. 145 ; D., t. XXXIII, p. 339. L'arrêt vise dans ses considérants
comme étant encore en vigueur, les articles 4 et 5 de l'édit de
décembre 1607, la déclaration du 16 juin 1693, portant règlement pour les fonctions des officiers de la voirie. Cependant de
nouvelles idées sur cette matière se sont fait jour depuis quelque temps. On a pensé que les restrictions apportées par l'administration aux droits de la propriété privée ne sont réelle-
ment utiles et par conséquent fondées en raison et en équité,
qu'autant qu'il s'agit de régler, dans l'intérêt de la circulation
et de la salubrité, la largeur de la voie publique et la hauteur
des maisons riveraines. Mais on a contesté à la police municipale l'utilité de son intervention dans le mode des constructions particulières. Davenne, *Suppl. au Rec. des lois et règle=
ments sur la voirie,* Avertissement p. 2.

(9) Un alignement ne peut être donné verbalement par l'au=
torité municipale. Cass., 6 juillet 1837, P., t. II de 1837, p. 292 ;
Cass., 13 mars 1841, P., t. 1, de 1842, p. 519. Une simple lettre
ne suffirait pas. Cass., 26 juin 1835, P., à sa date. L'autorisation
par écrit ne saurait être supplée par un certificat ultérieur du

maire constatant que l'alignement avait été donné. Arrêt cité de Cass. du 13 mars 1841. Elle doit être donnée en la forme et avec les précautions prescrites par les lois et règlements. Ord. du roi, en Conseil d'État, 23 février 1839. *Coll. du J. de Palais,* année 1839, p. 492.

(10) L'article 52 de la loi du 16 septembre 1807 dispose : « Dans les villes, les alignements pour l'ouverture des nou= velles rues, pour l'élargissement des anciennes qui ne font point partie d'une grande route, ou tout autre objet d'utilité publique, seront donnés par les maires conformément au plan dont les projets auront été adressés aux préfets, transmis avec leur avis au ministre de l'intérieur et arrêtés en Conseil d'État. En cas de réclamation de tiers intéressés, il sera de même statué en Conseil d'État sur le rapport du ministre de l'inté- rieur. » Le transport du voyer sur les lieux, l'alignement par lui tracé et l'autorisation de construire sur cet alignement, ne dispensent pas de l'autorisation du conseil municipal. Or- donnance du Conseil d'État du 31 août 1826, D., t. XXVI, p. 295; Cass., 17 novembre 1831, D., t. XXXII, p. 19; *Traité de la grande et de la petite voirie,* par MM. Gillon et Stourm, n°s 2, 9.

(11) V. le décret du 27 juillet 1808, qui ordonne l'exécution jusqu'à l'approbation des plans généraux d'alignement, des alignements partiels donnés par les maires en vertu de l'art. 52 de la loi du 16 septembre 1807; l'ordonn. du 29 février 1816, con- cernant les alignements pour les constructions à faire dans les rues qui ne dépendent point de la grande voirie; et celle du 31 juillet 1817, relative aux alignements dans les rues des villes, bourgs et villages.

(12) Il est de droit commun qu'aucune construction ne peut être faite sur la voie publique sans autorisation de l'autorité municipale, encore bien qu'il n'existe pas de règlement de police prohibitif. Cass., 1er et 9 février 1833, P., 3e édit., à leur date. En l'absence de règlements nouveaux contenant défense aux habitants des villes de faire aucune construction sur la voie publique sans avoir préalablement obtenu l'autorisation du maire, les dispositions de l'ordonnance de 1607 sont restées en vigueur. Cass., 15 mai 1835, P., à sa date.

(13) L'établissement à une fenêtre, et sans autorisation, d'une persienne faisant saillie sur la voie publique, contrairement à l'arrêté d'un maire qui interdit tout changement aux fenêtres des maisons, constitue une contravention à l'ordonnance de

·1607, qui prohibe toute saillie sur les rues sans autorisation, et à l'arrêté du maire, contravention réprimée par l'art. 471, n° 15 du C. pén.. Cass., 20 oct. 1841, P. t. I, de 1842, p. 587.

(14) Le prévenu cité devant le tribunal de simple police pour avoir fait, sans être autorisé par l'autorité municipale, des travaux à une maison sujette à reculement, ne peut être renvoyé de la plainte sur le motif que ces travaux ne sont pas confortatifs. V. C. pén. 471, n° 5. La question de savoir s'ils peuvent ou non prolonger l'existence de la maison présente une exception préjudiciable qu'il n'appartient qu'à l'administration de décider, suivant l'art. 4 de l'édit du mois de décembre 1607. Le tribunal devant lequel l'exception est proposée, doit donc, d'après l'art. 182 du Code d'instruct. crim., surseoir à statuer sur la prévention, et fixer le délai dans lequel ils seraient tenus d'en saisir l'autorité compétente, et de justifier de leurs diligences pour en obtenir la décision. Cass., 17 février 1837, P., t. I de 1838, p. 74.

(15) Les droits de voirie établis par l'édit de décembre 1607 qui se payaient comme honoraires aux agents de la voirie, s'acquittent maintenant, d'après un nouveau tarif, entre les mains de l'administration, et font partie des recettes municipales et départementales, selon qu'il s'agit de droits de petite ou de grande voirie. V. le décret impérial du 27 oct. 1808, ainsi que le tarif qui y est annexé, et l'ordonnance royale du 24 novembre 1823.

Note d.

(1). Lorsque l'existence d'une contravention à un règlement de voirie est reconnue par le tribunal de police, le jugement qui condamne le contrevenant aux peines établies par la loi, ne peut, sans excès de pouvoir, lui accorder en même temps un délai pour se conformer à l'exécution dudit règlement. Cass., 18 décembre 1840, P., t. I de 1842, p. 242. Les tribunaux de répression n'ont pas le droit de surseoir à l'exécution de leurs jugements. Cass., 6 floréal an V, 21 messidor an X, 3 germinal an XI, 16 pluviôse an XIII, P., à leur date. Le sursis ordonné par le tribunal de simple police, est de sa part une immixtion prohibée dans les actes de l'administration. Morin, *Dict. de Droit crimin.*, V° VOIRIE, p. 800 et 801. Cependant un arrêt de rejet du 15 sept. 1825 a jugé que le tribunal de simple po-

lice qui, en ordonnant la démolition d'une construction faite
sur la voie publique, accorde un délai pour faire opérer cette
démolition, ne commet point un excès de pouvoir. P., t. I
de 1827, p. 363, et à sa date dans la 3ᵉ édit. Mais c'est une
erreur dans laquelle la Cour de cassation n'a pas persisté.

(2). L'édit de 1607 prescrit expressément aux juges chargés
de réprimer les contraventions en matière d'alignement, d'ordonner que la besogne mal plantée sera abattue. Cette disposition est impérative, et il n'est pas permis aux juges d'en
éluder l'application en accordant un sursis au contrevenant pour
la démolition des constructions indûment édifiées. A la vérité
le juge peut fixer un délai après lequel l'administration pourra
elle-même, à défaut par le contrevenant de l'avoir fait, faire
détruire les constructions; mais ce délai ne doit être que celui
présumé nécessaire pour exécuter la démolition ordonnée, et
jamais il ne peut être prolongé de manière à laisser subsister
pendant un temps plus ou moins long l'édifice qui doit être dé-
truit immédiatement, parce qu'il n'aurait pas dû être élevé.
La concession d'un délai, lorsqu'il n'a pas pour motif le temps
nécessaire à la démolition, équivaut à un sursis, et constitue
une violation formelle de l'édit de 1607. Dans l'espèce, le délai
accordé par l'administration était de quinzaine, et la prolonga-
tion accordée par le tribunal de simple police était de deux ans.
Cass., 8 juillet 1843 et 5 février 1844, P., t. I de 1844, p. 83 et 504.

(3). Lorsqu'un tribunal de police reconnaît qu'un propriétaire
a, sans autorisation préalable et par écrit du maire, fait des
réparations à sa maison, contrairement à un règlement municipal, il ne peut, sous le prétexte que ces réparations n'étaient
pas confortatives, refuser d'en ordonner la démolition demandée par le ministère public. Cass., 25 juin 1841, P., t. II
de 1843, p. 781. L'autorité administrative est seule compétente
pour décider si les travaux sont confortatifs ou non. Cass.,
5 octobre 1837, P., t. I de 1840, p. 144.

(4). Les tribunaux de simple police saisis de la connaissance d'une contravention résultant de ce qu'un mur a été construit sans autorisation sur la voie publique, doivent ordonner
non la démolition de ce mur dans une certaine dimension, mais
entièrement. Cass., 12 mai 1843, P., t. II de 1843, p. 509; Cass.,
25 juin 1836, P., t. I, de 1837, p. 14; Cass., 10 novembre 1836
P., t. II de 1837, p. 277; Cass., 8 août 1839, P., t. I, de 1841,
p. 158; Cass., 23 août 1839, P., t. I, de 1841, p. 128.

(5). Lorsqu'un propriétaire a, sans autorisation, fait recrépir la façade de sa maison sujette à reculement, et remplir une lézarde dans le mur de cette façade, le juge doit, en même temps qu'il condamne le contrevenant à l'amende, ordonner la démolition des réparations, quelque minime que soit à ses yeux l'importance de ces réparations relativement à la consolidation du mur. Lois des 16-24 août 1790, tit. II, art. 3, n° 1, et 19-22 juillet 1791, tit. I, art. 46; Cass., 4 août 1838, P., t. II de 1843, p. 752. Le recrépissage étant confortatif, ne peut avoir lieu que lorsqu'il a été autorisé en termes explicites et formels. Cass., 19 novembre 1840, P., t. II de 1841, p. 303. Toutefois il a été jugé que quand il n'a pas un effet réconfortatif, il n'y a pas lieu d'ordonner la démolition des travaux. Ordonn. en Conseil d'État des 26 octobre 1828 et 14 octobre 1836.

(6). Le tribunal de police qui reconnaît que des travaux confortatifs ont été exécutés dans une maison, en contravention à un arrêté du maire, ne peut se dispenser d'ordonner la démolition de ces travaux, requise par le ministère public, comme réparation du préjudice qui en résulte dans l'intérêt public, sous prétexte que la maison ne joint pas immédiatement la rue et que le contrevenant était de bonne foi. C'est une distinction contraire au principe qui régit la matière. Cass., 5 mars 1842, P., t. II de 1842, p. 57. V., dans le même sens, Cass., 6 juillet 1837, P., t. II. de 1837, p. 292; Cass., 4 janvier 1840, P., t. II de 1841, p. 752.

(7). La Cour de cassation, vu l'art. 5 de l'édit du mois de décembre 1607, aux termes duquel les particuliers qui ne se sont pas exactement conformés aux permissions par eux obtenues en matière de petite voirie doivent être, outre la peine attachée par la loi à cette contravention, condamnés à détruire la *besogne mal plantée ;* ensemble, l'art. 29, t. 1er de la loi du 19-22 juillet 1791, par lequel cet édit a été maintenu en vigueur, a, le 21 juillet 1838, par arrêt infirmatif, jugé que le propriétaire d'une maison sujette à reculement, qui, ayant obtenu l'autorisation d'y faire quelques travaux d'embellissement, outrepasse les conditions apposées à cette permission, ne peut être condamné à une simple amende (C. pén. 471, n° 5), sous le prétexte que les travaux ont plutôt eu pour effet de diminuer que d'augmenter la solidité du mur. La destruction de ces travaux doit, en outre, être ordonnée par le juge. P., t. I de 1840, p. 302.

(8). Celui qui a élevé des constructions sur ou joignant la voie publique, sans autorisation préalable, et malgré la défense formelle, ne peut être excusé, ni dispensé de la démolition, par le motif qu'il serait propriétaire du terrain sur lequel il a bâti. Cette règle doit être observée, soit qu'il existe ou qu'il n'existe pas de plan général d'alignement pour la commune. Cass., 11 août 1842, P., t. 1 de 1844, p. 503.

(9). Les constructions faites en saillie sur la voie publique, contrairement à la défense contenue dans l'autorisation de bâtir donnée par le pouvoir municipal, donnent lieu à des poursuites non-seulement contre le propriétaire, mais aussi contre les maçons et ouvriers qui ont méconnu, en ce faisant, les avis de l'autorité locale. On ne peut les relaxer de la poursuite par le motif qu'ils n'avaient d'autre devoir que d'obéir à la volonté du maître qui les commandait. Cass., 17 décembre 1840, P., t. I de 1841, p. 716. V. la déclaration du 16 juin 1693; l'arrêt du conseil du 27 février 1765; l'art. 471, n° 5 du Code pénal.

10. L'entrepreneur ou maçon qui fait des reconstructions sur la voie publique, sans que l'alignement ait été préalablement obtenu, est personnellement passible de l'amende comme le propriétaire lui-même. V. l'arrêt du conseil du 17 février 1765; le Code pénal, art. 471, § 15; l'arrêt du conseil du 26 mars 1841, P., t. I de 1842, p. 532.

Note e.

(e) L'article 13 intéresse l'existence des escaliers extérieurs en saillie sur la voie publique. L'administration a-t-elle le droit d'ordonner la suppression de ces escaliers lorsqu'ils menacent ruine? La solution, à part l'inconvénient qui peut résulter de la position de l'escalier par rapport à la circulation, tient à des considérations d'intérêts privés que l'autorité publique ne peut méconnaître. Si, par exemple, la permission d'établir cet escalier a été donnée par suite de travaux d'utilité générale qui ont changé la disposition du sol; si le système de construction du bâtiment ne permet pas de le reconstruire intérieurement sans des frais considérables; si la possession en est acquise au propriétaire (Code civil, art. 712), il faut, ou traiter de gré à gré, ou poursuivre l'expropriation, ou attendre le moment de la suppression du bâtiment. Dans ce dernier cas, la suppression de l'escalier en saillie reste subordonnée à la durée du mur de face.

IX. — *Extrait de l'ordonnance de police du bureau des finances de Paris, sur les pignons et pans de bois* (1).

18 août 1667.

Faisons défenses aux propriétaires de faire faire au=cune pointe de pignon, forme ronde ou carrée.

Enjoignons aux propriétaires de faire couvrir à l'avenir les pans de bois de latte, clous et plâtre, tant en dedans qu'en dehors, en telle manière qu'ils soient en état de résister au feu, autrement et à faute de ce faire, et en cas de contravention à ce que dessus, se=ront, lesdits propriétaires et ouvriers qui travailleront auxdits bâtimens, condamnés à cinquante livres d'a=mende...., et les ouvrages abattus et démolis à leurs frais et dépens...

(1) Perrot, *Dict. de la voirie*, p. 493 ; Davenne édit. de 1836, t. II, p. 222 ; Walker, t. I, p. 239. Il existait avant la révolution dans chaque généralité un bureau des finances, qui avait pou=voir réglementaire et juridiction en matière de domaine, de finance et de voirie, et où siégeaient les trésoriers de France. V. dans l'encyclopédie méthodique, *Jurisprudence de la police et des municipalités*, v° BUREAU, et mes observations sur l'édit de décembre 1607. — J.-B. J. PAILLET, *Manuel complémentaire des Codes français*, déjà cité, p. 33.

X. — ORDONNANCE DE POLICE *qui enjoint aux proprié-*
taires de maisons dans lesquelles il n'y a point de
latrines, d'en faire construire, et qui règle la manière
dont elles seront construites (1).

24 septembre 1668.

De par le Roy, M. le prévot de Paris ou son lieutenant de police,

Sur ce qui nous a été représenté par le procureur
du Roy qu'en exécution des ordres par nous donnés
aux commissaires du Châtelet, pour la visite des maisons de cette ville et des fauxbourgs, afin de reconnoître l'état auquel les propriétaires et locataires desdites maisons les tenoient, et s'ils y observoient les
ordonnances et réglemens de police ; lesdits commissaires dans la visite qu'ils ont faite des quartiers les
plus réservés et les plus habités de la ville et des fauxbourgs, auroient entre autres choses observé qu'en
la plupart des quartiers les propriétaires desdittes
maisons se sont dispensés d'y *faire des fosses* ou latrines, quoiqu'ils ayent logé dans aucune desdittes
maisons jusques à vingt et vingt-cinq familles différentes, ce qui causoit en la plupart de si grandes puanteurs qu'il y avait lieu d'en craindre des inconvénients
fascheux, et surtout en des temps suspects, non seulement il estoit nécessaire pour maintenir la pureté de
l'air et la santé des habitants, de continuer à faire

(1) SERVICE MUNICIPAL DE PARIS (ASSAINISSEMENT). — *Recueil
des Ordonnances et Arrêtés depuis* 1374 *jusqu'à* 1864 ; in-8°, Paris,
J. Juteau, 1864; p. 5 et 6.

tenir les ruës nettes, mais encor de veiller aussy soi=
gneusement à ce qu'il n'y ait aucune saleté au dedans
des maisons, principalement dans les quartiers les
plus peuplés où la maladie contagieuse a toujours
commencé à se manifester toutes les fois que la ville
en a été affligée ; c'est pourquoy, attendu que ledit
deffaut de latrines étoit la principale cause de ces sa-
letés et puanteurs qui rendent lesdites maisons infectes, et qui sont capables de corrompre l'air; RE=
QUEROIT, comme l'abus s'est reconnu presque général, qu'il fût par nous ordonné et *enjoint* sous les
peines que nous aviserions *à tous propriétaires* des
maisons de cette ville et fauxbourgs *de faire des fosses*
et latrines, *autant qu'il en seroit nécessaire*, eu égard à
l'estendüe et grandeur d'icelles;

Nous, faisant droit sur ledit réquisitoire ; ordonnons
à tous propriétaires de maisons sises dans la ville et
fauxbourgs de Paris dans lesquelles il n'y a aucunes
latrines ou fosses à privées suffisantes d'en faire construire dans chacune d'icelles, et ce dans un mois pour
tout délay, du jour de la publication des présentes, à
peine de deux cents livres d'amende contre chacun des
contrevenants, pour le payement de laquelle ensemble
pour ce qu'il conviendra dispenser pour la *confection*
desdittes *fosses et latrines, seront* et demeureront les
loyers desdittes maisons *saisis*, jusques à ce qu'il y ait
été satisfait; et pour d'autant plus éviter l'infection et
puanteur au dedans desdittes maisons, et en garantir
celles qui seront voisines, enjoignons tant auxdits pro=
priétaires qui feront faire lesdittes latrines et privez
qu'aux massons qui les construiront de *faire* un con=
tremur suffisant le long des tuyaux d'icelles depuis le
plus haut siége, jusqu'à la fosse, si mieux ils n'aiment
isoler lesdits tuyaux et laisser un espace *vuide* de trois

pouces entre le mur mitoyen de lesdits tuyaux ; comme aussy leur enjoignons de *faire des ventouses* qui seront *conduites* jusques *au dessus des combles des maisons* où elles seront faites ; le tout sous les peines portées par la présente ordonnance, laquelle à cette fin sera exécutée nonobstant oppositions ou appellations quelconques et sans préjudice d'icelles ; lüe, publiée et affichée dans les carrefours, places publiques et autres lieux, que besoin sera, de la ville et fauxbourgs, afin que personne n'en prétende cause d'ignorance.

Ce fut fait et donné par messire Gabriel-Nicolas de la Reynie, conseiller du Roy en ses conseils d'État et privé, maître des requestes ordinaire de son hôtel et lieutenant de la ville, prévôté et vicomté de Paris, le vingt-quatrième jour du mois de septembre seize cent soixante-huit.

Signé : DE LA REYNIE, DETIANTZ et LE COINTRE, greffier.

Lüe et publiée à son de trompe et cry public, et affichée par tous les carrefours de cette ville et fauxbourgs de Paris par moy Charles Canto, juré crieur du Roy en ladite ville, prévôté et vicomté de Paris, soussigné, accompagné de Hierome Trousson, Étienne du Bodo, commis d'Étienne Choppé et de Claude Jeus, jurez trompettes du Roy, le *vingt-septième jour de septembre seize cent soixante-huit.*

Signé : CANTO.

XI. — *Extrait de l'édit de Louis XIV portant règlement général pour les eaux et forêts, reg. au Parlement et à la chambre des comptes* (1).

août 1669.

TITRE XXVIII. — *Des routes et chemins royaux ès forêts, et marchepieds des rivières.* — ART. 7. Les propriétaires des héritages aboutissant aux rivières navigables laisseront le long des bords vingt-quatre pieds au moins de place en largeur pour chemin royal et trait des chevaux, sans qu'ils puissent planter arbres, ni tenir clôture ou haie plus près que trente pieds du côté que les bâteaux se tirent, et dix pieds de l'autre bord, à peine de cinq cents livres d'amende (2), confiscation des arbres, et d'être, les contrevenans, contraints à réparer et remettre les chemins en état à leurs frais (a) (3).

(1) Collections de Baudrillart et d'Isambert. Il est remplacé en grande partie par le Code forestier de 1827 et par la loi du 15 avr. 1829 sur la pêche fluviale. Mais il y a, dans les tit. I, XXVII, XXVIII, des dispositions qui restent en vigueur. Ce sont principalement celles qui concernent la police des rivières navigables et flottables, la servitude de halage, la construction des usines, le chômage des moulins, etc. L'édit de 1669 est plus souvent qualifié ordonnance. = J. B. J. PAILLET, *Manuel complémentaire des Codes français*, déjà cité.

(2) V. la loi du 23 mars 1842.

(3) On trouve une disposition semblable dans l'art. 680 d'un règlement général de police pour Paris, du mois de fév. 1415, rendu par Charles VI. La servitude de halage n'est pas connue en Angleterre, elle ne vient pas du droit romain. Elle était déjà chez les Gaulois au nombre des usages qui ont fait admirer, par Strabon, la belle ordonnance et l'extrême activité de la navigation dans ce pays. = Voir p. 50, la note *a*.

ÉDIT DE 1669

SUR LES EAUX ET FORÊTS.

(D'après Paillet) (1).

Note a.

1. Suivant l'art. 1 du décret du 22 janv. 1808, les dispositions de l'art. 7, tit. XXVIII de l'ordonnance de 1669, sont applicables à toutes les rivières navigables de France, soit que la navigation y fut établie à l'époque où a été rendue l'ordonnance, soit que le gouvernement se soit déterminé depuis à les rendre navigables. Aux termes de l'art. 3 du même décret, il n'est dû aux riverains aucune indemnité pour le cas où l'État réclame un chemin de halage le long d'une rivière rendue navigable, antérieurement à ce décret. Arrêt du Conseil d'État, 14 août 1840, *Gazette des tribunaux* du 25 sept. suivant. = V. les art. 649, 650 du Code civil.

2. Un avis du Conseil d'État, du 16 mess. an XIII (4 août 1805), décide que l'art. 7 du tit. XXVIII de l'ordonnance de 1669, confirmé par le Code civil, s'applique à toutes les rivières et fleuves navigables, soit que la navigation se fasse à traits de chevaux ou d'hommes, ou à l'aide du flux et reflux, soit par l'impulsion du vent; mais que l'espace de 24 ou 30 pieds, spécifié dans cet article, ne peut être exigé que sur le bord du côté où le tirage a lieu, et se trouve restreint à 10 pieds pour chacun des deux bords, tant qu'il n'y a pas de tirage à chevaux d'établi; que la loi du 14 flor. an X, tit. 5, n'ayant rien ajouté à cette disposition, le droit de servitude des pêcheurs de terre se borne à l'usage du marchepied, tel que l'ont tous les autres navigateurs. (*Rec. d'*ISAMBERT, 1824; suppl., p. 100).

3. Les contraventions à l'art. 7, tit. XXVIII de l'ordonnance de 1669, sont jugés administrativement, conformément à la loi du 29 flor. an X (19 mai 1802). (Décret du 8 vend. an XIV).

---

(1) Voir plus haut, note 3. p. 49.

XII. == *Extrait de l'ordonnance du Châtelet (a) (1) sur la construction des cheminées à Paris (b) (2).*

26 janvier 1672.

Art. 1er. Ordonnons qu'à l'avenir, tant aux bâtimens qu'en tout rétablissement des maisons, il sera fait des enchevêtures au=dessous de tous âtres de foyers de cheminées, de quelque grandeur que puissent être les dites cheminées et maisons où elles seront faites.

2. Que, pour lesdits âtres et foyers, il sera laissé quatre pieds d'ouverture au moins et trois pieds de profondeur depuis le mur jusqu'au chevêtre qui portera les solives.

3. Qu'il y aura six pouces de recouvrement de toute part, tant auxdits chevêtres qu'aux solives d'en= chevêture, et que, pour soutenir ledit recouvrement, les chevêtres et solives d'enchevêtures seront garnis suffisamment de chevilles de fer de six à sept pouces de longueur et de clous de bateaux, en sorte qu'après le recouvrement il puisse rester, pour les tuyaux de cheminées, du moins trois pieds d'ouverture dans œuvre, et neuf à dix pouces de largeur aux tuyaux aussi dans œuvre.

4. Seront faites pareilles enchevêtures dans tous les étages, à l'endroit des tuyaux de cheminées de quatre pieds d'ouverture, à la réserve néanmoins de la pro= fondeur, qui ne sera que de seize pouces seulement depuis le mur jusqu'au chevêtre, et lequel chevêtre

---

(1) et (2) Voir plus loin, p. 53 et 54, les notes *a* et *b* emprun- tées, ainsi que cet extrait de l'ordonnance du 26 janv. 1672, au *Manuel* de PAILLET.

sera recouvert de plâtre de cinq à six pouces, en sorte qu'il se trouve toujours neuf à dix pouces audit tuyau.

5. Que les languettes des cheminées qui seront faites de plâtre auront deux pouces et demi d'épaisseur au moins en toute leur élévation.

6. Qu'en tous bâtimens neufs seront laissés des moellons sortant du mur pour faire liaison des jambages des cheminées, et où ils ne pourraient être laissés, seront employés des clous de fer hachés à chaud, de longueur au moins de neuf pouces, et ne seront pour ce employés, tant auxdits bâtimens neufs qu'aux rétablissemens, aucunes chevilles ou fentons en bois.

7. Enjoignons, en outre, très-expressément à tous propriétaires ou locataires de maisons de faire tenir nettes les cheminées des lieux qu'ils habitent, à peine de cent livres d'amende contre ceux qui se trouveront habiter les maisons ou chambres dans les cheminées desquelles le feu aura pris, à faute d'avoir été nettoyées, encore qu'aucun accident ne s'en fût suivi.

ORDONNANCE DU CHATELET DE 1672.

(D'après Paillet) (1).

Note a.

C'était le nom que portait la justice royale ordinaire et de première instance de la capitale. On l'appelait ainsi parce que l'auditoire de cette juridiction était établi dans l'endroit où subsiste encore partie d'une ancienne forteresse appelée le Grand-Châtelet, que Jules César fit construire lorsqu'il eut fait la conquête des Gaules (Encyclopédie méthodique, v° CHA-TELET). Le tribunal du Châtelet, bailliage et présidial pour Paris, était composé de quatre-vingts magistrats, un chevalier d'honneur et cinquante greffiers, savoir : le prévôt de la ville de Paris, magistrat d'épée, qui était le président, mais honorifique, pour ainsi dire; un lieutenant civil du président; un lieutenant de police, dont les fonctions étaient administratives autant que judiciaires; un lieutenant criminel, juge d'instruction et président en matière criminelle; un lieutenant criminel de robe courte, magistrat militaire, ayant l'instruction de certains crimes; deux lieutenants particuliers; cinquante-neuf conseillers; un juge auditeur, statuant sur des affaires civiles de peu d'importance ; un procureur du roi, quatre avocats du roi, huit substituts. Dix-huit huissiers audienciers, plus de deux cent trente procureurs; plus de cinq cent cinquante huissiers à cheval et à verge, dont une partie résidait hors du ressort; cent treize notaires; cent vingt huissiers commissaires-priseurs étaient attachés au Châtelet. (*La France avant la révolution*, par M. BAUDOT, p. 26 et l'*Histoire du Châtelet et de ses attributions*, dans le discours prononcé à la rentrée des tribunaux de la Seine en 1842, par M. TERNAUX et reproduit par la *Gazette des tribunaux*). Le titre de Châtelet appartenait aussi aux juridictions d'Orléans et de Montpellier. Les châtelets de Paris, d'Orléans et de Montpellier ont été, comme tous les tribunaux de

---

(1) Voir plus haut, notes 1 et 2, p. 51.

l'ancien régime, supprimés par la loi du 7 septembre 1790. Ils sont aujourd'hui remplacés par des tribunaux de première instance qui doivent leur création à la loi du 27 ventôse an VIII (18 mars 1800). Ils exerçaient le pouvoir réglementaire que leur a retiré l'art. 13, tit. XI de la loi du 24 août 1790 et l'art. 5 du Code civil.

Note b.

Rapportée avec préambule dans le *Traité de la police* de Delamarre, continué par Leclerc du Brillet, t. IV, p. 138, et par extrait, dans Davenne, *Régl. de la voirie*, t. II, p. 288. L'art. 674 du Code civil renvoie aux réglements et usages particuliers. Ils sont donc toujours en vigueur. Une ordonnance de Charles VIII de 1485 sur la police de Paris, rapportée par Fontanon, t. I, p. 873, édit. de 1611 et par M. Isambert, t. XI, p. 156, dispose, art. 6 : « Si aucun veut faire cheminée, astre, chauffedos « ou chauffecon, contre un mur mitoyant, il y doit faire contre= « mur de tuilleaux ou de plastre de demi=pied d'épaisseur, et « en certaine quantité de haut, et selon la mesure en tels cas « accoustumée entre les maçons, afin que par le hasle et la « grande chaleur du feu le mur n'en puisse nullement em= « pirer. » — Des coutumes s'expliquent formellement sur ce sujet.

(Voir t. I, pages 233 et suivantes du présent *Manuel*, les *Usages locaux* auxquels renvoie l'art. 674).

XIII. — *Extrait de l'édit de police de l'Hôtel de Ville de Paris, et règlement sur la juridiction des prévôts et échevins* (1).

décembre 1672.

CHAP. I, *concernant les rivières et bords d'icelles, pour la commodité de la navigation.* — ART. 3. Seront, tous propriétaires d'héritages aboutissants aux rivières navigables, tenus de laisser le long des bords, vingt-quatre pieds pour le trait des chevaux, sans pouvoir planter arbres, ni tirer clôtures ou haies plus près du bord que de trente pieds. Et, en cas de contravention, seront les fossés comblés, les arbres arrachés, et les murs démolis aux frais des contrevenants (2).

CHAP. XVII. *concernant la marchandise de bois neuf, etc.* — ART. 6. Les marchands de bois flotté pourront faire jeter leur bois à bois perdu, sur les rivières et ruisseaux, en avertissant les seigneurs intéressés, par publications qui seront faites dix jours avant que de jeter lesdits bois, aux prônes des messes des paroisses, étant depuis le lieu où les bois seront jetés jusqu'à celui de l'arrêt, et à la charge de dédommager les propriétaires des dégradations, si aucunes étaient faites aux ouvrages et édifices construits sur lesdites rivières et ruisseaux.

ART. 7. Afin que le flottage desdits bois puisse être plus commodément fait, seront tenus les propriétaires

---

(1) D'après AUG. ROGER et ALEX. SOREL, *Codes et Lois usuelles* (nouv. édit.), Paris, in-8°, Garnier frères, 1878, p. 218.

(2) Voir plus haut, p. 49, l'extrait de l'*Édit de Louis XIV* d'août 1669.

des héritages étant des deux côtés desdits ruisseaux,
de laisser un chemin de quatre pieds, pour le passage
des ouvriers préposés par les marchands, pour pousser
aval l'eau desdits bois.

XIV. — Ordonnance *des trésoriers de France, contenant plusieurs règlements sur le fait de la voirie.* — *Pas de pierre, seuils de portes, marches, bornes, etc.* (1).

4 février 1683.

Sur ce qui nous a été remontré par le Procureur du Roy, que quelques soins que Nous ayions pris de faire observer les Édits, Déclarations, Arrests et Règlemens sur le fait de la voirie, et nos Ordonnances rendues en conséquence, notamment celle du 26 octobre 1666 générale sur le mesme fait, confirmée par Arrest du Conseil du 19 novembre audit an, intervenu sur la contestation des Officiers du Chastelet, qui prétendoient ledit droit de Voirie ; et que par plusieurs de nos ordonnances depuis rendues de temps en temps, Nous ayions renouvellé les défenses portées par icelle, pour réprimer les entreprises de plusieurs Particuliers, Propriétaires et Locataires de maisons, Massons, Charpentiers, et autres, sur les rues, places et voyes publiques au préjudice desdits Édits, Arrests et Règlements, et de nosdites Ordonnances publiées et affichées où besoin a esté : néanmoins quelques particuliers ne délaissent d'y contrevenir journellement. A quoy requeroit estre pourveu. Faisant droit sur ledit Réquisitoire du Procureur du Roy : veu lesdits Édits, Arrests et Règlemens sur le fait de la Voirie, et nos Ordonnances rendues en conséquence, notamment celle du

_____

(1) Société centrale des Architectes, *Manuel des Lois du bâtiment* (1re édit.), in-8° ; Paris, Morel et Cᵉ, 1863 (épuisée). — *Extraits des lois, ordonnances, décrets, etc...*, p. 9 et suiv.

25 janvier 1658, § 21 et dernier, juin 1665 et celle du 26 octobre 1666, ensemble ledit Arrest confirmatif d'icelle du 19 novembre audit an, et plusieurs autres nos Ordonnances rendües depuis sur ledit fait.

Nous avons ordonné, conformément à icelles, que tous Propriétaires et Locataires de maisons, Marchands, Artisans, et autres, de quelque qualité et condition qu'ils soient de cette Ville et Fauxbourgs, seront tenus, huitaine après la publication de la présente Ordonnance, de faire réformer les Pas de pierre, Seuils de porte, Marches, Bornes et autres Avances, estant le long et au devant de leurs Maisons et Boutiques, en sorte qu'ils n'excèdent huit pouces de saillie du corps du mur.

Que les établis qui sont au-devant desdites Boutiques excédans de deux pouces seront pareillement ostez; les Auvens réduits à la hauteur de dix à douze pieds à prendre du rez-de-chaussée, et à la largeur de deux pieds et demi de châssis ; les Enseignes seront à la hauteur de quinze pieds, et toutes sur une mesme ligne.

Les Marchands et Artisans seront tenus de retirer dans ledit temps leurs Serpillières, Montres, Comptoirs et Bancs, au niveau des jambes estrières de leurs Boutiques : à faute de quoy faire dans ledit temps de huitaine, et iceluy passé, seront lesdits Auvens abbatus et démolis, ensemble les Serpillières, Montres, Estallages, Grilles, Bornes et autres Avances, de quelque nature qu'elles soient, ostées et arrachées aux frais et dépens des délinquants, pour raison de quoy sera déclaré exécutoire, et outre condamnez chacun en vingt livres d'amende.

Défenses sont faites, sur les mesmes peines, de faire relever le Pavé des devantures des maisons plus haut

que l'ancien pavé de la rue ; et, au cas qu'il y soit
contrevenu, enjoignons aux Entrepreneurs du Pavé de
cette Ville de faire incessamment baisser lesdites devantures, et les réduire à l'allignement des devantures desdites maisons voisines, dont ils seront payez
aux dépens des Propriétaires ou Locataires à raison de
trois livres la toise, sur lesquels sera délivré exécutoire ;
et outre seront condamnez en vingt livres d'amende.

Faisons pareillement défense à tous Massons, Charpentiers et autres Ouvriers, de mettre des estayes dans
les rues et places publiques sans nostre permission,
auquel cas leur enjoignons de faire rétablir et réparer
les trous et dégradations dudit Pavé procédant de
l'apposition desdites étayes, par l'Entrepreneur du Pavé
du Quartier, à peine d'y estre mis Ouvriers à leurs
frais et dépens, et de vingt livres d'amende.

Comme aussi faisons défenses à toutes personnes,
de quelque condition et qualité qu'elles soient, de
faire mettre aucuns Poteaux, Pieux, Bûches au travers
lesdites rues, ni d'en rétressir le passage pour quelque
cause et occasion que ce soit, ni faire faire aucunes
tranchées ni ouvertures de Pavé qu'après en avoir pris
permission de Nous, et qu'à la charge de les faire rétablir par les Entrepreneurs du Pavé de cette Ville, à
peine de pareille amende.

Comme aussi faisons très-expresses inhibitions et
défenses, sur les mesmes peines, aux Marchands de
Fer, Espiciers, Cabarretiers et tous autres, de laisser
leurs Tonnes, Tonneaux, Muids et Emballages esdites
rues ; et à tous Particuliers d'avoir aux fenestres de
leurs maisons, Jardins et Préaux faisans saillies sur rue.

Faisons pareillement défenses à tous Particuliers,
Propriétaires, Massons, Charpentiers et autres, de faire
ni faire faire aucuns ouvrages qui puissent conserver

ou conforter les Saillies, Traverses et Avances sur Rues,
Voyes et Places publiques, rétablir aucunes Maisons ni
Murs de Clostures faisans ply ou coude, à peine de
démolition et de vingt livres d'amende, tant contre
lesdits Propriétaires qu'Ouvriers ; comme pareillement
de construire aucuns nouveaux Bastimens, Murs de
closture et autres Édifices sur lesdites Rues, Places et
Voyes publiques, ni rétablir aucunes encogneures, élever ni construire aucuns Pans de bois qu'après en avoir
pris la permission et allignemens de Nous, aussi à peine
de démolition et de pareille amende : leur enjoignons
de faire incessamment oster et enlever les décombres
desdits bastimens, avec défenses à eux d'empescher le
passage et voye publique par les matériaux destinez
pour lesdits bastimens ou autres, en quelque sorte et
manière que ce soit : leur permettons néanmoins d'en
mettre sur l'un des revers desdites rues, et à trois pieds
de distance du ruisseau, sans pouvoir outre-passer, le
tout à peine de vingt livres d'amende : et seront lesdits
matériaux acquis et confisquez, et portez au Chantier du
Roy, et lesdits décombres enlevés à leurs frais et dépens.

Faisons aussi défenses à tous Particuliers, Propriétaires ou Locataires de Maisons, Menuisiers, Charpentiers et autres Ouvriers, de faire ni faire faire aucuns
Balcons, Auvens en cintre ou forme ronde, travaux de
Mareschal au devant de leurs Maisons et Boutiques,
qu'après en avoir pris notre permission, en conséquence du consentement des deux propriétaires voisins, ou iceux préalablement ouïs, aussi à peine de
démolition, confiscation des matériaux, et de pareille
amende de vingt livres.

XV. — ARRÊT *du Conseil concernant les eaux sous la voie publique* (1).

3 juillet 1685.

Le Roy ayant esté informé des contestations qui arrivent très-souvent entre les bourgeois de sa bonne ville de Paris propriétaires des maisons ordonné estre retranchées par les arrests de son Conseil, et le Procureur de Sa Majesté au Bureau des Trésoriers de France de la généralité de Paris, tant au sujet des allignements qu'il convient donner ausdits bourgeois dont les maisons ont été retranchées, que pour la jouissance des caves desdites maisons qui se trouvent sous les rues où se font lesdits retranchements, Sa Majesté se seroit fait représenter en son Conseil, lesdits arrests et les contracts faits au sujet desdits retranchements entre les Prévost des marchands et eschevins de ladite ville et lesdits bourgeois par lesquels elle auroit reconnu que par clause expresse il estoit accordé aux propriétaires desdites maisons à retrancher la jouissance desdites caves dépendantes desdites maisons qui se trouvoient sous les rues, à la charge par lesdits propriétaires de faire retirer à leurs frais lesdites maisons et bastiments suivant les allignements qui leur en seroient donnez. Et comme au préjudice desdites clauses apposées dans lesdits contrats il a esté rendu depuis quelque temps plusieurs ordonnances par lesdits Trésoriers de France contre lesdits propriétaires, portant que les voûtes desdites caves des maisons retranchées et à

(1) PRÉFECTURE DE LA SEINE (DIRECTION DES EAUX ET DES ÉGOUTS DE PARIS). *Recueil de Réglements sur l'Assainissement*, in-8°, Ch. de Mourgues fr., 1872, p. 144 et 145.

retrancher seroient incessamment rompües et lesdites caves comblées, ce qui causeroit un dommage considérable ausdits bourgeois propriétaires desdites maisons, si elles estoient exécutées, et empescheroit mesme lesdits Prévost des Marchands et Eschevins de faire faire si facilement les retranchements desdites maisons ordonné estre faits par Sa Majesté pour la décoration de ladite ville, cette jouissance desdites caves tenant lieu et faisant partie du desdommagement qu'il convient faire ausdits propriétaires, lesquels par ce moyen ne sont pas tenus de faire des fondations entières et si profondes pour restablir leursdites maisons, à quoy Sa Majesté désirant pourvoir.

Oüy le rapport du sieur Le Peletier, Conseiller ordinaire au Conseil royal, Controlleur général des finances.

Sa Majesté estant en son Conseil a ordonné et ordonne que les propriétaires des maisons retranchées et à retrancher suivant les arrests de son Conseil, jouiront des caves qu'ils ont sous les rües conformément ausdits contrats faits entre eux et les dits Prévost des Marchands et Eschevins de la ville, les voûtes desdites caves préalablement vües et visitées par les sieurs de Bragelogne et Fremin, Trésoriers de France au bureau des finances que Sa Majesté a commis à cet effet, lesquels donneront pareillement tous les allignements nécessaires pour raison desdits retranchements de maisons, en présence du Procureur de Sa Majesté audit bureau desdits Trésoriers de France suivant les plans que lesdits Prévost des Marchands et Eschevins en ont ou feront lever par les ordres de Sa Majesté qui le seront à cette fin par le maître des œuvres de ladite ville, à quoy ils seront tenus de procéder aussy tost qu'ils en seront requis, le tout sans frais, et sera

le présent arrest exécuté nonobstant oppositions ou
appellations quelconques et sans préjudice d'icelles
dont, si aucunes interviennent, Sa Majesté s'en ré=
serve à Soy et à son Conseil la connoissance icelle interdit à toutes ses cours et juges.

LE TELLIER, LE PELETIER, BOUCHERAT.

XVI. — *Extrait du jugement du maître général des bâtiments de Paris, sur les murs en fondation* (1).

29 octobre 1685.

Tous les murs en fondation depuis le bon et solide
fond jusqu'au rez-de-chaussée des rues ou cours, seront
construits avec moellons et libages de bonne qualité
bien ébouzinés; les lots et joints piqués et élevés d'ar-
rase et liaison jusqu'au rez-de-chaussée, lesquels murs
en fondation seront maçonnés avec chaux et sable, et
d'épaisseur suffisante pour l'élévation qu'il y aura
dessus, observant d'y mettre des parpins et boutisses
le plus qu'il se pourra.

Il est pareillement ordonné que le mortier soit fait
et composé de bon sable graveleux, dans lequel mortier il entrera les deux tiers de sable, et l'autre tiers de
chaux éteinte.

Les murs qui seront élevés au-dessous du rez de-
chaussée avec moellons et mortier de chaux et sable,
seront de pareille qualité que ceux des fondations ci-
dessus, en y observant les retraites ou empattemens
au rez-de-chaussée ainsi qu'il est d'usage.

Ainsi le mur de fondation qui aura deux pieds
(soixante-cinq centimètres) d'épaisseur, portera au rez-

(1) Maintenu par l'art. 29 de la loi des 19-22 juill. 1791. L'exécution est confiée à l'administration municipale. V. Fleurigeon,
Code de Police, Voierie urbaine, Bâtiments, t. II, p. 510; Davenne, édition de 1836, t. II, p. 224; l'ordonnance du 18 août
1667, rapportée *suprà*, p. 33; les règlements du maître général
des bâtiments des 1er juill. 1712, 28 avr. 1719, 13 oct. 1724, tous
en vigueur. — J. B. J. PAILLET, *Manuel*, déjà cité.

de-chaussée un mur de dix-huit pouces (quarante-
neuf centimètres), lequel sera posé au milieu de
l'épaisseur du premier, de manière à laisser déborder
celui-ci de trois pouces (quatre-vingt-dix-huit millimètres) de chaque côté. Il ne sera fait ni construit de gros
murs en fondation maçonnés avec plâtre.

Quant aux murs que l'on construira avec moellons
et plâtre au-dessus du rez-de-chaussée, on observera
de même de piquer et tailler les moellons par assises
et liaisons, ainsi qu'aux murs faits avec moellons et
mortiers de chaux et sable, vulgairement appelés de
limozinerie, dont le plâtre que l'on emploiera à la construction desdits murs sera passé au crible ou panier.
Défense d'en user autrement à l'avenir, à peine d'a-
mende contre les ouvriers contrevenans, et de démolition de leurs ouvrages.

Et, pour plus grande solidité auxdits murs élevés en
plâtre au-dessus du rez-de-chaussée, on posera au-
dessus dudit rez-de-chaussée une ou deux assises de
pierre de bonne qualité, et principalement aux murs
de pignon.

XVII. — *Extrait de l'ordonnance des trésoriers de France,
de Paris, sur la largeur des chemins publics* (1).

17 mai 1686.

Ordonnons que, dans tous les chemins allant de pro=
vince en province et de ville en ville, il sera laissé une
largeur de quarante-cinq pieds, qui est celle dont l'ordon=
nance de Blois (*du mois de mai* 1579) a ordonné la resti=
tution ; et que, dans les chemins allant des bourgs et des
villages aux villes, il y sera laissé une largeur de trente
pieds au moins, qui est la largeur désignée par la plus
grande partie des coutumes, sans toutefois qu'où, dans
lesdits grands chemins ou autres, il se trouve une plus
grande largeur, elle puisse aucunement être rétrécie.
Ordonnons que toutes les haies, ronces, épines et arbres
qui se trouveront dans lesdits espaces, seront arrachés et
coupés : faisons défenses à toutes personnes d'en mettre
ni planter, sinon à six pieds près du bord desdits che=
mins, et à tous vignerons de rejeter et d'entasser au=
cunes pierres dans lesdits chemins, et de les fouiller et
couper, et auxdits laboureurs de ne plus les labourer.

Ordonnons, aux laboureurs, vignerons et autres,
d'aplanir toutes les buttes et tertres de terre qui seront
au-devant de leurs terres et vignes, comme aussi de
faire, le long desdites terres et vignes, des fossés pour
l'écoulement des eaux, lesquels ils relèveront exacte=
ment tous les ans, au 1er octobre, sous pareille peine
de cent livres d'amende.

(1) Davenne, édition de 1836, t. I, p. 49. Voir, pour les attributions des trésoriers de France, les notes sur l'édit du mois
de déc. 1607. — J. B. J. PAILLET, *Manuel*, déjà cité.

XVIII. — *Extrait de l'arrêt du Conseil renouvelé par
autre arrêt du 14 janvier 1729, faisant défenses d'ouvrir des carrières dans l'étendue et aux reins des forêts
royales, sans permission* (1).

23 décembre 1690.

Sa Majesté, en son conseil, conformément à l'ordonnance de 1669 (art. 12), a fait très-expresses inhibitions
et défenses à toutes personnes de faire aucune ouvertures aux carrières dans l'étendue et aux reins des
forêts de la maîtrise (du département) sans sa permission expresse..., à peine de 1.000 liv. d'amende... (a) (2).

(1) Baudrillart, *Lois forestières*, t. 1, p. 117 et 271. — J. B. J.
PAILLET, *Manuel* cité.
(2) Voir plus loin, p. 68, la note *a*.

ARRÊT DE 1690 SUR LES CARRIÈRES.

(D'après Paillet) (1).

Note a.

(2) M. Davenne, *Réglem. sur lo vuierie*, édit. de 1836, t. I, p. 142, présente l'arrêt du 23 décembre 1690, comme étant encore en vigueur, mais il est évidemment remplacé par l'article 144 du Code forestier, et c'est la peine infligée par cet article qui doit être prononcée contre le contrevenant, et non celle infligée par l'arrêt du 23 décembre 1690, facultativement réductible dans les proportions établies par la loi du 23 mars 1842. Cependant le Code ne défend pas l'ouverture des carrières *aux reins* des forêts; mais ces mots, ou signifient le revers des éminences sur lesquelles les bois croissent ordinairement, et alors ils rentrent dans les expressions du Code ; ou ils ont pour objet de désigner toute espèce de terrain que ce soit, même des particuliers, joignant les forêts de l'État, et alors ils constituent une prohibition que l'art. 144, applicable seulement au sol des forêts, n'a pas conservée et qui se trouve abrogée par l'article 213 de ce Code. L'ouverture des carrières dans les bois soumis à l'administration forestière ne peut avoir lieu que de concert avec les agents forestiers, lors même qu'il s'agit du service des ponts et chaussées (circul. du 7 vendémiaire, an XII n° 171). L'allégation des prévenus que le terrain dont ils ont extrait des pierres n'est pas une propriété de l'État ne suffit pas pour autoriser les tribunaux à renvoyer, pour faire droit sur l'action à raison du délit, jusqu'à ce qu'il ait été statué sur la question de propriété. Cette question ne peut-être élevée que par ceux qui ont ou prétendent avoir des droits personnels de propriété. Cass., 30 octobre 1807; *Répert. de Merlin*, v° question préjudicielle. V. les art. 182 et 189 du Code forestier.

(1) Voir plus haut, note 2, p. 67.

XIX. — *Extrait de la déclaration de Louis XIV, portant règlement pour les fonctions et droits des officiers
de voirie* (1).

16 juin 1693.

Voulons que, conformément aux édits, arrêts et
règlemens de la voirie, et de l'édit du mois de mars
dernier (2), tous les alignemens soient donnés par nos
trésoriers de France, dont les opérations sont faites par
nos commissaires généraux, pour lesquelles nous leur
avons attribué, pour alignement de chacune maison,

(1) Enregistrée au Parlement de Paris le 25, maintenue par
l'art. 29 de la loi du 19-22 juill. 1791, rapportée par M. Davenne,
édit. de 1836, t. II, p. 205, et par Fleurigeon, Code de la police,
t. II, p. 538; visée dans l'arrêt de cassation du 8 août 1833,
annoté sous l'art. 5 de l'édit de déc. 1607, comme étant encore
en vigueur. Ce règlement de 1693, et presque tous ceux donnés
spécialement pour la ville de Paris, reçoivent une application
générale quant aux dispositions prohibitives, depuis que les
principes de la législation sur la voirie ont été rendus com-
muns à toutes les villes de France. Il est commun à la grande
et à la petite voirie, séparées depuis l'arrêt du conseil du
18 nov. 1781. V. le *Traité de la Voirie*, de M. Isambert, 3e partie, p. 320 et suiv., et l'ordonnance du 24 déc. 1823, sur les
saillies, auvents et constructions semblables. — Il a été jugé
par la Cour de Cassation, le 17 déc. 1840, que, d'après l'édit
de 1607, la déclaration du 16 juin 1693, l'arrêt du conseil du
27 fév. 1765, l'art. 471, n° 5 du Code pénal, les contraventions aux prescriptions municipales sur les constructions, donnent lieu à des poursuites, non-seulement contre le propriétaire,
mais aussi contre les maçons et ouvriers. P... t. I de 1841,
p. 716. — J. B. J. Paillet, *Manuel* cité.

(2, Qui a nommé quatre commissaires généraux de la voirie.

la somme de 6 livres (1), sans que pour une jambe
étrière, commune entre deux maisons, ils puissent
prendre ou percevoir un seul droit d'alignement, à
peine de concussion.

Faisons défenses à tous particuliers, maçons et ouvriers, de faire démolir, construire ou réédifier, aucuns
édifices ou bâtimens, élever aucuns pans de bois, balcons ou auvens cintrés, établir travaux de maréchaux,
poser pieux ou barrières, étaies ou étrésillons, sans
avoir pris les alignemens et permissions de nos dits
trésoriers de France, à peine, contre les contrevenans,
de 20 livres d'amende, pour lesquelles permissions
d'apposition d'étaies, pieux, barrières, travaux de maréchaux et auvens cintrés, il sera payé auxdits commissaires de la voirie, 5 livres.

Toutes permissions ou congés pour appositions des
objets ci-après :

Abat-jours, appuis de boutiques, auvens, barreaux,
bouchons, bornes, cages, châssis à verres saillans,
comptoirs, contre-vents ouvrant en dehors, dos-d'âne,
échoppes, enseignes, établis, étalages, étaux, éviers,
fermeture de croisée ou de soupirail ouvrant sur la
rue, huis de cave, marches, montans, montoirs à cheval, montres, pas, portes, plafonds, perches, râteliers,
seuils, siéges, tableaux, et autres choses formant avance

_____

(1) Le droit de six livres accordé par la déclaration du
16 juin 1693 aux trésoriers de France pour l'alignement de
chaque maison, est supprimé par l'arrêt du conseil du 27 fév.
1765. Les alignemens en matière de grande voirie sont depuis
lors donnés sans frais. Les lois de finances n'ont maintenu la
perception du droit de voirie que pour la voirie des villes,
bourgs et villages. V. le budget des recettes du 21 juin 1833,
tit. I, art. 3.

sur la voie publique, seront accordés par nosdits commissaires de la voirie ; et pour chaque permission, il
leur sera payé 4 livres, ensemble pour les boutiques et
échoppes posées de neuf, des savetiers, revendeuses,
tripières, bouquetières, vendeuses de sel, de morue,
salines, et pour chacune desquelles boutiques et
échoppes, il leur sera payé pareil droit de 4 livres,
quoiqu'il y en ait eu de posées auparavant. Et pour le
rétablissement des choses ci-dessus exprimées, par caducité ou autrement, ou changement d'icelles, il ne
leur sera payé que demi-droit de quarante sous ; et pareil
droit pour les petits auvens et pour les appuis saillans
mis sur les croisées ou fenêtres. Défendons pareillement à tous nos dits sujets de faire mettre et poser les
choses ci-dessus, qu'au préalable ils n'aient pris desdits commissaires la permission et payé les droits, à
peine de 10 livres d'amende. Ne seront toutefois les
choses ci-dessus exprimées, soit qu'elles soient posées
de neuf ou rétablies, sujettes aux dits droits, si elles
n'excèdent le nu et le corps des murs ou pans de bois,
sur lesquelles elles seront attachées ou posées.

XX. — ORDONNANCE *du bureau des finances, portant règlement sur les saillies et étalages, à Paris* (1).

1ᵉʳ avril 1697.

Sur ce qui nous a été remontré par le procureur du roi, que quelques soins que nous ayons pris pour faire observer les édits, déclarations, arrêts et règlemens sur le fait de la voirie, et nos ordonnances rendues en conséquence, notamment celle du 26 octobre 1666, générale sur le même fait (2), confirmée par arrêt du conseil d'État de Sa Majesté, du 19 novembre audit an, intervenu sur la contestation des officiers du Châtelet, qui prétendoient ledit droit de voirie ; et que par plusieurs de nos ordonnances depuis rendues, notamment par celle du 4 février 1683, nous ayons renouvelé les défenses portées par icelles, pour réprimer les entreprises de plusieurs particuliers, propriétaires et locataires de maisons, maîtres maçons, charpentiers et autres, sur les rues, places et voies publiques, au préjudice desdits édits, arrêts et réglemens, et nosdites ordonnances, publiées et affichées où besoin a été ; néanmoins quelques particuliers, sous pré-

---

(1) Peuchet, t. II, p. 19. Maintenue par l'art. 29 de la loi du 19-22 juill. 1791, sur l'organisation d'une police municipale et correctionnelle. — J. B. J. PAILLET, *Manuel* cité.

(2) Rapportée par Perrot, *Dictionn. de voierie*, p. 436. — V., sur les saillies, la déclaration du 16 juin 1693, l'ordonnance du bureau des finances du 14 déc. 1725, et l'ordonnance du 24 déc. 1823, qui, par son art. 25, maintient toutes les dispositions des anciens réglements qui ne sont pas contraires à ce qu'elle prescrit.

texte d'ignorer lesdites défenses, ne délaissent d'y
contrevenir journellement. A quoi requérait être
pourvu par une nouvelle ordonnance, qui seroit à cette
fin publiée et affichée ès lieux et endroits ordinaires et
accoutumés; faisant droit sur le réquisitoire du procureur du roi, vu lesdits édits, arrêts et réglemens, et
nos ordonnances rendues en conséquence, nous avons
ordonné, conformément à icelles, que tous propriétaires et locataires de maisons, marchands, artisans
et autres, de quelque qualité et condition qu'ils soient,
de cette ville et faubourgs, seront tenus, dans huitaine
du jour de la publication de notre présente ordonnance,
de faire réformer les pas de pierre, seuils de porte,
marches, bornes et autres avances étant le long et au
devant de leurs maisons et boutiques excédant huit
pouces de saillie du corps du mur, à peine d'y être
mis ouvriers à leurs dépens et de vingt livres d'amende;
comme aussi que les établis qui sont au devant desdites boutiques, excédant deux pouces, seront pareillement réformés; les auvens réduits à la hauteur de
dix à douze pieds, à prendre du rez-de-chaussée, et à
la largeur de deux pieds et demi de châssis, sur les
mêmes peines. Tous marchands et artisans seront tenus
de retirer, dans ledit temps, leurs serpillières, étalages, montres, comptoirs et bancs au niveau des
jambes étrières de leurs boutiques; à faute de quoi
faire, seront, lesdites serpillières, montres, étalages,
grilles, bancs et autres avances, de quelque nature
qu'elles soient, ôtées et arrachées aux frais et dépens
des délinquans; pour raison de quoi, sera délivré exécutoire, et outre, condamnés chacun en vingt livres
d'amende. Faisons défenses, sur les mêmes peines, de
faire relever le pavé des devantures des maisons, plus
haut que l'ancien pavé de la rue, et, au cas qu'il y soit

contrévenu, enjoignons aux entrepreneurs du pavé de
cette ville de faire assigner les contrevenans par devant nous, pour voir dire que lesdites devantures seront laissées et réduites à l'alignement du pavé des
autres maisons voisines, à leurs frais et dépens, par
lesdits entrepreneurs, à raison de trois livres la toise,
pour raison de quoi sera délivré exécutoire, et outre,
condamné à vingt livres d'amende. Faisons pareillement défenses, sur les mêmes peines, à tous maçons,
charpentiers et autres ouvriers, de mettre ou faire
mettre des étrécillons, étaies et chevallemens dans les
rues, places et voies publiques, sans notre permission,
auquel cas leur enjoignons de faire rétablir et réparer
les trous des dégradations du pavé, procédant de l'apposition desdits étaies et chevallemens, par l'entrepreneur du pavé du quartier, à peine d'y être mis ouvriers
à leurs frais et dépens, et de dix livres d'amende.
Comme aussi faisons défenses à toutes personnes,
de quelque qualité et condition qu'elles soient,
de faire mettre aucuns poteaux, pieux et bûches
au travers lesdites rues, dans le pavé d'icelles, d'y
faire faire aucune barrières, ni d'en rétrécir le passage,
pour quelque cause et occasion que ce soit, ni faire
faire aucunes tranchées et ouvertures de pavé, qu'a-
près en avoir pris la permission de nous, et qu'à la
charge de les faire rétablir par les entrepreneurs du
pavé de cette ville, aussi à peine de vingt livres d'a-
mende. Enjoignons à tous rôtisseurs, qui vendent à la
main, lesquels ont des âtres faisant saillie sur la voie
publique, de les mettre incessamment au même alignement des jambes étrières de leurs maisons, sur les
mêmes peines. Faisons défenses aux boulangers et
pâtissiers de fendre ou faire fendre leurs bois sur le
pavé desdites rues, ains sur des billots de bois, con-

formément aux ordonnances, à peine de vingt livres
d'amende. Comme aussi à tous charrons, embatteurs
de roues, sculpteurs, menuisiers et charpentiers, et
tous autres, de tenir au-devant de leurs boutiques et
maisons, aucunes pièces de bois, marbre et pierre,
trains de carrosses, chariots et charrettes dans les=
dites rues, ains de les retirer dans leurs boutiques et
cours, à peine de confiscation et de vingt livres d'a-
mende; et auxdits embatteurs de roues, de faire aucuns trous dans ledit pavé, sur peine de pareille
amende. Faisons pareillement défenses à toutes frui=
tières, harengères, regrattières, revendeuses et toutes
autres, d'étaler aucunes marchandises sur le passage
et voie publique, aussi à peine de confiscation et de
dix livres d'amende. Comme aussi aux marchands de
fer, épiciers, cabaretiers, et tous autres, de laisser
leurs tonnes, tonneaux, muids et emballage ès-dites
rues ; et pareillement à toutes personnes, de quelque
qualité et condition qu'elles soient, de laisser sur
la voie publique, au-devant de leurs maisons, aucuns décombres, terreaux, ni fumiers, sur les mêmes
peines; et à tous particuliers, d'avoir aux fenêtres de
leurs maisons, aucuns jardins et préaux, caisses ou
pots de fleurs, et autres choses faisant saillie sur les
rues et voies publiques; le tout à peine de confiscation
et de vingt livres d'amende. Comme pareillement aux
boueurs et vidangeurs de terre et gravois, de décharger leurs tombereaux sur la voie publique, ains les
voiturer et conduire ès lieux destinés pour lesdites décharges, aussi à peine de vingt livres d'amende paya=
bles sans déport. Faisons pareillement défenses à tous
particuliers, propriétaires, maçons, charpentiers et
autres, de faire ni faire faire aucuns ouvrages qui
puissent conserver ou conforter les saillies, tra-

versés (1) et avancés sur rue, voie et place publique,
construire aucun nouveau bâtiment, murs de clôture et autres édifices, élever ni construire aucun
pan de bois, ni même rétablir aucune maison, mur
de clôture, jambe d'encoignure ou étrière, sur les
rues et voies publiques, sans au préalable en avoir
pris la permission et alignement de nous, à peine de
démolition et de vingt livres d'amende. Leur enjoi-
gnens de faire incessamment ôter et enlever les décombres desdits bâtimens, avec défenses à eux d'empêcher le passage et voie publique, par les matériaux
destinés pour lesdits bâtimens ou autres, en quelque
sorte et manière que ce soit, sur les mêmes peines ;
leur permettons néanmoins d'en mettre sur l'un des
revers desdites rues, et à trois pieds de distance du
ruisseau, avec défenses d'outrepasser, aussi à peine de
vingt livres d'amende, et d'être, lesdits matériaux acquis
et confisqués et portés au chantier du roi; et les décombres enlevés à leurs frais et dépens, pour raison
de quoi sera délivré exécutoire. Faisons aussi défenses
à tous particuliers, propriétaires ou locataires de maisons, menuisiers, charpentiers et autres ouvriers, de
faire ni faire faire aucuns balcons, avant-corps, travail
ou auvent à maréchal, ni auvent cintré ou forme
ronde au-devant de leurs maisons et boutiques, qu'a-
près en avoir pris notre permission, en conséquence
des consentemens des deux propriétaires voisins, ou
iceux préalablement ouïs où il échet, aussi à peine de

---

(1) Plusieurs décisions du ministre de l'intérieur ont, conformément à cette disposition, défendu la construction de ponts
ou communications transversales sur les rues, même à l'égard
d'établissements publics importants à Paris et dans d'autres
villes. M. Davenne, *Recueil de lois et réglemens sur la voierie*, édit.
de 1836, t. II, p. 205.

démolition, confiscation des matériaux et de pareille
amende de vingt livres ; et s'il convient mettre des
consoles sous lesdits auvens cintrés, elles ne pourront
descendre plus bas qu'à dix pieds de rez=de-chaussée,
à peine de démolition. Et sera notre présente ordon=
nance, lue, publiée et affichée où besoin est, à ce que
nul n'en prétende cause d'ignorance, et exécutée no=
nobstant opposition ou appellation quelconque et sans
préjudice d'icelle. Fait au bureau des finances, à
Paris, etc.

XXI. Tarif des droits *que le roi veut et ordonne être*
payés pour raison de la petite voirie, en exécution de
l'édit de Louis XIV du même jour (1).

Novembre 1697.

Pour chaque permission ou congé pour apposition
d'auvens, de pas, bornes, marches, éviers, siéges, mon=
toirs à cheval, seuils et appuis de boutiques excédant
le corps des murs, portes, huis de caves, fermeture de
croisées et de soupiraux qui ouvriront sur la rue, en=
seignes, établis, cages, montres, étalages, comptoirs,
plafonds, tableaux, bouchons, châssis à verres saillans,
étaux, dos-d'âne, râteliers, perches, barreaux, échoppes,
abat-jours, montans, contre-vents ouvrant en dehors,
et autres choses faisant avance sur la voie publique;
savoir,

Dans les villes où il y a une cour supérieure, bureau

(1) Omis par Isambert et Walker, rapporté par Perrot, *Dictionn.*
de la voirie, à l'article *Droits utiles*; Davenne, Gillon et Stourm.
Les droits de voirie font partie des ressources municipales.
Le budget des recettes du 28 juin 1833, tit I⁰ʳ, art. 3, autorise
la perception des droits de voirie, dont les tarifs auront été
approuvés par le gouvernement, sur la demande et au profit
des communes, conformément à l'édit de novembre 1697, maintenu en vigueur par la loi du 19-22 juillet 1791. L'article 43 de
la loi du 18 juillet 1837 dispose : « Les tarifs des droits de voirie
sont réglés par ordonnance du roi, rendues dans la forme des
réglements d'administration publique. » Tous les budgets de
l'État depuis 1833 autorisent cette recette. Plusieurs villes
avaient autrefois des tarifs particuliers, telles que Auch, La
Rochelle, Limoges, Lyon, Moulins, Orléans, Poitiers, Tours,
etc. — J. B. J. Paillet, *Manuel* cité.

des finances ou présidial, et dans celles d'Arles et Marseille. 26ˢ 8ᵈ

Dans les autres villes où il y a justice royale.   20 »

Et dans les bourgs. 13 4

Pour chaque boutique et échoppe posée de neuf des savetiers, revendeuses, tripières, boutiquières, vendeuses de sel, de morue et salines; savoir,

Dans les villes où il y a cour supérieure, bureau des finances ou présidial, et dans celles d'Arles et Marseille. 26ˢ 8ᵈ

Dans les autres villes où il y a justice royale.   20 »

Et dans les bourgs. 13 4

Pour les puits, auvents, et pour les appuis saillans mis sur les croisées ou fenêtres; savoir,

Dans les villes où il y a cour supérieure, bureau des finances ou présidial, et dans celles d'Arles et Marseille. 13ˢ 4ᵈ

Dans les autres villes où il y a justice royale.   10 »

Et dans les bourgs. . . . .   6 »

Et pour le rétablissement ou changement des choses ci-dessus, la moitié seulement des droits fixés par le présent tarif.

XXII. — ORDONNANCE *de police concernant l'épuisement*
des eaux des caves et des puits.

14 mai 1701.

(Voir, plus loin, *Ordonnances de Police* des 28 janvier
1741 et 24 pluviôse an X (13 février 1802).

XXIII. — ORDONNANCE *de police concernant les échelles employées sur la voie publique et les ouvriers travaillant sur les toits* (1).

29 avril 1704.

Il est enjoint à tous marchands, propriétaires, ouvriers, artisans et autres personnes qui poseront ou feront poser des échelles dans les rues, soit pour pendre des enseignes, rétablir ou raccommoder des auvents, ou pour quelque autre ouvrage que ce puisse être, de faire en sorte qu'il y ait toujours au pied desdites échelles quelques manœuvres ou domestiques, pour empêcher qu'il n'y arrive aucun accident, à peine de cent livres d'amende et de tous dépens, dommages et intérêts.

Les ouvriers travaillant sur les toits doivent faire pendre sur la voie publique un signe qui annonce aux passants qu'il y a danger à passer de ce côté de la rue; on peut même exiger d'eux que quelqu'un reste sur la voie publique pour avertir par cris de ce danger.

(1) SOCIÉTÉ CENTRALE DES ARCHITECTES, *Manuel des Lois du bâtiment* (1ʳᵉ édit.), déjà cité.

XXIV. — Arrêt *du Conseil contenant règlement pour l'alignement des ouvrages de pavé, le dédommagement des propriétaires sur le terrain désquels les routes seront formées, la plantation des arbres et la largeur des chemins* (1).

26 mai 1705.

Le roi étant informé tant par les trésoriers de France commis dans la généralité de Paris pour avoir le soin des ouvrages des ponts et chaussées de ladite généralité, que par les sieurs commissaires départis dans les autres généralités, que lorsqu'en exécution des ordres de Sa Majesté ils font faire de nouveaux ouvrages de pavé dans les grands chemins, ou lorsqu'ils font réparer ceux qui ont été ci-devant faits, les entrepreneurs desdits ouvrages sont tous les jours troublés par les propriétaires des héritages riverains desdits chemins, lorsque pour redresser les chemins lesdits entrepreneurs se mettent en état de passer dessus leurs terres, ce qui fait qu'il y a quantité de chemins qui, au lieu d'être d'un droit alignement, comme ils auraient dû l'être, ont été faits avec des sinuosités fort préjudiciables aux intérêts de Sa Majesté, par la plus grande dépense qu'il faut faire pour les construire et pour les entretenir, et à la commodité publique, en ce que lesdits chemins en sont beaucoup plus longs ; à quoi étant nécessaire de pourvoir, ouï le rapport du sieur Chamillart, conseiller ordinaire au con-

(1) Rapporté par Davenne, t. I, p. 39, et par Peuchet, t. II, p. 198. V. la loi du 9 ventôse an XIII (28 fév. 1805) et le décret du 16 décembre 1811, tit. 8, sur la plantation des routes. — J.-B.-J. Paillet, *Manuel* cité.

seil royal, contrôleur général des finances, Sa Majesté
en son conseil a ordonné et ordonne que les ouvrages de
pavé qui se feront de nouveau par ses ordres, et les
anciens qui seront relevés, seront conduits du plus
droit alignement que faire se pourra, suivant qu'il
sera ordonné par le trésorier de France à ce commis
dans la généralité de Paris, et par les sieurs commissaires départis dans les autres généralités ; auquel effet
il sera passé sans aucune distinction au travers des
terres des particuliers, auxquels, pour leur dédommagement, sera délaissé le terrain des anciens chemins
qui seront abandonnés, et en cas que le terrain desdits
anciens chemins ne se trouvât pas contigu aux héritages des particuliers sur lesquels les nouveaux chemins passeront, ou que la portion de leurs héritages
qui resteroit fût trop peu considérable pour pouvoir
être exploitée séparément, veut Sa Majesté que les particuliers dont les héritages seront contigus, tant aux
anciens chemins qui auront été abandonnés, qu'aux
portions des héritages qui se trouveroient coupées
par les nouveaux chemins, soient tenus du dédommagement de ceux sur lesquels les nouveaux chemins passeront, suivant l'estimation qui sera faite,
par lesdits commissaires, de la valeur du terrain qui
leur sera abandonné ; lequel dédommagement se fera
en deniers, lorsque le prix desdites portions d'héritages n'excèdera pas 200 livres; et lorsqu'il excèdera
ladite somme, il leur sera donné en échange, par
lesdits propriétaires, des héritages de pareille valeur,
suivant l'évaluation qui en sera faite par lesdits commissaires, lesquels échanges seront exempts de tous
droits de lods et ventes, tant envers Sa Majesté, qu'envers les seigneurs particuliers. Ordonne en outre Sa
Majesté qu'il sera fait des fossés de quatre pieds de

largeur sur deux pieds de profondeur à l'extrémité
des chemins de terre qui sont de chaque côté du pavé,
de quelque largeur qu'ils se trouvent à présent dans
les grandes routes allant de Paris dans les provinces,
dont l'entretennement est employé dans l'état des
ponts et chaussées ; et lorsqu'il n'y aura point de chemins de terre déterminés, il en sera fait à trois toises
de distance du pavé de chaque côté dans lesdites
grandes routes, et à douze pieds dans les routes moins
considérables, et ce, tant pour l'écoulement des eaux
que pour conserver la largeur des chemins et les héritages riverains ; lesquels fossés seront entretenus par
les riverains chacun en droit soi ; et pour la sûreté
des grands chemins, Sa Majesté fait défense à tous
particuliers de planter à l'avenir des arbres, sinon
sur leurs héritages, et à trois pieds de distance des
fossés, séparant le chemin de leurs héritages, le tout
à peine de 10 livres d'amende contre les contrevenans.
Enjoint Sa Majesté auxdits sieurs commissaires départis et auxdits trésoriers de France, chacun dans
leur département, de tenir la main à l'exécution du
présent arrêt, et de rendre toutes les ordonnances
nécessaires, lesquelles seront exécutées nonobstant
oppositions ou appellations quelconques ; et en cas
d'appel, Sa Majesté s'en réserve à elle et à son conseil
la connoissance (1).

(1) Le conseil de préfecture est, en pareille matière, la juridiction de première instance.

XXV. — RÈGLEMENT *du maître général des bâtiments sur la construction des entablements* (1).

1er juillet 1712.

Vu la déclaration du 17 mai 1693 et arrêts du Parlement, etc., ordonnons qu'à l'avenir, dans la construction de tous les bâtiments, les entrepreneurs, ouvriers et autres qui se trouveront employés, seront tenus, à l'égard de la maçonnerie qui se fera sur les pans de bois, outre la latte qui doit s'y mettre de quatre pouces en quatre pouces, suivant les règlements, d'y mettre des clous de charrettes, de bateaux, et chevilles de fer en quantité et enfoncées suffisamment, pour soutenir les entablements, plinthes, corps, avant-corps et autres saillies.

Pour les murs de face des bâtiments qui se construiront avec moellons et plâtre, ou mortier de chaux et sable, outre les moellons en saillies dans lesdites plinthes et entablements, aussi, suivant les règlements, ils seront pareillement tenus d'y mettre des fantons de fer aussi en quantité suffisante pour soutenir lesdites plinthes et entablements, corps, avant-corps et autres saillies.

Et quant aux bâtiments qui se construiront en pierre de taille, les entablements porteront le parpaing du mur, outre la saillie; et, au cas que la saillie de l'entablement soit si grande qu'elle puisse emporter la bascule du derrière, ils seront tenus d'y mettre des crampons de fer au-dessous.

(1) SOCIÉTÉ CENTRALE DES ARCHITECTES, *Manuel des Lois du bâtiment* (1re édit.), déjà cité.

Le tout à peine contre chacun des contrevenants, entrepreneurs, abusants et mésusants de l'art de maçonnerie, de demeurer garants et responsables, en leurs propres et privés noms, des dommages et intérêts des parties, sans préjudice de plus grandes peines, s'il y échet, et de rétablir à leurs frais et dépens, et sans répétition contre les propriétaires, les bâtiments où se trouveront lesdites mal-façons.

XXVI. — Arrêt de règlement du Parlement de Rouen sur
la construction des cheminées dans la province de Normandie, etc., pour prévenir les incendies (1).

27 novembre 1717.

La Cour, faisant droit sur le réquisitoire du procureur général du roi, a fait défense à tous ouvriers
de faire ou construire des cheminées de bois, en tout
ou en partie, à peine de 100 livres d'amende envers le
roi ; et, à l'égard de celles qui sont construites quant
à présent, ainsi que des fours, a ordonné et ordonne
qu'ils seront visités par le premier officier sur ce
requis, pour être démolis, sauf aux propriétaires de
faire bâtir des fours éloignés des bâtiments ; a enjoint
auxdits propriétaires et locataires de faire nettoyer
leurs cheminées, aux termes des règlemens ; a ordonné que le procès de ceux qui iront fumer dans les
écuries, étables et autres pareils endroits, sera fait
comme à *des incendiaires volontaires* (2) ; a fait défenses
à toutes personnes d'envoyer chercher du feu par des
enfants au-dessous de douze ans, et à qui que ce soit
d'en donner, à peine de 50 livres d'amende...

(1) Recueil d'édits enregistrés au Parlement de Normandie,
t V, p. 863. Une grande partie des maisons de la province
étaient bâties en bois et couvertes de paille. Beaucoup le sont
encore. Le pouvoir réglementaire de police qu'exerçaient alors
les Parlements appartient aujourd'hui aux administrations
municipales, en vertu de la loi du 16-24 août 1790. Mais ceux
de leurs arrêts auxquels il n'a pas été dérogé restent en vigueur, sauf les pénalités, qui sont celles du Code pénal. —
J. B. J. Paillet, *Manuel* cité.

(2) Ce n'est plus aujourd'hui qu'une contravention passible
des peines de simple police.

XXVII. — ORDONNANCE *de police pour empêcher les incendies et accidents qui arrivent par la mauvaise construction des bâtiments* (1).

28 avril 1719.

Vu les ordonnances concernant la police des bastimens, la déclaration du roy du 17 may 1695, enregistrée au Parlement le 22 juin audit an, ensemble les arrests et règlemens de la Cour intervenus en conséquence,

Ordonnons que les édits et déclarations de Sa Majesté, arrests et règlemens de la Cour, et nos ordonnances pour le fait de la police des bastimens, des 1er juillet 1712 et 24 mars 1713, seront exécutez selon leur forme et teneur.

En conséquence,

Faisons défenses à l'avenir à tous architectes et autres se meslans de constructions de bastimens, maistres maçons jurez et non jurez, compagnons maçons, et entrepreneurs, d'asseoir et planter aucuns tuyaux de cheminées contre aucunes cloisons, pans de bois, poutres, solives, sablières, entrais, faîtes, sous-faîtes, ny contre aucuns bois : comme aussi de faire aucuns atres de cheminées sur poutres, solives, sablières et autres bois.

Ordonnons qu'à l'avenir les atres ou tremies des cheminées seront plus larges de six pouces que l'ouverture des manteaux de cheminées; en sorte que les deux jambages des manteaux de cheminées qui seront con-

_____

(1) SOCIÉTÉ CENTRALE DES ARCHITECTES, *Manuel des Lois du bâtiment* (1re édit.), déjà cité.

struites portent moitié de leur épaisseur sur la tremie, et l'autre moitié sur les solives d'enchevêtrures. Que tous les tuyaux de cheminées auront trois pieds de long et dix pouces de large dans œuvre, les languettes trois pouces d'épaisseur, compris les enduitz, liez avec des fantons de fer de deux pieds en deux pieds au moins, et les tuyaux de cheminées de cuisines des hostels, grandes maisons et communautez, quatre pieds et demy à cinq pieds de long et dix pouces de large, et seront construites de briques avec des fantons de fer.

Défendons de faire porter aucuns bois, comme poutres, solives, pannes, faîtes, chevrons, sablières, et autres bois dans les manteaux et tuyaux de cheminées, et de les approcher desdits tuyaux de plus de six pouces, en sorte qu'il y ait au moins six pouces de charge.

Défendons pareillement de mettre aucuns fantons ny manteaux de cheminées de bois aux tuyaux et manteaux de cheminées, sinon aux cheminées desdites grandes cuisines pour le manteau seulement.

Ordonnons à l'égard de la maçonnerie qui sera faite sur les pans de bois, outre la latte qui doit s'y mettre de quatre pouces en quatre pouces, suivant les règlemens, d'y mettre aussi des cloux de charrettes, de batteaux, et chevilles de fer en quantité, et enfoncées suffisamment pour soutenir l'entablement, plinthes, corps, avant-corps, et autres saillies. Et quant aux bastimens qui se construiront en pierres de taille, les entablemens porteront le parpin du mur, outre la saillie ; et, au cas que la saillie de l'entablement soit si grande qu'elle puisse emporter la bascule de l'assise, on sera tenu d'y mettre des crampons de fer au derrière pour les retenir dans le mur de face au-dessous ; le tout à peine contre les contrevenans abusans et mésusans de demeurer garands et responsables des ouvrages où se trouveront lesdites mal-façons, et des dommages intérests envers les propriétaires, même d'interdiction contre les maistrés maçons qui les auront faites ou fait faire, et de plus grande peine s'il y échet.

XXVIII. — ARRÊT *du Conseil d'État concernant les égoûts*.

21 juin 1721.

(Voir, plus loin, l'*Arrêt du Conseil* du 22 janvier 1785.)

XXIX. — ARRÊT *du Conseil sur les formalités à observer pour obtenir le règlement des pentes de pavé, à Paris* (1).

22 mai 1725.

Sa Majesté, étant en son conseil, a fait défense à tous propriétaires de maisons de la ville et faubourgs de Paris, architectes et maçons, de poser aucun seuil de porte plus bas ni plus haut que le niveau de pente du pavé des rues ; ordonne que ceux qui bâtiront des maisons dans les rues nouvelles qui ne sont point encore pavées, soient tenus, avant de poser les seuils des portes, de se retirer par devers les officiers que Sa Majesté a commis pour régler les pentes du pavé des rues (2), lesquels leur marqueront le niveau de pente qu'ils doivent observer ; et en cas de contravention, veut Sa Majesté que les propriétaires des maisons, les architectes et maçons, qui auront posé des seuils plus haut ou plus bas que le niveau de pente du pavé des rues où lesdites maisons seront situées, ou qui auront posé des seuils à des maisons bâties dans des rues nouvelles qui ne seront point pavées, sans avoir pris le niveau de pente desdits officiers, soient condamnés chacun en 50 livres d'amende, et à rétablir les seuils suivant qu'il sera ordonné par le bureau des finances (*a*) (3).

(1) Davenne, édit. de 1836, t. II, p. 243, omis par Isambert. — J.-B.-J. PAILLET, *Manuel* cité.

(2) A Paris, le préfet du département délivre le permis sur l'avis des ingénieurs du pavé ; dans les autres villes, les maires sur l'avis du voyer.

(3) Voir, plus loin, p. 93, note *a*.

ARRÊT DU CONSEIL DU 22 MAI 1725.

(D'après Paillet (1).)

Note a.

I. — Les grandes routes, ponts et levées sont faits et entretenus par le Trésor public (décret du 6 déc. 1793 [16
frimaire an II]). Aucune loi ne met le pavage des revers
des grandes routes à la charge des communes ou des particuliers; mais l'administration municipale peut ordonner
cette dépense dans l'intérêt général ; alors elle doit être ac-
-quittée suivant les règles établies pour le payement des autres
dépenses des communes, et les propriétaires riverains ne peuvent être contraints d'y pourvoir qu'en vertu d'usages locaux
suivis depuis longtemps et sans réclamation (ordonnance du
10 février 1821). — Les routes départementales sont, suivant
leur classe, à la charge des départements et de l'État, ou des
départements, des arrondissements et des communes (décret
du 16 décembre 1811). — L'article 4 de la loi du 1er déc 1798
(11 frim. an VII), en distinguant la partie du pavé des villes
à la charge de l'État de celle à la charge des villes, n'a
point entendu régler de quelle manière cette dépense serait
acquittée dans chaque ville. On doit continuer de suivre à ce
sujet l'usage établi pour chaque localité. Dans les villes où les
revenus ordinaires ne suffisent pas à l'établissement, restauration ou entretien du pavé, les préfets peuvent en autoriser
la dépense à la charge des propriétaires (avis du conseil d'État
du 25 mars 1807). — A Paris, le premier pavage pour les rues
ou portions de rues qui ne sont pas grandes routes est à la
charge de la ville, mais l'entretien est à la charge des habitants, chacun au devant de sa propriété (ordonnance du préfet
de police du 8 août 1829). — L'ordonnance de Charles VI du
1er mars 1388 est la première qui met l'entretien du pavage de
Paris à la charge des habitants, *chacun en droit soi*, mais à cet
égard les règles ont souvent varié. V. le *Traité de la police* de
Lamare, continué par Leclerc du Brillet, t IV, p. 173 et suiv.;

(1) Voir plus haut, p. 92.

le *Traité de la voierie* d'Isambert, t. III, liv. I, ch. 9, sect. 1re, p. 183; un rapport très-savant fait à la Cour de cassation par M. le conseiller Rives, reproduit par Dalloz, t. XXXVIII, p. 190. A Orléans, le premier pavage pour les rues et portions de rues qui ne sont pas grandes routes est à la charge de la ville, mais l'entretien, d'après les articles 257 et 258 de la Coutume, est à la charge des habitants, chacun au devant de sa propriété. Cependant, un arrêt de rejet du 17 mars 1838 décide que les frais d'établissement du premier pavé, dans les parties de rues qui ne sont pas grandes routes, peuvent être mis à la charge des riverains de ces rues (D. t. XXXVIII, p. 189, et *Dict. gén.*, vo *Voierie*, no 683 et suiv.); et une ordonnance du 18 avril 1816 dispose que l'arrêt du Conseil du 30 déc. 1785, et l'usage pratique dans Paris assujettissent les propriétaires des maisons et terrains au premier établissement du pavé en face de leurs héritages (S., t. XVIII, p. 94); mais cette doctrine est victorieusement réfutée par M. Isambert.

II. — L'article 9 de la loi des recettes pour 1841, qui est la répétition de ce que portaient les lois de finances des années antérieures, en énumérant les taxes autorisées par des lois spéciales, et qui sont continuées, comprend expressément les taxes des frais de pavage des rues dans les villes où l'usage met ces frais à la charge des propriétaires riverains (de même pour les années suivantes). D'après l'art. 28 de la loi des recettes du 25 juin 1841, pour 1842 : « Dans les villes où, conformément aux usages locaux, le pavage de tout ou partie des rues est à la charge des propriétaires riverains, l'obligation qui en résulte pour les frais de premier établissement ou d'entretien, pourra, en vertu d'une délibération du Conseil municipal, et sur un tarif approuvé par ordonnance royale, être convertie en une taxe payable en numéraire et recouvrable comme les cotisations municipales. » Depuis 1843, l'obligation d'entretien que la Coutume d'Orléans mettait à la charge personnelle des propriétaires est remplacée, en vertu d'une délibération du Conseil municipal, rendue sur un rapport et approuvée par le ministre, par une taxe qui varie dans son chiffre suivant que les rues sont plus ou moins fréquentées et eu égard à l'espace des maisons sur la voie publique. Le produit de cette taxe est exclusivement consacré au pavage, qui devient ainsi, pour le premier pavage et l'entretien, une charge de la ville.

XXX. — DÉCLARATION *de Louis XV concernant la construction des bâtiments sur la rivière de Bièvre, reg. au Parlement de Paris* (1).

28 septembre 1728.

Art. 1er. — Que tous propriétaires de maisons ou terrains destinés au commerce de la tannerie, et situés sur l'un des deux bords de la rivière de Bièvre, dite des Gobelins, faubourg Saint-Marcel, ayant ouverture sur les rues de l'Oursine, Fer-à-Moulin, Censier, Mouffetard et Saint-Victor, pourront faire construire, édifier et reconstruire tels bâtiments qu'ils jugeront les plus convenables pour leur commerce, en se conformant néanmoins aux anciens règlemens pour les alignemens à l'uniformité des autres bâtiments actuellement existans, en sorte que le bâtiment qui aura face sur ladite rivière ne puisse excéder la hauteur de trente pieds, à compter du rez-de-chaussée du terrain jusqu'au-dessus de l'entablement, et que le grenier soit à claire-voie et ne puisse, dans la suite, sous quelque prétexte que ce soit, être fermé de cloisons, murs de refends ou autrement (2).

Art. 2. — Et pour constater et fixer à l'avenir le

(1) Rapportée par le Code de Louis XV, t. II, page 434; Peuchet, t. III, p. 414; Davenne, t. II, p. 246, omise par Isambert. V. l'arrêt du Conseil du 26 février 1732. — J.-B.-J. PAILLET *Manuel* cité:

(2) Un arrêt du Conseil du 26 octobre 1828, rapporté par M. Macarel, t. X, p. 738, décide que, s'il n'existe pas encore de projet approuvé qui détermine les alignements à faire sur les bords de la rivière de Bièvre, il n'y a aucune contravention dans le fait d'avoir construit sur ces abords, lorsque d'ailleurs ces constructions sont établies à plus de six pieds.

nombre desdites maisons et terrains destinés au commerce de la tannerie, voulons et ordonnons que, par
les commissaires qui ont été par nous nommés pour
l'exécution de la déclaration sur les limites, il soit, dans
quinzaine, à compter du jour de la publication de
notre présente déclaration, fait un procès-verbal et
recensement de toutes lesdites maisons et terrains,
duquel procès-verbal il sera remis des expéditions
tant au greffe de notre Conseil qu'au greffe du Parlement, à celui du bureau des finances et à celui de
l'hôtel-de-ville de Paris; faisons défenses à toutes personnes, sans exception, de construire ou faire construire sur les bords de ladite rivière de Bièvre, aucune
tannerie sur d'autres terrains que ceux qui seront
compris audit procès-verbal.

Art. 3. — Ordonnons, au surplus, que l'art. 8 de
notre déclaration du 18 juillet 1724 sera exécuté; en
conséquence, qu'il ne pourra à l'avenir être fait sur
les terrains ci-dessus désignés, aucune nouvelle construction de tannerie ou rétablissement en entier de
celles qui seront tombées par caducité, que le plan
n'ait été préalablement approuvé et l'exécution d'icelui
ordonnée par les officiers de notre bureau des finances
et par les prévôts des marchands et échevins de la
ville de Paris.

Si donnons en mandement, etc. (1).

(1) V. plus haut, note 2, p. 95.

XXXI. — ÉDIT de Louis XV, sous le ministère du cardinal de Fleury, concernant les maisons et bâtimens de la ville de Paris, étant en état de péril imminent, enregistré au Parlement de Paris le 5 août 1730 (a) (1).

18 juillet 1729.

Louis, etc. La sûreté des habitants de notre bonne ville de Paris et l'attention nécessaire pour prévenir les accidents qui n'arrivent que trop fréquemment par la négligence que l'on apporte à réparer les maisons et les bâtimens de ladite ville, devant être un des principaux objets de la vigilance des officiers de notre Châtelet de Paris, auxquels les soins de la police sont confiés, et la longueur des procédures formant souvent des prétextes aux propriétaires pour éloigner des réparations dont le moindre retardement entraîne quelquefois des suites si funestes, nous avons cru, dans cette partie importante de la police de notre bonne ville de Paris, devoir établir une procédure fixe et certaine qui pût, par sa régularité et par sa simplicité, donner en même temps aux juges une connoissance exacte de l'état des maisons, et aux parties un moyen facile pour se faire entendre, mais qui pût aussi, en cas de refus ou délai de la part des propriétaires, ouvrir une voie régulière pour faire cesser promptement le péril et pour mettre nos sujets dans une pleine et entière sûreté.

A ces causes, etc., nous avons dit et déclaré, disons et déclarons par ces présentes signées de notre main,

(1) Rapportée par Peuchet, Isambert et Walker. Voir plus loin, p. 101, note a. — J.-B.-J. PAILLET, Manuel cité.

voulons et nous plaît, qu'en cas de péril imminent des maisons et bâtimens de notre bonne ville de Paris, il en soit usé, par les officiers du Châtelet, en la forme et manière qui s'ensuit.

Art. 1er. Les commissaires auront une attention particulière, chacun dans leur quartier, pour être instruits des maisons et bâtimens où il y aurait quelque péril.

Art. 2. Aussitôt qu'ils en auront avis, ils se transporteront sur le lieu, et dresseront procès-verbal de ce qu'ils y auront remarqué et qui pourroit être contraire à la sûreté publique.

Art. 3. Ils feront assigner, sans retardement, à la requête de notre procureur au Châtelet, les propriétaires, au premier jour d'audience de la police de notre Châtelet de Paris.

Art. 4. Les assignations seront données au domicile du propriétaire, s'il est connu et s'il est dans l'étendue de notre bonne ville de Paris ou faubourgs d'icelle, sinon les assignations pourront être données à la maison même où se trouvera le péril, en parlant au principal locataire ou à quelqu'un des locataires, en cas qu'il n'y en ait point de principal, et vaudront lesdites assignations, comme si elles avoient été données au propriétaire (1).

Art. 5. Au jour marqué par l'assignation, le commissaire fera son rapport à l'audience, et si a partie ne comparoît pas, le lieutenant-général de police, sur les conclusions d'un de ses avocats, ordonnera, s'il y échoit, que les lieux seront visités par un expert qui sera ar lui nommé d'office.

---

(1) C'est cet article que l'arrêt de cassation, du 30 août 1833, rappelé dans la *note a*, (voir p. 101), a appliqué.

Art. 6. Si la partie comparoît, et qu'elle ne dénie point le péril, le lieutenant-général de police ordonnera sur lesdites conclusions, que la partie sera tenue de faire cesser le péril dans le temps qu'il sera par lui prescrit, et sera enjoint audit commissaire d'y veiller.

Art. 7. Au cas que la partie soutienne qu'il n'y ait aucun danger, elle aura la faculté de nommer un expert de sa part, pour faire la visite conjointement avec l'expert qui sera nommé par notre procureur au Châtelet, ce qu'elle sera tenue de faire sur-le-champ, sinon sera passé outre à la visite par l'expert seul qui aura été nommé par notre dit procureur.

Art. 8. La visite sera faite dans le temps qui aura été prescrit par la sentence, en présence de la partie ou elle dûment appelée au domicile de son procureur, si elle a comparu, sinon au domicile prescrit par l'art. 4 ci-dessus, et ce, soit que la sentence ait été donnée contradictoirement ou par défaut, sans qu'il soit nécessaire, même dans le cas de la sentence rendue par défaut, d'attendre l'expiration de la huitaine; et en cas qu'il y ait deux experts et qu'ils se trouvent de différens avis, il en sera nommé un tiers par le lieutenant-général de police à la première audience, partie pareillement présente ou dûment appelée au domicile de son procureur.

Art. 9. Sur le vu du rapport de l'expert ou des experts, la partie ouïe à l'audience ou elle dûment appelée au domicile de son procureur, s'il y en a, ou, s'il n'y en a point, en la forme prescrite par l'art. 4 ci-dessus, et ouï le commissaire en son rapport; ensemble notre avocat en ses conclusions, le lieutenant-général de police ordonnera, s'il y a lieu, que dans le temps qui sera par lui prescrit, le propriétaire de la maison sera tenu de faire cesser le péril, et d'y mettre à cet effet des ouvriers ; à faute de quoi, ledit temps passé, et sans qu'il soit besoin d'autre jugement, sur le simple rapport du commissaire, portant qu'il n'y a été mis d'ouvriers, il en sera mis de l'ordonnance dudit commissaire, aux frais de la partie à la diligence du receveur des amendes, qui en avancera les deniers, dont il lui sera délivé par le lieutenant-général de police, exécutoire sur la partie, pour en être remboursé par privilége et préférence à tous autres, sur le prix des matériaux provenant des démolitions, et, subsidiairement, sur le fonds et superficie des bâtimens desdites maisons.

Art. 10. Dans les occasions où le péril seroit si urgent, que l'on ne pourroit attendre le jour d'audience, ni observer les formalités ci-dessus prescrites, sans risquer quelques accidents fâcheux, en ces cas, les commissaires du Châtelet pourront en faire leur rapport au lieutenant-général de police en son hôtel, et y faire appeler les parties, en la forme prescrite par l'art. 4 ci-dessus, lequel pourra ordonner, par provision, ce qu'il jugera absolument nécessaire pour la sûreté publique.

Art. 11. Seront les sentences et ordonnances rendues à ce sujet, exécutées par provision, nonobstant et sans préjudice de l'appel. — Si donnons en mandement, etc.

ÉDIT DE LOUIS XV DU 18 JUILLET 1729

(D'après Paillet (1).

Note a.

- L'édit du 18 juillet 1729 et la déclaration du 18 août 1730, qui autorisent l'autorité municipale à faire ordonner judiciairement la démolition ou la réparation des bâtiments qui, dans Paris, menacent ruine, s'appliquent aussi aux bâtiments des autres villes du royaume, à la grande et à la petite voierie. En cas de péril imminent, où une procédure administrative occasionnerait de fatales lenteurs, les préfets pour la grande voierie et les maires pour la petite, peuvent enjoindre aux propriétaires, soit d'étayer de suite le bâtiment menaçant ruine, en attendant les vérifications nécessaires, soit même de le démolir immédiatement. Les maires, en vertu des attributions générales qui leur sont confiées, ont même, en pareil cas, le droit de faire opérer la démolition des édifices menaçant ruine, lors même qu'ils sont situés sur une rue dépendant de la grande voierie. (Gillon et Stourm, *Traité de la voierie*, nᵒˢ 50. 282, 284, 289, 291; *Nouveau Dictionnaire* de Trébuchet, vᵛ *Bâtiments*, § 7, p. 131). Quand l'autorité municipale, au lieu d'user du pouvoir qu'elle tient des art. 3, nᵒ 1, tit. XI, de la loi du 16 août 1790; 46, tit. I, de celle du 19 juillet 1791, et 471, nᵒ 5, du Code pénal, de faire démolir, par mesure de sûreté, les édifices menaçant ruine, croit devoir faire ordonner judiciairement cette démolition ou la réparation qu'elle juge nécessaire de prescrire aux bâtiments et édifices, elle n'est tenue de donner les assignations ou citations au domicile du propriétaire qu'autant que ce domicile est connu et dans l'étendue de la ville; s'il est domicilié ailleurs, la citation peut être donnée dans la maison même où se trouve le péril, en parlant au principal locataire, ou à quelqu'un des locataires, ou même à un mandataire du propriétaire : ici s'appliquent les art. 4 de l'édit du 18 juil-

(1) Voir plus haut, p. 97.

let 1729 et de la déclaration du 18 août 1730, et non les art. 145 et 146 du Code d'instruction criminelle. On répute mandataire, à l'effet de recevoir l'assignation, l'individu qui, dans l'intérêt du propriétaire, a concouru à la nomination de l'expert chargé de reconnaître l'imminence du péril qu'offre l'édifice (Cass., 30 août 1833; D., t. XXXIII, p. 383; S., t. XXXIV, col. 493; P., 3e édit., t. XXV, p. 865.) La sommation, de la part d'un maire, à un particulier, à l'effet de démolir un mur menaçant ruine, n'est pas soumise, à peine de nullité, aux formes des notifications judiciaires par officier public. Elle est valablement faite par simple lettre, si le contrevenant n'en méconnaît pas la réception. (Cass., 15 octobre 1820; P., 3e édit., t. XVI, p. 167.) Les Conseils de préfecture sont compétents pour faire l'application des déclarations de 1729 et de 1730 aux maisons menaçant ruine, qui se trouvent dans les traverses qui font partie des routes départementales. (Arrêt du Conseil, 19 mars 1825; Rec. de M. Macarel, t. V, p. 208.) Quelquefois le Conseil d'État fixe le délai dans lequel la décision devra être xécutée.

XXXII. — ORDONNANCE *de police concernant ce qui doit être observé au sujet des écriteaux placés aux coins des rues de la ville et faubourgs de Paris* (1).

30 juillet 1729.

Sur ce qui nous a esté remontré par le procureur du roi ; que quoyque les plaques de tôle que nous avons fait poser aux entrées et aux sorties de toutes les rues de cette ville, soient d'une très-grande commodité pour le public et sur-tout pour les estrangers ; cependant il est informé que plusieurs bourgeois et habitans qui font restablir et reconstruire les façades des maisons sur lesquelles ces plaques sont apposées, n'ont pas l'attention de les y faire remettre ; et qu'il y en a d'autres qui affectent de les changer ou de les effacer, et mesme quelquefois de les oster. Et comme il est nécessaire d'assujettir les propriétaires au restablissement et à la conservation de ces plaques, lorsque les lettres en seront effacées, ou qu'elles auront esté enlevées, soit par les réparations et reconstructions des façades des maisons ou autrement, il est obligé de requérir qu'il y soit incessamment pourvu. Sur quoy nous, faisant droit sur le réquisitoire du procureur du roy, faisons deffenses à toutes personnes de quelque qualité et condition qu'elles soient, de faire enlever, de changer ni d'effacer les écriteaux qui sont posez aux coins des rues de cette ville et fauxbourgs, à peine de

(1) SOCIÉTÉ CENTRALE DES ARCHITECTES. *Manuel des lois du bâtiment* (1re édit.) cité.

cent livres d'amende pour chaque contravention, et autres plus grandes peines en cas de récidive.

Ordonnons qu'à l'avenir les propriétaires des maisons où les plaques sont attachées seront tenus, lorsqu'ils feront quelque restablissement ou reconstructions aux façades desdites maisons, ou que les plaques seront trop usées, effacées ou enlevées, de faire mettre en leur place des tables de pierre de liais d'un pouce et demi d'épaisseur et de grandeur suffisante pour y faire graver les mesmes noms des rues et les mesmes numéros qui estoient sur les plaques, en lettres de la hauteur de deux pouces et demi, et de largeur proportionnée; observer une rainure formant un cadre au pourtour de ladite pierre à trois pouces de l'areste qui sera marqué en noir, ainsi que lesdites lettres et numéros, pour les distinguer plus facilement, le tout avec les mesmes proportions qui ont esté gardées dans la première position, à la réserve que les tables seront plus grandes que n'estoient les plaques et que lesdites tables seront attachées sur les pans des bois avec de fortes pattes chantournées qui feront le parpin du pan de bois, attachées par derrière sur les poteaux, et seront encastrées dans l'épaisseur du plastre, suivant la charge que l'on donnera audit pan de bois ; et en cas que lesdites façades ou encognures soient construites en moellons, pierres de Saint-Leu ou lambourdes, les tables seront encastrées de leur épaisseur dans ledit mur, tenues avec des pattes de fer scellées en plastre; et si lesdites façades et encognures sont construites en pierre d'Arcueil, les propriétaires seront tenus de poser une pierre d'Arcueil pleine à l'endroit où doit estre transcrit le nom de la rue et le numéro, d'observer qu'elle soit de grandeur suffisante pour éviter l'incrustement que l'on serait obligé de faire, et en fai-

sant le ravallement, d'y faire graver les lettres, le nu=
méro et le cadre marqué en noir en la manière qu'il
est cy=dessus expliqué.

Seront en outre tenus lesdits propriétaires desdites
maisons de donner avis au commissaire du quartier,
lorsqu'ils feront apposer lesdites tables ou qu'ils fe=
ront graver lesdites encognures, afin qu'il soit en estat
de connoistre s'ils se sont conformez à ce qui est prescrit par nostre présente ordonnance, le tout sous les
mesmes peines de cent livres d'amende.

XXXIII. — DÉCLARATION *de Louis XV concernant les périls imminents des maisons et bâtiments de la ville de Paris, enregistrée au Parlement de Paris le 5 septembre suivant* (1).

18 août 1730.

LOUIS, etc. Par notre édit du 18 juillet 1729, nous avons établi la forme des procédures qui devoit-être suivie par les officiers de notre Châtelet de Paris, auxquels les soins de la police sont confiés, au sujet des périls imminens qui pourroient se rencontrer dans les maisons de notre bonne ville et faubourgs de Paris; mais comme cette partie de la police, en ce qui regarde seulement les bâtimens ayant face sur rue, est exercée concurremment, tant par notre bureau des finances, que par les officiers de la police de notre Châtelet de Paris, nous avons jugé nécessaire de fixer aussi les procédures qui seroient suivies par les officiers du bureau des finances dans les cas qui se trouveroient être de leur compétence, afin que chacuns desdits officiers étant assurés de la voie qu'ils doivent suivre dans une portion si importante de la police de ladite ville, et concourant avec le même zèle au bien public, nos sujets puissent trouver, dans ces règles que nous établissons, une sûreté entière contre des accidens qui n'ont été que-trop fréquens depuis quelques années.

A ces causes, etc., nous avons dit, déclaré, disons et déclarons, par ces présentes, signées de notre main,

(1) Rapportée par le Code de Louis XV, Peuchet, Isambert et Walker. V. l'édit du 18 juill. 1829 et les arrêts qui y sont annotés. — J.-B.-J. PAILLET, *Manuel* cité.

voulons et nous plaît, qu'en cas de péril imminent des
maisons et bâtimens de notre bonne ville de Paris, il
en soit usé par les officiers du Châtelet, en la forme et
manière qui s'ensuit :

Art. 1ᵉʳ. Qu'en cas de périls imminens des maisons et bâtimens de notre bonne ville et faubourgs de
Paris, en ce qui pourroit par sa chute nuire à la voie
publique, les commissaires de la voirie aient une attention particulière pour s'en instruire.

Art. 2. Aussitôt qu'ils en auront avis, ils se
transporteront sur les lieux, dresseront procès-verbal
de ce qu'ils y auront remarqué, et qui pourroit être
contraire à la sûreté de la voie publique.

Art. 3. Ils feront assigner, sans retardement à la
requête du substitut de notre procureur-général au
bureau des finances, les propriétaires au premier jour
d'audience dudit bureau, même à des jours extraordinaires, s'il y échet.

Art. 4. Les assignations seront données au domicile du propriétaire, s'il est connu et s'il est dans
l'étendue de notre bonne ville et faubourgs de Paris,
sinon les assignations pourront être données à la
maison même où se trouvera le péril, en parlant au
principal locataire ou à quelqu'un des locataires en
cas qu'il n'y en ait pas de principal, et vaudront lesdites assignations, comme si elles avoient été données
au propriétaire (1).

Art. 5. Au jour marqué pour l'assignation, le
commissaire de la voirie fera son rapport à l'audience,
et si la partie ne compare pas, il sera, sur les conclusions de notre avocat audit bureau, ordonné, s'il y

_____

(1) On est dispensé d'observer les prescriptions des art. 145
et 146 du Code d'instruction criminelle.

échet, que les lieux seront visités par expert, qui sera nommé par ledit bureau.

Art. 6. Si la partie compare, et qu'elle ne dénie point le péril, ledit bureau ordonnera, sur les conclusions de notredit avocat, que la partie sera tenue de faire cesser le péril dans le temps qui sera prescrit par le jugement, et enjoindra au commissaire de la voirie d'y veiller.

Art. 7. Au cas que la partie soutienne qu'il n'y a aucun danger, elle aura la faculté de nommer un expert de sa part pour faire la visite conjointement avec celui qui sera nommé par notre procureur audit bureau; et sera tenue la partie de le nommer sur-le-champ, sinon sera passé outre à la visite par l'expert seul qui aura été nommé par notredit procureur.

Art. 8. La visite sera faite dans le temps qui aura été fixé par la sentence, en présence de la partie, ou elle dûment appelée au domicile de son procureur, si elle a comparu, sinon en la forme prescrite par l'art. 4 ci-dessus, et ce, soit que la sentence ait été donnée contradictoirement ou par défaut, sans qu'il soit nécessaire, même dans le cas de la sentence rendue par défaut, d'attendre l'expiration de la huitaine; et en cas que la partie ait nommé un expert de sa part, et que les experts se trouvent d'avis différens, il sera nommé un tiers expert au premier jour d'audience, la partie présente ou dûment appelée au domicile de son procureur.

Art. 9. Sur le vu du rapport de l'expert ou des experts, la partie ouïe à l'audience, ou elle dûment appelée au domicile de son procureur, s'il y en a, ou s'il n'y en point en la forme prescrite par l'art. 4 ci-dessus; et ouï le commissaire de la voirie, ensemble notre avocat audit bureau et ses conclusions, il sera ordonné, s'il y a lieu, que, dans un certain temps, le propriétaire de la maison sera tenu de faire cesser le péril, et d'y mettre à cet effet ouvriers; à faute de quoi, ledit temps passé, et sans qu'il soit besoin d'appeler les parties, sur le simple rapport verbal du commissaire de la voirie au bureau, portant qu'il n'y a été mis ouvriers, les juges ordonneront qu'il en sera mis à la requête de notre procureur audit bureau, poursuite et diligence dudit commissaire de la voirie, à l'effet de quoi les derniers seront avancés par le receveur des amendes, dont lui sera délivré exécutoire sur la partie, pour en être remboursé par privilége et préférence à tous autres sur le prix des matériaux provenant des démolitions et subsidiairement sur le fonds et superficie des bâtimens desdites maisons; ce qui sera pareillement observé dans le cas de l'art. 6 ci-dessus.

Art. 10. Dans les occasions où le péril seroit si urgent qu'on ne pourroit attendre le jour de l'audience, ni observer les formalités ci-dessus, sans risquer quelques accidents fâcheux, sur le rapport qui sera fait par le commissaire de la voirie à l'un des trésoriers de France, qui sera commis à cet effet par le président de service audit bureau au commencement de chaque semestre, même qui pourra être continué au delà dudit semestre, et les parties appelées en la forme prescrite par l'art. 4, sera statué par ledit juge en son hôtel par provision, ce qu'il jugera absolument nécessaire pour la sûreté publique.

Art. 11. Le bureau des finances et le lieutenant-général de police connoîtront (1), comme par le passé,

_____

(1) Maintenant le maire pour la petite voirie, le préfet pour la grande.

concurremment et par prévention, des périls imminens des maisons et bâtimens de notre ville et faubourgs de Paris, en ce qui regarde les murs ayant face
sur rue, et tout ce qui pourroit par sa chute nuire à la
sûreté ou à la voie publique; et celui desdits juges devant lequel la première assignation aura été donnée,
en connoîtra exclusivement à l'autre jusqu'à jugement
définitif, sauf l'appel en notre Cour de Parlement :
voulons que, s'il y a des assignations données le même
jour dans les deux juridictions, la connoissance en
appartienne audit lieutenant-général de police; et
qu'en cas de contestation sur la compétence, nos procureurs soient tenus de se pourvoir devant nos avocats
et procureur-général en notre Cour de Parlement,
pour y être, par notredite Cour, statué ainsi qu'il appartiendra, sans qu'il soit besoin d'y appeler les parties
intéressées, ni qu'elles puissent se pourvoir contre les
arrêts rendus entre nosdits procureurs.

Art. 12. Voulons que les jugemens interlocu-
toires ou définitifs, qui seront rendus par le bureau
des finances (1) sur ce qui concernera lesdits périls
imminens, soient exécutés par provision, nonobstant
et sans préjudice de l'appel. — Si donnons en mandement, etc.

(1) Le Tribunal de police pour la petite voirie, le Conseil de
préfecture pour la grande.

XXXIV. — *Extrait de l'Arrêt du Conseil portant règle=*
ment général pour la police et conservation des eaux
de la rivière de Bièvre et des cours d'eau y affluant[1].

26 février 1752.

Le Roi ordonne. . . .

Art. 6. Que les moulins du Rat-de=Vauboyen, de
Bièvre, Digny, Damblainvilliers, de Guz, de Vignot,
d'Antony, de Berny, de Lay, de Cachan, d'Arcueil, de
la Roche, de Gentilly et Moulin - Ponceau, reste=
ront en l'état qu'ils sont, suivant leur ancienne construction, et sans qu'on y puisse construire aucuns
nouveaux déversoirs, ni autres décharges que leurs
fausses vannes ordinaires.

Art. 7. Qu'au lieu de faire un déversoir au coin
du clos Lorenchet..., la berge de ladite rivière sera
fortifiée aux frais desdits intéressés (*à la conservation*
des eaux), de manière que ce lieu ne puisse servir d'a-
breuvoir aux bestiaux, ni que les eaux s'écoulent dans
la prairie de Gentilly, et qu'à cet effet il sera, aux
mêmes frais et dépens desdits intéressés, construit une
vanne entre deux jambages de pierre de taille, de trois
pieds et demie de large et quatre pieds de hauteur, à
prendre du fond de la rivière, après qu'elle aura été
curée, laquelle dite vanne, sera tenue fermée, assurée,
de sorte qu'elle ne puisse être levée que lorsque les
syndics le jugeront nécessaire pour faciliter le curage.

1. Entièrement rapporté par Walker et, par extrait, dans
Davenne, édit. de 1836, t. II, p. 247. — J.=B.=P. PAILLET, *Manuel*
cité.

Art. 14..... Pour éviter de nouvelles contestations sur la hauteur des fausses vannes qui servent de déversoirs à tous les moulins sur ladite rivière, depuis l'étang du Val jusqu'à sa chute dans la Seine, ordonne Sa Majesté que toutes lesdites fausses vannes seront armées d'une croix de fer plat, rivée, étalonnée et marquée d'une fleur de lys par tous les bouts, dans la hauteur et la largeur desdites vannes, dont le poinçon sera mis à la garde des syndics de ladite rivière, pour servir audit étalonnage, à l'effet de le représenter à qui et quand il appartiendra.

Art. 15. Fait Sa Majesté défenses à tous meuniers desdits moulins de se servir de fausses vannes, qu'elles ne soient étalonnées ainsi qu'il est prescrit par le précédent article, à peine de tous dépens, dommages-intérêts envers les riverains du faubourg Saint-Marcel et 10 livres d'amende envers Sa Majesté.

Art. 19. Le cours des eaux de ladite rivière, depuis la fontaine Bouvière jusqu'à leur chute dans la Seine, ensemble celui des sources et ruisseaux y affluens, seront tenus libres, même dans les canaux où elles passent, à l'effet de quoi, les saignées et ouvertures qui ont été ci-devant faites aux berges de ladite rivière, sources et ruisseaux, seront supprimées et tous autres empêchemens quelconques, même les arbres qui se trouveront placés dans leur lit et le long de ladite rivière, dans la distance de quatre pieds des berges, aux frais et dépens de ceux qui auront causé lesdits empêchemens et planté lesdits arbres, et ce, quinzaine après la sommation qui leur en aura été faite au domicile de leurs fermiers ou meuniers ; en sorte que des canaux établis par titres il en sorte autant d'eau qu'il en aura entré, ce qui sera justifié par les propriétaires desdits canaux ou passages, sinon il y sera fait droit devant ledit sieur grand maître (des eaux et forêts), sur la suppression desdits canaux ou passages, ainsi qu'il appartiendra.

Art. 20. Ordonne Sa Majesté que les ouvriers, meuniers, fermiers, artisans, domestiques et soldats qui se trouveront convaincus d'avoir fait nuitamment des saignées, rigoles, ou autres ouvertures en ladite rivière, sources et ruisseaux, pour en détourner ou répandre les eaux hors le lit desdites rivières, sources et ruisseaux, seront chacun condamnés en 300 livres d'amende et à tenir prison pendant six mois, outre les dommages et intérêts envers qui il appartiendra.

Art. 21. Fait Sa Majesté défenses à toutes personnes, de quelque condition qu'elles puissent être, même à tous seigneurs riverains de ladite rivière, propriétaires des prairies ou autres héritages, de faire à l'avenir de nouveaux canaux, ni aucuns bâtardeaux, ni saignées au lit de ladite rivière, sources et ruisseaux, à peine, contre chacun des contrevenans, de 100 livres de dommages et intérêts envers les intéressés du faubourg Saint-Marcel, et de pareille somme d'amende pour la première fois, et du double pour la seconde, et, en cas de récidive, de plus grande peine.

Art. 23. Les berges de ladite rivière seront, par les meuniers, chacun dans son étendue, en remontant d'un moulin à l'autre, entretenues et fortifiées, de manière que les eaux ne puissent sortir de leur lit, ni passer au travers desdites berges pour se répandre dans les prés ou ailleurs, à peine de 50 livres d'amende, et de pareille somme de dommages et intérêts envers lesdits intéressés du faubourg Saint-Marcel, pour la première fois, du double pour la seconde, et d'y être pourvu à leurs frais et dépens.

Art. 26. Sa Majesté fait défenses à toutes personnes,

de quelque état et conditions qu'elles soient, de faire
élever aucun nouveau bâtiment, ni murs, le long de
ladite rivière, ou en faire réparer sur aucuns fonde-
mens, sans y appeler lesdits syndics, et après avoir
pris dudit sieur grand-maître l'alignement de la berge,
à peine de démolition desdits bâtimens et murs, et de
100 livres d'amende envers Sa Majesté.

Art. 29. Fait Sa Majesté défenses à tous blanchisseurs de toiles de s'établir dans la prairie de Gentilly
et autres le long de la rivière, même dans l'enceinte
de la maison appelée le clos Payen....., à peine de
confiscation des toiles et de 100 livres d'amende.

Art. 30. Fait Sa Majesté pareillement défenses à
tous blanchisseurs et blanchisseuses de lessive, de continuer leurs blanchissages dans le lit de ladite rivière
au-dessous de la manufacture royale et dans ledit clos
Payen, et à toutes personnes d'y faire rouir des chan-
vres et lins, non plus que dans les ruisseaux y affluens,
à peine de 50 livres d'amende et d'un mois de prison...
et du double en cas de récidive.

Art. 36. Que les latrines qui ont leur chute dans le
lit de ladite rivière, au faubourg Saint-Marcel, seront
supprimées dans trois mois et rétablies ailleurs par
les propriétaires des maisons, suivant la coutume de
Paris, avec défense d'en construire de nouvelles sur
ladite rivière, à peine de 100 livres d'amende contre les
contrevenans et d'être détruites à leurs dépens.

Art. 42. Tous les propriétaires des héritages joignant
ladite rivière seront tenus de laisser, le long de chaque
côté de ladite rivière, aux endroits où le terrain pourra
le permettre, une berge de quatre pieds de plate-
forme sur six pieds au moins d'empatement, dans la
hauteur de deux pieds au-dessous de la superficie des
eaux d'été, à peine d'y être pourvu à leurs frais.

Art. 43. Toutes les immondices provenant du curage de ladite rivière, en ce qui est de la campagne et
des ruisseaux, seront mises sur les bords pour soutenir et fortifier les berges, de manière néanmoins
qu'elles ne puissent retomber dans le lit de ladite rivière, ruisseaux et sources, à peine d'amende arbitraire.

Art. 46. Les habitans du faubourg Saint-Marcel,
établis le long de ladite rivière, seront tenus, chacun
en droit soi, de faire enlever, dans la fin d'août de
chaque année, les immondices qui seront sorties du
curage de ladite rivière, et les faire transporter à la
campagne, à peine de 50 livres d'amende contre chaque
contrevenant.

Art. 47. Fait Sa Majesté très-expresses interdictions
et défenses à tous tanneurs, mégissiers et autres, de
rejeter ou faire rejeter en ladite rivière les immondices provenant dudit curage, à peine de 500 livres
d'amende.....

Art. 50. Fait Sa Majesté défenses à tous particuliers
dudit faubourg Saint-Marcel, demeurant dans les rues
qui aboutissent audit égout (de la rue Mouffetard), de
rejeter leurs immondices dans les ruisseaux desdites
rues, lors des pluies d'orages, à peine de 30 livres d'a-
mende...., et de plus grande en cas de récidive.

ARRÊT DU CONSEIL DU 26 FÉVRIER 1732

CONCERNANT LA RIVIÈRE DE BIÈVRE.

(D'après Paillet) (1).

Note a.

1. L'arrêté du 25 vendémiaire an IX (17 octobre 1800) ordonne l'exécution des dispositions que nous rapportons et en ajoute d'autres. V. *supra*, p. 186, la déclaration du 28 sept. 1728.

2. Il résulte des articles 42, 43 et 44 de l'ordonnance des eaux et forêts d'août 1669, de l'art. 2 de la loi du 22 nov.-1er déc. 1790, reproduits par l'art. 538 du Code civil, du chap. VI de la loi en forme d'instruction du 12-20 août 1790, de l'article 10 du titre III de la loi du 16-24 août 1790, reproduit par l'art. 6 de la loi du 25 mai 1838, de l'art. 4 de la Ire section du titre Ier de la loi du 28 sept.-6 oct. 1791, sur la police rurale, des art. 15 et 16 du titre II de la même loi, de la loi du 21 sept. 1792, de l'arrêté du Directoire exécutif du 19 ventôse an VI (9 mars 1798) contenant des mesures pour assurer le libre cours des rivières et canaux navigables et flottables, que l'administration agit sur ces rivières, 1° comme autorité, pour tout ce qui est voirie et police de navigation; 2° comme gestion domaniale, pour tout ce qui est avantage réel du droit de propriété; que les lois attribuent à l'État les propriétés domaniales; et que, quant aux rivières non navigables ou flottables, l'administration n'agit pas comme gestion domaniale, ni comme police de navigation, mais comme autorité de voirie, pour prévenir tout danger d'inondation ou d'insalubrité. Contre les dangers d'insalubrité existe la loi du 14 floréal an II, qui autorise l'administration à ordonner le curage des eaux non domaniales et la conservation des digues. Contre les dangers d'inondation existe la loi d'instruction du 19-20 octobre 1790, qui charge les administrations d'empêcher que les prairies ne soient submergées par la trop grande élévation des écluses. La

(1) Voir plus haut, p. 111.

même loi les charge aussi de diriger, autant qu'il sera possible, les eaux de leur territoire vers un but d'utilité générale, d'après les principes de l'irrigation; mais subordonné à la justice, c'est-à-dire sauf le droit acquis aux propriétaires sur les cours d'eaux privés.

3. Une ordonnance de police du 19 messidor an IX (8 juillet 1800), pour l'exécution de l'arrêté du 25 vendémiaire an IX et des règlements antérieurs, dispose :

« Art. 1er. Dans le département de la Seine, le cours des eaux de la rivière de Bièvre et des sources et ruisseaux qui y affluent sera tenu libre, même dans les canaux particuliers où elles passent.

« Les prises d'eau ou les saignées et ouvertures qui y ont été faites sans titre légal aux berges de la rivière et des sources et ruisseaux seront supprimées aux frais des propriétaires riverains, dans la quinzaine de la publication de la présente ordonnance.

« Seront aussi supprimés, aux frais des propriétaires et dans le même délai, les arbres, arbustes et généralement tous les objets qui gêneraient le cours de l'eau. (Art. 19 de l'arrêt du 26 février 1732, et art. 2 de l'arrêté de vendémiaire an IX.)

« Art. 2. Il est défendu de jeter dans la rivière des matières fécales, de la paille, du fumier, des gravois, des bouteilles cassées et autres immondices qui pourraient en obstruer le cours, corrompre les eaux ou blesser les personnes qui feraient le curage. (§ 5, art. 3, loi du 24 août 1790.)

Art. 3. Il est défendu de construire des latrines qui auraient leur chute soit dans la rivière, vive ou morte, soit dans le faux ru.

« Les propriétaires qui en auraient fait construire sont tenus de les supprimer dans le mois, à compter de la publication de la présente ordonnance, le tout sous les peines portées par l'art. 36 de l'arrêt de 1732. (Même paragraphe, même article).

« Art. 4. Il est défendu de jeter les immondices dans les ruisseaux qui se rendent à la rivière de Bièvre et au faux ru, sous les peines portées part l'art. 50 du même arrêt. (Idem.)

« Art. 5. Les propriétaires de terrains clos, traversés par la rivière, tiendront leurs grilles dégagées de manière que rien ne forme obstacle au libre passage des eaux. (Idem.)

« Art. 6. Il ne pourra être ouvert de canaux ou bassins, ni

fait aucune saignée ou bâtardeau, soit au lit de la rivière, soit aux sources ou canaux y affluant, sous les peines formées par les art. 20 et 21 de l'arrêt de 1732.

« Art. 7. Dans le mois, à compter du jour de la publication de la présente ordonnance, tous propriétaires de canaux et bassins acuellement existants, alimentés par la rivière de Bièvre ou par les fontaines, sources et ruiseaux y affluant, seront tenus de justifier de leurs titres au préfet de police.

« Ce délai passé, seront supprimés les canaux et bassins dont les propriétaires n'auraient pas satisfait à la disposition précédente.

« Ceux mêmes qui auraient produit leurs titres devront faire exécuter tous les changements qui seront jugés nécessaires.

« Leurs canaux et bassins seront entretenus de telle manière qu'ils rendent le même volume d'eaux qu'ils reçoivent: (Art. 19 de l'arrêt de 1732, et art. 2 de l'arrêté du 25 vendémiaire an IX.)

« Art. 8. Les propriétaires des héritages qui bordent la Bièvre seront tenus de laisser sur chaque rive une berge d'un mètre trente-trois centimètres de plate-forme et de deux mètres d'empatement; elle aura soixante-six centimètres au-dessus des eaux d'été, sinon il y sera pourvu à leurs frais. (Art. 42 de l'arrêt de 1732.)

« Art. 9. Les berges seront entretenues par les meuniers en remontant d'un moulin à l'autre, et fortifiées de manière que, dans aucun cas, les eaux ne puissent se répandre dans les prés ou ailleurs, sous les peines portées par l'art. 23 de l'arrêt de 1732 et l'art. 2 de l'arrêté de vendémiaire an IX.

« Art. 10. Les appentis établis sur les berges pour l'exploitation des tanneries, mégisseries et autres ateliers, seront entretenus en bon état par les propriétaires. Les pierres ou piliers qui les supportent seront placés à deux décimètres du bord de la rivière.

« Il sera laissé sur la berge un espace libre et suffisant pour pouvoir la parcourir facilement. (Art. 74 de l'arrêt du 28 février 1716.)

« Art. 11. La berge de la rivière au coin du clos Laurenchet et la vanne qui y est établie continueront d'être entretenues aux frais des intéressés à la conservation de la rivière, de façon que cet endroit ne puisse servir d'abreuvoir aux bestiaux et que les eaux ne se répandent pas dans la prairie de Gentilly.

« En conséquence, la vanne sera tenue fermée et ne pourra être levée que sur l'ordre du préfet de police. (Art. 7 de l'arrêt de 1732.)

« Art. 12. Toutes personnes qui voudront construire ou réconforter soit un bâtiment, soit un mur le long de la rivière, seront tenus de se conformer à l'art. 26 de l'arrêt de 1732.

« Elles ne pourront commencer aucuns travaux sans en avoir obtenu la permission du préfet de police.

Les propriétaires de bâtiments ou murs actuellement existants qui ne justifieront pas des permissions qui ont dû leur être accordées, seront, s'il y a lieu, poursuivis conformément à l'arrêt précité.

« Art. 13. Les moulins établis sur la rivière de Bièvre, dans tout le département de la Seine, resteront dans l'état où ils ont été mis, en exécution de l'art. 6 de l'arrêt de 1732.

« S'il a été fait aux vannes, déversoirs ou déchargeoirs quelques changements autres que ceux prescrits, les moulins seront, aux frais des propriétaires, remis dans l'état où ils doivent être, et ce dans le mois à compter de la publication de la présente ordonnance.

« A cet effet, il sera procédé aux vérifications nécessaires pour connaître les changements et innovations qui ont eu lieu.

« Art. 14. Les fausses vannes qui servent de déversoirs aux moulins établis sur la rivière seront armées d'une bande de fer plat rivé, étalonné et marqué PP dans la hauteur et la largeur des vannes. Le poinçon sera remis à l'inspecteur général de la navigation et des ports pour servir à l'étalonnage; il sera ensuite déposé à la Préfecture de Police.

« Tout meunier qui se servirait de fausses vannes non étalonnées, ou qui les surhausserait par un moyen quelconque, sera poursuivi conformément aux lois. (Art. 14 et 15 de l'arrêt de 1732.)

« Art. 33. Les propriétaires et meuniers pourront faire curer eux=mêmes les parties qui sont à leur charge; mais ils devront, chacun en ce qui les concerne, y faire travailler en même temps que les ouvriers de l'entrepreneur, sans pouvoir entraver ou retarder ses opérations, l'entrepreneur étant chargé de faire tout ce qui ne sera pas fait ou sera mal fait. (§ 5, art. 3, loi du 24 août 1790.)

« Art. 35. Il est défendu de jeter dans la rivière les immondices provenant du curage, sous les peines portées par l'art. 47 de l'arrêt de 1732. (*Idem.*)

« Art. 36. Toutes les immondices qui proviendront du curage, tant de la Bièvre hors de Paris que des ruisseaux qui y affluent, seront mises sur les bords pour les soutenir et les fortifier, de manière cependant qu'elles ne puissent pas retomber dans le lit de la rivière et des ruisseaux, sous les peines portées par l'art. 43 du même arrêt. (*Idem.*)

« Art. 37. Les habitants du faubourg Saint-Marcel établis le long de la Bièvre seront tenus, chacun en ce qui le concerne, de faire enlever, à la fin de fructidor (d'août) de chaque année, les immondices qui seront provenues du curage et de les faire transporter aux champs, sous les peines portées par l'art. 46 de l'arrêt de 1732. (*Idem.*) »

(Le surplus des articles de cette ordonnance concerne plus particulièrement l'usage des eaux à l'égard des blanchisseuses, tanneurs, amidonniers et autres fabricants).

XXXV. — Ordonnance *du lieutenant général de police sur l'épuisement des eaux dans les caves.*

28 janvier 1741.

(Voir plus loin *Ordonnance de police* du 24 pluviôse an X (13 février 1802).

XXXVI. — Arrêt du Conseil d'État concernant *l'exploitation des carrières voisines des grands chemins (a) (1).*

14 mars 1741.

Le roi s'étant fait représenter en son conseil le rapport dressé par le sieur Bayeux, inspecteur du pavé de Paris, le 13 février dernier, duquel il résulte que les ouvriers qui exploitent des carrières de pierre aux territoires de Montrouge et d'Arcueil, ont souchevé en plusieurs endroits le grand chemin de Paris au Bourg-la-Reine, où il s'est fait des affaissemens qui augmentent chaque jour, et qu'ayant trouvé, dans le cours de ses visites sur cette banlieue qu'on ouvroit une nouvelle carrière à dix-sept toises des arbres qui bordent la route, il se seroit enquis des noms des propriétaires et du maître carrier, dont et de quoi il auroit dressé ledit rapport, par lui certifié devant le sieur Demotes, trésorier de France, commissaire député par Sa Majesté pour la direction du pavé de la ville, faubourgs et banlieue de Paris; l'ordonnance dudit sieur Demotes, du même jour 13 février de la présente année, portant défenses à Jacques Bridé, carrier, ses ouvriers et tous autres, de continuer ladite fouille de carrière jusqu'à ce qu'il en eût été par lui référé au conseil et ordonné par Sa Majesté ce qu'il appartiendroit, à peine de

---

(1) I. Seulement indiqué par M. Isambert, rapporté par M. Walker, confirmé par d'autres arrêts du Conseil des 5 avril 1772, art. 1er, 15 septembre 1776, art. 1er, et 17 juillet 1781, art. 15. (V. les décrets des 22 mars et 4 juillet 1815, les ordonnances royales des 20 novembre 1822 et 21 mai 1837). Voir plus loin, p. 125, *note a.* — J.-B.-J. PAILLET, *Manuel* cité.

500 livres d'amende. Et Sa Majesté étant informé qu'il
est de la dernière importance de réprimer les entreprises desdits carriers, d'autant qu'ils exposent chaque
jours les hommes et les voitures à périr par l'imprudence
et témérité qu'ils ont de pousser les rameaux ou rues
desdites carrières sous les chemins les plus fréquentés,
et voulant pourvoir en cette partie à la sûreté publique ;
ouï le rapport, etc., Sa Majesté, en son conseil, a confirmé et confirme l'ordonnance dudit sieur Demotes ;
fait en conséquence très-expresses défenses audit
Bridé, à tous carriers et autres particuliers dans toute
l'étendue du royaume d'ouvrir aucunes carrières de
pierre de taille, moellon, glaise, marne ou autres, de
quelque espèce que ce soit, sur les bords et côtés des
routes et grands chemins. sinon à trente toises de distance du bord ou extrémité de la largeur qu'auront
lesdits chemins ou qu'ils doivent avoir suivant la disposition des ordonnances et derniers règlemens, lequel
bord sera mesuré du pied des arbres, lorsqu'il y en
aura de plantés au long desdits chemins, à la distance
réglée par l'arrêt du 3 mai 1720 ; et, lorsqu'il n'y aura
ni arbres, ni fossés, lesdites carrières ne pourront être
fouillées qu'à trente-deux toises de l'extrémité de la
largeur ; le tout à peine de 300 livres d'amende, confiscation des matériaux, outils et équipages et de tous
dépens, dommages et intérêts. Fait Sa Majesté pareilles
défenses auxdits carriers ou autres particuliers qui ouvriront des carrières à la distance des grands chemins
permise par le présent arrêt, de pousser les rameaux
ou rues desdites carrières, du côté desdits chemins,
de souchever tant soit peu au dedans de leurs fouilles
le solide du terrain dont Sa Majesté veut qu'elles soient
séparées de la voie publique ; le tout sous les mêmes
peines d'amende et de confiscation, et, en outre de pu-

nition exemplaire. Enjoint aux sieurs commissaires départis dans les provinces et généralités du royaume,
autres que celle de Paris, aux sieurs officiers du bureau
des finances et commissaires du conseil pour les pavés,
ponts et chaussées desdites ville et généralité de Paris,
de tenir, chacun en droit soi, la main à l'exécution du
présent arrêt, qui sera exécuté nonobstant toutes oppositions ou empêchemens quelconques, pour lesquels
il ne sera différé, et dont, si aucuns interviennent, Sa
Majesté s'est réservé la connoissance, et sera ledit présent arrêt, publié et affiché partout où il appartiendra,
à ce que personne n'en ignore et que chacun ait à s'y
conformer. — Fait au conseil, etc.

ARRÊT DU CONSEIL DU 14 MARS 1741.

(D'après Paillet (1).

Note a.

1. On comprend, sous le mot Carrières, les terrains qui renferment les ardoises et les grès, les pierres à bâtir et autres, les marbres, granits, pierres à chaux, pierres à plâtre, les pouzzolanes, le strass, les basaltes, les marnes, craies, sables, pierres à fusil, argiles kaolin, terres à foulon, terres à poterie, les substances terreuses et les cailloux de toute nature, les terres pyriteuses regardées comme engrais, le tout exploité à ciel ouvert ou avec des galeries souterraines. (Loi du 21 avril 1810, art. 4.) Sous l'ancienne législation, les auteurs différaient sur le caractère que l'on devait attribuer à cette nature de propriété; les uns la regardaient comme tenant au fonds, les autres comme un revenu. Le Code civil profitant de ce qu'il y avait de bon dans chacune des opinions contraires, a tranché la question par les articles 598 et 1403.

2. L'exploitation des carrières à ciel ouvert peut avoir lieu sans la permission de la police. (Loi du 21 avril 1810, art. 81.) Mais une autorisation devient nécessaire si l'exploitation se fait au moyen de galeries souterraines, et, dans ce cas, l'exploitation est soumise à la surveillance de l'administration des mines. Les formalités à remplir à cet égard sont mentionnées dans deux décrets du 22 mars 1813, spéciaux pour le département de Seine-et-Oise, mais que le ministre de l'intérieur a le droit de rendre applicables dans toutes autres localités.

3. Les carrières ne peuvent s'ouvrir qu'à distance des édifices publics et des chemins. L'arrêt du Conseil, du 14 mars 1741, détermine la distance à observer pour l'exploitation de celles qui sont voisines des grands chemins. Elles sont soumises à une servitude d'ordre public pour tous les travaux qui intéressent l'État. (Loi du 16 septembre 1807, art. 55.)

(1) Voir plus haut, p. 122.

4. On ne considère comme carrière ou exploitation que celle qui offre au propriétaire un revenu assuré, soit qu'il l'exploite pour ses besoins ou qu'il en fasse un commerce. (Décret du 6 septembre 1813; Sirey, ancienne Collection, t. XIV, 2e partie, p. 325.) == Une carrière est déjà en exploitation par cela seul qu'elle a été ouverte et exploitée, encore que l'exploitation n'ait pas été régulière et habituelle. (Arrêt du Conseil d'État du 13 juillet 1825; Sirey, ancienne Collection, t. XXVI, 2e partie, p. 344; Jurisprudence administrative du *Journal du Palais*.)

5. Les infractions aux règlements qui concernent l'exploitation des carrières et les difficultés auxquelles elle donne lieu sont jugées par les Conseils de préfecture, sauf recours au Conseil d'État. (Décret du 22 mars 1813, art. 31 et 43, sur les carrières, salpêtrières, glaisières, sablonnières, marnières et crayères dans les départements de la Seine et de Seine-et-Oise; décret du même jour, art. 54, concernant les carrières de pierres à plâtre dans les mêmes départements; décret du 4 juillet 1813, art. 51, sur les carrières de pierres calcaires, dites pierres à bâtir, dans les mêmes départements; ordonnance du 20 novembre 1822 sur les carrières du département de Loir-et-Cher; ordonnance du 21 mai 1837 sur les carrières d'ardoises.)

6. Les contraventions des propriétaires non concessionnaires ou autres sont poursuivies devant les tribunaux et punies d'une amende de 500 fr. à 1,000 fr.; double en cas de récidive, et d'une détention de six mois au moins et de cinq ans au plus. (Loi du 21 avril 1810, art. 93, 94, 95, 96; Code pénal, art. 40.)

XXXVII. — ORDONNANCE *du bureau des finances de la
généralité de Paris, sur la voirie* (1).

12 décembre 1747.

Ouï le rapport, etc. Nous, faisant droit sur le réquisitoire du procureur du roi, ordonnons que les art. 8
et 9 de l'édit de décembre 1607 (2), les ordonnances du
bureau des 4 février 1683, 15 mars 1686 et 1ᵉʳ avril 1697,
ensemble les autres édits, déclarations, arrêts, ordonnances et réglemens de la voirie, seront exécutés selon
leur forme et teneur; en conséquence faisons défenses
à tous propriétaires de maisons, maçons, charpentiers,
couvreurs, manœuvres et autres ouvriers, de plus à
l'avenir jeter ni souffrir qu'il soit jeté par les fenêtres
des maisons aucuns gravois, moellons, tuiles, briques
ou bois, à peine de demeurer garans des accidens et
périls et de 300 livres d'amende solidaire entre les
propriétaires, locataires qui auront ordonné les ouvrages, et les ouvriers qui auront jeté les démolitions
par lesdites fenêtres.

Faisons pareillement défenses à tous maçons, charpentiers, plombiers et autres ouvriers, de faire aucun
arrachement dans le pavé pour y ouvrir des tranchées,
en former des pieux, établir des échafauds et poser
des étais ou chevalemens, comme aussi de faire aucun
ravalement ou réparation aux faces des maisons don-

_____

(1) Davenne, édit. de 1836, t. II, p. 307; Walker, t. III, p. 324;
visée dans l'ordonnance royale du 24 décembre 1823. — J.-B.-J.
PAILLET, *Manuel* cité.

(2) V. *suprà*, p. 18 et 19.

nant sur la voie publique, sans la permission du bureau, à peine de démolition et de 100 livres d'amende. Ordonnons que, dans un mois, à compter de ce jour, tous les propriétaires des éviers au-dessus du rez-de-chaussée de la rue, seront tenus de les faire couvrir jusqu'au niveau du pavé, à peine de 50 livres d'amende (1).

Et où il arriveroit que les propriétaires des maisons, maçons, plombiers et autres ouvriers négligeroient ou refuseroient de se conformer et satisfaire, chacun en droit soi, aux dispositions de notre présente ordonnance, ordonnons qu'ils seront assignés à la requête du procureur du roi, à comparoir par-devant nous, pour se voir condamner aux peines et amendes ci-devant dites (2).

(1) L'ordonnance royale du 24 décembre 1823 dispose, art. 19 : « Les éviers pour l'écoulement des eaux ménagères seront permis sous la condition expresse que leur orifice extérieur ne s'élève pas à plus d'un décimètre au-dessus du pavé de la rue.

(2) La juridiction actuelle est le tribunal de police municipale. Les pénalités sont celles du Code pénal, art. 471.

XXXVIII. — *Extrait d'une Ordonnance des trésoriers de France pour l'écoulement des eaux des routes* (1).

22 juin 1751.

Elle fait « défenses aux propriétaires dont les héri-tages sont plus bas que les chemins et en reçoivent les eaux, d'en interrompre le cours, soit par l'exhaus-sement, soit par la clôture de leurs terrains, sauf à eux à construire, à leurs dépens, aqueducs et fossés propres à les débarrasser des eaux, à peine de 50 francs d'amende et des frais des ouvrages pour réparer les effets de la contravention (2). »

(1) Rappelée par M. Laferrière, *Droit public et administratif,* p. 477 ; omise dans les collections de MM. Isambert, Baudril-lart et Walker. — J.-B.-J. PAILLET, *Manuel* cité.

(2) Le Code civil n'a pas dérogé à cette disposition par l'art. 640 sur la servitude des fonds inférieurs pour l'écoule-ment des eaux, *sans que la main de l'homme y ait contribué.* Les lois de droit public et administratif ne sont pas abrogées taci-tement par les règles de droit civil. Les eaux des routes sont quelquefois utiles pour l'irrigation des propriétés. Alors la faculté d'aqueduc est accordée par le préfet ; mais cette tolé-rance ne peut servir de base à un droit réel.

XXXIX. — ARRÊT *de règlement du Parlement de Be-*
sançon pour prévenir les incendies (1).

9 juillet 1753.

La Cour a ordonné et ordonne :

Art. 1er. Qu'à l'avenir, en tous bâtimens et reconstructions de maisons dans les villes et bourgs
fermés, les murs de séparation seront élevés jusqu'au
faîte et construits d'épaisseur convenable, à chaux et
arène, sans qu'on puisse employer aucune matière
combustible.

Art. 2. Que, dans lesdites villes et bourgs fermés,
les toits des maisons sur les rues et sur les places,
ceux des écuries, des forges, des fours et autres bâtimens de ce genre, seront à l'avenir couverts en tuiles
ou pierres, à l'exception des lieux où la nécessité a
introduit l'usage des couverts en bois.

Art. 3. Fait défenses aux menuisiers, tourneurs,
ouvriers en bois, marchands et à toutes autres personnes, d'avoir du feu ailleurs que dans des cheminées
où dans des vases fermés et déposés sur des pierres,
des briques ou plaques de fer de grandeur convenable.

Déclare que les bois, fagots, sarmens, foins, pailles
et autres matières combustibles, ne pourront être
placés dans les greniers tant des villes que de la campagne, qu'à trois pieds au moins de distance des corps
de cheminées, et que l'on ne pourra y porter des cen-
dres qu'après qu'elles seront entièrement froides.

(1) *Recueil des édits enregistrés au Parlement de Besançon,*
t. IV, p. 202. V. l'art. 458 du Code pénal. — J.-B.-J. PAILLET,
Manuel cité.

Art. 4. Que les fours, forges, fourneaux et autres ouvroirs où l'on fait du feu, seront construits sur
des fonds solides ou voûtés, au rez-de-chaussée, avec
des cheminées qui seront montées jusqu'au couvert;
fait défenses de les appuyer contre des cloisons de
bois; que les poêles ou fourneaux de terre, de fer ou
de fonte seront élevés de six pouces au moins sur des
pieds de fer et posés sur des plaques de fer, de fonte,
de briques ou de pierre, qui déborderont de quatre
pouces trois faces de fourneau et de huit pouces celle
de l'entrée; que les tuyaux qui conduisent la fumée
seront de fer battu et seront emboîtés au moins d'un
pouce; que, lorsqu'ils aboutiront dans les tuyaux des
cheminées, il sera laissé un pied de distance entre le
plancher sur tête, et seront lesdits tuyaux soigneusement nettoyés; qu'aucuns fourneaux de cuisine ne
peurront être construits sur des planches non revêtues
de briques posées à mortier, de l'épaisseur au moins
de huit à neuf pouces; que ceux qui seront faits sur
le plancher par terre seront posés sur un massif
en mortier et briques de l'épaisseur d'un pied au
moins.

Art. 5. Fait pareillement défenses à tous habitans tant des villes que des campagnes, d e placer des
poutres, des solives et autres pièces de bois vis-à-vis
les contre-feux des voisins; et, où la né essité l'exige-
roit, les pièces de bois seront support es par des corbeaux ou consoles de grosseur suffisar te, traversant la
muraille et débordant au moins de demi-pied; qu'à
l'extrémité de ces bois, du côté du foyer, on y placera
des quartiers de pierre bien maçonnés pour prévenir
la communication du feu.

Art. 6. Qu'il ne sera fait aucun foyer ou âtre
aux cheminées sur poutre, traits ou autres bois, mais

seulement sur des voûtes ou arceaux de pierres ou de briques, proportionnés à la grandeur de la cheminée, et que lesdits foyers ou âtres auront au moins deux pieds de largeur.

Art. 7. Qu'il sera fait des enchevêtrures vis-à-vis les tuyaux des cheminées pour soutenir et porter les arceaux qui seront au-dessous des foyers, et les solives qui seront employées seront revêtues de plâtre, et les jambages des cheminées ne porteront qu'à moitié sur les poutres.

Art. 8. Que les cheminées seront faites de pierres, de briques ou de tuf, sans qu'on puisse y employer des pièces de bois, à l'exception des villages et hameaux où l'usage a prévalu d'avoir des tuyaux de cheminée de bois, et qu'à l'égard des villes, toutes les cheminées posées dans les pentes de toits seront élevées au moins de trois pieds, et, celles qui vont jusqu'au faîte, le passeront aussi de trois pieds.

Art. 9. Que tous les tuyaux de cheminées auront au moins trois pieds de longueur et huit pouces de profondeur dans œuvre.

Art. 10. Fait défenses à toutes personnes d'aller avec de la lumière sans lanterne, dans les écuries, étables, granges, galetas, greniers à foin, à paille et à charbon, ainsi que dans les chambres où l'on retire des marchandises ou autres matières combustibles; à l'effet de quoi, elle enjoint à toutes personnes d'avoir des lanternes qu'elles seront obligées de représenter aux officiers de police et des justices seigneuriales, lors de la visite qu'ils feront dans les maisons; que, dans les écuries des cabarets, il y aura des lanternes permanentes et fermées ou des plaques de fer couvertes pour y placer des lanternes.

Art. 11. Ordonne à tous ceux qui auront des ma-

gasins à foin, paille et autres matières de cette qualité, de faire mettre des contrevents aux lucarnes,
louvres ou fenêtres qui y donnent jour.

Art. 12. Fait pareillement défenses à toutes personnes de fumer dans les écuries, étables, granges,
greniers, galetas où il y a des fourrages, des pailles,
des gerbes, des charbons et du bois, ainsi que de porter dans les maisons ou dans les rues, du feu et de la
braise sur des pelles, sabots ou autres instruments
ouverts, d'où le feu puisse se communiquer.

Art. 13. Ordonne à tous ceux qui auront le privilége de vendre de la poudre, d'informer les officiers
de police de la partie de leur maison où ils en feront
le dépôt, qui ne pourra être placé que dans les lieux
où l'on ne fera pas de feu, et suivant la désignation
qui en sera faite par lesdits officiers de police, dans
lesquels lieux il ne sera permis de porter ni feu ni
lumière; que ceux qui voudront travailler à des artifices, fusées, serpentaux, pétards et autres composi-
tions de cette espèce, seront obligés d'en faire leur
déclaration aux syndics des villes, et seront lesdits
ouvrages faits hors des villes autant qu'il sera possible.

Art. 14. Que ceux qui vendront des huiles, graines,
suifs et autres choses combustibles, ne pourront en faire le dépôt que dans les lieux où on ne fait
point de feu. Fait défenses aux marchands ciriers
et chandeliers de laisser pendant la nuit, sur leurs
fourneaux ou sur leurs chaudières, aucunes bassines
ou autres ustensiles dans lesquels il y aura des cires,
suifs ou autres graisses; qu'ils ne pourront mettre
leurs chaudières, pour chauffer les bassines, que sur
des plaques de fer et de fonte, élevées de trois pouces,
ou sur des terrains solides ou voûtés; qu'ils ne pour

ront laisser du feu dans les étuves ni suspendre les cierges sur les bassines ou brasiers, ni les placer ailleurs que sur des tablettes bien enveloppées dans des couvertures.

Art. 15. Fait défenses à toutes personnes de tirer sur les couverts ou dans l'intérieur des maisons, d'allumer des feux de bois, de chenevotte ou de paille dans les rues, d'y jeter des fusées et pétards, d'y tirer des pistolets ou autres armes à feu, même sous prétexte de noces, confréries et autres assemblées et cérémonies, sans en avoir obtenu la permission de ceux qui ont le pouvoir de l'accorder (1).

Art. 16. Que les fabricans d'eau-de-vie seront obligés de faire leur déclaration aux officiers de police ou aux officiers des seigneurs ; que les alambics seront posés sur des terrains solides, ou tablés, ou voûtés, ou pavés, sans pouvoir être placés dans des lieux à portée des écuries, granges ou greniers à foin.

Art. 17. Ordonne à tous propriétaires et locataires des maisons, soit de la ville, soit de la campagne, de faire ramoner trois fois les cheminées où ils font du feu habituellement, savoir : à la Toussaint, à Noël, à Pâques, et aux cabaretiers, traiteurs, rôtisseurs, tous les mois, la cheminée de leur cuisine.

Art. 18. Enjoint aux procureurs du roi, de police et procureurs fiscaux des seigneurs (2), de visiter au moins une fois chaque année les maisons des villes et lieux de leurs juridictions, pour reconnaître qu'il n'y a rien dans leur construction qui puisse occasionner des accidens de feux, si ceux qui habitent lesdites

(1) Disposition renouvelée par arrêt de règlement du même Parlement, du 4 mars 1773. — V. même recueil, t. V, p. 746.

(2) Maintenant les commissaires de police, et les maires dans les localités où il n'y a pas de commissaires de police.

maisons ont des lanternes, et s'il faut ramoner les cheminées, et de faire des visites particulières, suivant l'exigence des cas, pour faire exécuter ce qui est réglé ci-dessus et prévenir les accidens d'incendie, en dresser procès-verbaux et poursuivre les contrevenans.

Art. 19. Ordonne à tous habitans des villages et des campagnes qui verront le feu dans quelque maison, d'en avertir les propriétaires et voisins et les clercs et clochetiers des paroisses, pour sonner au feu jusqu'à ce qu'il n'y ait plus de danger.

Art. 20. Qu'il sera nommé chaque année, dans les hôtels de ville de la province, un capitaine, un lieutenant et douze principaux ouvriers choisis dans la communauté des maçons, charpentiers et couvreurs, lesquels seront préposés pour donner du secours dans les cas d'accidens de feu et ordonner ce qu'ils jugeront plus convenable pour arrêter les progrès du mal, et que, lorsqu'il y aura du feu dans quelque quartier des villes du ressort, les officiers municipaux desdites villes s'assembleront dans le lieu à portée de l'incendie, pour délibérer sur les moyens qu'il conviendra d'apporter au mal, et seront autorisés à ordonner la démolition des maisons voisines, si le cas le requiert, en gardant minute de leur ordonnance (1).

Art. 21. Ordonne à tous les maçons, charpentiers, couvreurs, ouvriers en fer-blanc, ramoneurs, maîtres, garçons et apprentis, de se rendre au premier coup de cloche, dans les lieux où il y aura des accidens de feu, pour en arrêter les progrès, monter sur les couverts et exécuter les ordres des officiers

(1) Cet article n'est plus applicable, dans le ressort du Parlement de Besançon, que dans les localités où il n'y a pas de pompiers.

pour tout ce qui peut concerner lesdits accidens de feu ; que les habitans des villes, bourgs et villages de la province seront obligés de courir au feu ou d'y envoyer leurs domestiques avec des seaux et autres ustensiles propres à porter de l'eau, et qu'ils seront tenus d'y servir suivant qu'il leur sera ordonné par les officiers préposés à cet effet dans les villes et dans les campagnes par les seigneurs, les curés, les officiers de justice et échevins des paroisses (1). Enjoint aux officiers et cavaliers de la maréchaussée, dans les villes où il y en a, de se rendre avec leurs armes dans l'endroit de l'incendie, pour y maintenir le bon ordre et y faire exécuter ce qui leur sera enjoint à ce sujet par les officiers de police.

Art. 22. Qu'au premier coup de cloche, pendant la nuit, tous les particuliers des quartiers où sera le feu seront obligés de mettre sur leurs fenêtres des lumières ; que les propriétaires ou locataires des six maisons tant au-dessus qu'au-dessous de celles où sera le feu, ainsi que ceux des douze maisons vis-à-vis, seront obligés de faire placer au devant de leur résidence des cuves ou autres futailles propres à être remplies d'eau ; que les propriétaires des maisons voisines de celle où le feu sera, dans lesquelles il y a des puits, seront obligés d'en ouvrir les portes sur-le-champ, et qu'en cas de refus elles seront ouvertes par force à leurs frais.

Art. 23. Que dans les villes ou villages où il y a garnison ou des troupes en quartier, les commandans des corps seront invités par les officiers des lieux d'envoyer une garde aux portes des maisons où il y aura des accidens de feu, pour y faire observer le bon

---

(1) V. l'art. 475, n° 12, du Code pénal.

ordre et empêcher la soustraction des effets, et que, dans les endroits où il n'y aura ni troupes, ni garnison, les officiers préposés pour les incendies auront attention à la conservation desdits effets.

Art. 24. Que les officiers municipaux des villes auront plusieurs échelles de différentes grandeurs, dispersées dans les quartiers desdites villes; qu'ils auront des crocs de fer, des cuviers et des seaux pour être employés au même usage; que les outils nécessaires pour arrêter les accidens de feu seront visités fréquemment par les officiers de police, qui veilleront à ce'qu'ils soient toujours en état de service et se pourvoiront de pompes, autant que les revenus desdites villes le permettront.

Art. 25. Que lorsque les accidens de feu arriveront dans les campagnes, enjoint ladite Cour aux communautés les plus voisines d'accourir au feu le plus promptement qu'il leur sera possible, avec les outils nécessaires pour y donner du secours; que, dans les campagnes, les communautés auront trois échelles de la hauteur de douze, dix-huit et de vingt-quatre pieds, et qu'elles seront déposées dans un lieu à ce destiné.

Art. 26. Déclare qu'outre l'amende ordinaire réglée par les ordonnances de police ou arbitraire suivant l'exigence des cas, encourue par ceux qui, par négligence ou autres fautes, auront donné lieu aux accidens de feu, et les dommages-intérêts auxquels ils pourront être tenus, ils supporteront les frais et salaires des ouvriers qui auront travaillé à éteindre le feu, suivant la taxe qui en sera faite, par les officiers de police ou ceux des justices des seigneurs, lesquels pourront taxer un salaire plus fort aux ouvriers les plus diligens; le tout sauf l'appel au Parlement.

Art. 27. Fait défenses et inhibitions à toutes personnes de faire des recherches dans les ruines des maisons incendiées sans autorité de justice, et de divertir aucuns des seaux ou ustensiles publics ou des particuliers qui en auront fourni, avec injonction à tous ceux qui auront trouvé, dans les incendies ou ailleurs, des meubles, marchandises, papiers et effets, de les rapporter incessamment au lieu qui sera indiqué, à peine d'être procédé extraordinairement contre eux et d'être punis-comme voleurs.

XL. — *Extrait de l'Arrêt du Conseil portant règlement sur les matériaux à prendre dans les propriétés particulières pour l'usage des ponts et chaussées* (1).

7 septembre 1755.

Art. 1er. Les arrêts du conseil des 3 octobre 1667, 3 décembre 1672 et 22 juin 1706, seront exécutés selon leur forme et teneur; en conséquence, les entrepreneurs de l'entretien du pavé de Paris, ainsi que ceux des autres ouvrages ordonnés pour les ponts, chaussées et chemins du royaume, turcies et levées des rivières de Loire, Cher et Allier, et autres y affluentes pourront prendre la pierre, les grès, le sable et autres matériaux, pour l'exécution des ouvrages dont ils sont adjudicataires, dans tous les lieux qui leur sont indiqués par les devis et adjudications desdits ouvrages, sans néanmoins qu'ils puissent les prendre dans les lieux qui seront fermés de murs, ou autre clôture équivalente, suivant les usages du pays. Fait Sa Majesté défenses aux seigneurs ou propriétaires des lieux non clos de leur apporter aucun trouble ni empêchement, sous quelque prétexte que ce puisse être, à peine de toute perte, dépens, dommages et intérêts, même d'amende, et de telle autre condamnation qu'il appartiendra, selon l'exigence des cas, sauf néanmoins auxdits seigneurs et propriétaires à se pourvoir contre lesdits entrepreneurs pour leur dédommagement, ainsi qu'il sera réglé ci-après; dans les cas où les matériaux

(1) D'après AUG. ROGER et ALEX. SOREL, *Codes et Lois usuelles*, édition citée plus haut.

indiqués par les devis ne seront pas jugés conve=
nables ou suffisants, les inspecteurs généraux ou in=
génieurs pourront en indiquer à prendre dans d'autres
lieux; mais lesdites indications seront données par
écrit et signées desdits inspecteurs ou ingénieurs.
Veut Sa Majesté que les entrepreneurs ne puissent
faire aucun autre usage des matériaux qu'ils auront
extraits des terres appartenant aux particuliers, que
de les employer dans les ouvrages dont ils sont adju=
dicataires, à peine de tous dommages et intérêts
envers les propriétaires, et même de punition exemplaire.

3. Les propriétaires de terrains sur lesquels les ma=
tériaux auront été pris seront pleinement et entiè=
rement dédommagés de tout le préjudice qu'ils auront
pu en souffrir, tant par la fouille pour l'extraction
desdits matériaux, que par les dégâts auxquels l'enlè=
vement aura pu donner lieu; sera payé ledit dédom=
magement auxdits propriétaires, par les entrepreneurs,
suivant l'estimation qui en sera faite par l'ingénieur
qui aura fait le devis des ouvrages, et en cas que les=
dits propriétaires ne voulussent pas s'en rapporter à
ladite estimation, il sera ordonné un rapport de trois
nouveaux experts nommés d'office, dont lesdits propriétaires seront tenus d'avancer les frais. Veut Sa
Majesté que les entrepreneurs rejettent en outre à
leurs frais et dépens, dans les fouilles et ouvertures
qu'ils auront faites, les terres et décombres qui en
seront provenus.

XLI. — ORDONNANCE *du bureau des finances qui met la réparation du pavé à la charge des particuliers* (1).

27 juin 1760.

Art. 1er. L'entrepreneur de l'entretien du pavé continuera de jouir du *droit exclusif* de faire seul les raccordements de pavé, de bornes, de seuils et de devantures de maisons, de travailler au rétablissement des trous causés par les étais dans les rues de Paris, à l'occasion des réparations à faire aux maisons, ou pour des reposoirs ou échafauds, et de rétablir les tranchées des fontaines, qui ne pourront être faites que de notre ordre et permission.

Art. 2. Conformément au rapport contenant devis et détail estimatif déposé au greffe de ce bureau, le prix des fournitures et tuyaux à faire pour les particuliers par ledit entrepreneur est fixé ainsi qu'il suit :

Pour chaque pavé neuf, cinq sous ;

Pour chaque toise de pavé neuf, compris soixante-quatre pavés neufs à fournir par l'entrepreneur, mais non les terrasses, que les propriétaires feront faire par tels ouvriers que bon leur semblera, dix-sept livres dix-huit sous ;

Pour chaque toise de relevé à bout de pavé, y compris six pavés neufs fournis par l'entrepreneur, quatre livres douze sous ;

Pour chaque toise courante de tranchée de fontaine, de trois pieds de large sur deux pieds de profondeur, y

(1) SOCIÉTÉ CENTRALE DES ARCHITECTES, *Manuel des lois du bâtiment* (1re édit.) cité.

compris les terrasses et trois pavés neufs, quatre livres huit sous;

Pour un raccommodement de seuil de porte cochère du côté de la rue seulement, y compris quatre pavés neufs, quatre livres;

Pour chaque raccordement d'un grand seuil de boutique, y compris quatre pavés neufs, quatre livres;

Pour le raccordement d'un seuil d'allée, ou autres de même espèce, y compris deux pavés neufs, deux livres;

Pour le raccordement d'une trappe, y compris trois pavés neufs, trois livres quinze sous;

Pour le raccordement d'une borne, y compris deux pavés neufs, deux livres.

Art. 3. L'entrepreneur ne pourra fournir, en chaque nature d'ouvrage, ni plus ni moins de pavés neufs que la quantité prescrite et de l'échantillon, qui est fixée par son bail.

Art. 4. En payant par les propriétaires à l'entrepreneur le pavé neuf, le pavé de rebut appartiendra auxdits propriétaires, ou sera enlevé par l'entrepreneur, au choix des premiers, sans que pour ce ils puissent rien exiger de l'entrepreneur.

XLII. = ORDONNANCE *du bureau des finances de Paris, conforme à l'arrêt du 19 novembre 1666, relativement aux enseignes* (1).

25 mai 1761.

Les enseignes seront à hauteur de 15 pieds (5 mètres) au moins, depuis le pavé de la rue jusqu'à la partie inférieure du tableau.

Lesdites enseignes n'auront au plus que 3 pieds (1 mètre) de saillie du nu du mur dans les rues de 16 pieds (5 mètres) de largeur et plus, et 2 pieds et demi (7 décimètres) dans les autres.

Lesdites enseignes seront faites en forme de tableau lequel ne pourra avoir dans les grandes rues (de 5 mètres et plus de large) plus de 2 pieds (7 décimètres) de largeur sur 3 pieds (1 mètre) de haut, y compris la potence de fer, l'écriture et les étalages y pendants; et dans les petites rues, plus de 18 pouces (5 décimètres) de largeur, et deux pieds et demi (8 décimètres) de haut.

Tous massifs et reliefs servant d'enseignes sont sup= primés.

(1) SOCIÉTÉ CENTRALE DES ARCHITECTES, *Manuel des lois du bâtiment* (1re édit.) cité.

XLIII. — ORDONNANCE *de police concernant les enseignes* (1).

17 décembre 1761.

Tous les marchands et artisans, de quelque condition qu'ils soient et généralement toutes personnes qui se servent d'enseignes pour l'exercice et l'indication de leur commerce dans cette ville et faubourgs de Paris seront tenus de faire appliquer leursdites enseignes en forme de tableau contre le mur des boutiques, lesquelles enseignes ne pourront avoir plus de quatre pouces de saillie ou d'épaisseur du nu du mur, en y comprenant les bordures ou tels autres ornements que le propriétaire jugera à propos d'y ajouter, tant pour la décoration de ladite enseigne ou tableau, que pour l'indication de son commerce.

Ordonnons également que tous les étalages servant à indiquer tel commerce ou telle profession, et qui seront posés au-dessus des auvents ou au-dessus du rez-de-chaussée des maisons qui n'auront pas d'auvents, seront également supprimés et réduits à une avance de quatre pouces du nu du mur; comme aussi que tous massifs et toutes figures en relief servant d'enseignes seront supprimés, sauf aux particuliers, marchands ou artisans qui les auront, à réduire lesdites figures et massifs à un tableau qu'ils feront de même appliquer aux façades des boutiques et maisons par eux occupées; à la charge par lesdits particuliers, marchands ou artisans, d'observer la forme et la réduction

(1) SOCIÉTÉ CENTRALE DES ARCHITECTES, *Manuel des lois du bâtiment* (1ʳᵉ édit.) cité.

ci-dessus prescrites pour les autres enseignes ou tableaux; ordonnons en outre que lesdits tableaux servant d'enseignes, ainsi que les massifs, étalages et figures en relief dont nous avons ordonné la suppression pour être réduits en tableaux, seront attachés avec crampons de fer haut et bas, scellés en plâtre dans le mur, et recouvrant les bords du tableau ou des susdits étalages, et non accrochés ou suspendus; que tous les particuliers seront tenus, dans ledit temps par nous prescrit, d'ôter et d'enlever en totalité les potences de fer qui servaient à suspendre les enseignes, ou à soutenir leurs massifs et figures en relief; et que notre présente ordonnance aura lieu pour toutes enseignes qui se trouvent suspendues dans tous les endroits qui servent de voie ou de passage, à peine contre les contrevenants d'être assignés et condamnés à l'amende si le cas y échet.

XLIV. — ARRÊT du Conseil concernant les permissions de construire et les alignements sur les routes entrete=nues aux frais du roi (de l'État) (a) (1).

27 février 1765.

Vu la susdite ordonnance du bureau des finances de Paris, du 29 mars 1754, et ouï le rapport du sieur de l'Averdy, conseiller ordinaire au conseil royal, contrôleur général des finances, le roi étant en son conseil, a ordonné et ordonne que, conformément à ce qui se pratique au bureau des finances de la géné-ralité de Paris (2), dont Sa Majesté a confirmé et confirme l'ordonnance du 29 mars 1754, art. 4 et 12, les alignemens pour constructions ou reconstructions des maisons, édifices ou bâtimens généralement quel-conques, en tout ou en partie, étant le long et joignant les routes construites par ses ordres, soit dans la tra=versée des villes, bourgs et villages, soit en pleine campagne, ainsi que les permissions pour toute espèce d'ouvrage aux faces desdites maisons, édifices et bâti-

(1) Rapporté par Ravinet, Code des ponts et chaussées, t. I. p. 39; Isambert, à sa date; Davenne, t. I, p. 58; confirmé par l'art. 29, titre 1er de la loi du 22 juillet 1791; commun à la grande et à la petite voirie. V. suprà, p. 13, l'édit de décembre 1607, p. 354, l'ordonnance du 29 mars 1754, et, infrà, l'ordon-nance du 6 septembre 1774, l'arrêt du 18 novembre 1781. V. aussi l'art. 52 de la loi du 16 septembre 1807, le décret du 27 juillet 1808, les ordonnances des 29 février 1816 et 31 juillet 1817 sur les alignements; Proudhon, du Domaine public, t. I, n° 246. Voir plus loin, p. 149, note a. — J.-B.-J. PAILLET, Manvel cité.

(2) A la préfecture du département de la Seine.

mens, et pour établissement d'échoppes ou choses
saillantes le long desdites routes (1) ne pourront être
donnés en aucun cas par autres que par les trésoriers
de France, commissaires de Sa Majesté pour les ponts
et chaussées en chaque généralité, ou, à leur défaut et
en leur absence, par un autre trésorier de France de
ladite généralité qui seroit présent sur les lieux et
pour ce requis (2) ; le tout sans frais, et en se conformant par eux aux plans levés et arrêtés par les ordres
de Sa Majesté, qui sont ou seront déposés par la suite
au greffe du bureau des finances de leur généralité ; et
dans le cas où les plans ne seroient pas encore déposés
audit greffe, veut Sa Majesté qu'avant de donner lesdits alignemens ou permissions, lesdits trésoriers
de France, commissaires de Sa Majesté, ou autres à
leur défaut, se fassent remettre un rapport circon-
stancié de l'état des lieux par l'ingénieur ou l'un
des sous-ingénieurs des ponts et chaussées de ladite
généralité, et que dudit alignement ou de ladite permission il soit déposé minute au greffe dudit bureau
des finances, à laquelle ledit rapport sera et demeurera annexé. Fait Sa Majesté défenses à tous particuliers, propriétaires ou autres, de construire, reconstruire ou réparer aucuns édifices, poser échoppes ou
choses saillantes le long desdites routes, sans en
avoir obtenu les alignemens ou permission desdits

(1) La défense imposée par l'arrêt du 27 février 1765 d'établir
sans permission des échoppes ou choses saillantes le long des
routes, comprend les saillies mobiles comme les saillies fixes.
Cet arrêt ne déterminant pas les dimensions, c'est aux préfets
à les régler suivant les localités et les circonstances. (V. le
Traité de la voirie, de MM. Gillon et Stourm, n° 48, et Flu-
rigeon.)

(2) Aujourd'hui préfets.

trésoriers de France, commissaires de Sa Majesté, ou dans le cas ci-dessus spécifié, d'un autre trésorier de France dudit bureau des finances, à peine de démolition desdits ouvrages, confiscation des matériaux, et de 300 livres d'amende (1); et *contre les maçons, charpentiers et ouvriers*, de pareille amende, et même de plus grande peine en cas de récidive (2). Fait pareillement Sa Majesté défenses à tous autres, sous quelque prétexte et à quelque titre que ce soit, de donner lesdits alignemens et permissions à peine de répondre en leur propre et privé nom des condamnations prononcées contre les particuliers, propriétaires, locataires et ouvriers qui seront, en cas de contravention, poursuivis à la requête des procureurs de Sa Majesté auxdits bureaux des finances, et punis suivant l'exigence des cas.

---

(1) V. la loi du 23 mars 1842, qui autorise les Conseils de préfecture à réduire l'amende.

(2) 1. On ne peut relaxer les ouvriers de la poursuite par le motif qu'ils n'avaient d'autre devoir que d'obéir à la volonté du maître qui les commandait. (Cass., 17 décembre 1840. P., t. I de 1841, p. 716. V. l'édit de 1607, la déclaration du 16 juin 1693, l'article 471, n° 5, du Code pénal.

2. L'entrepreneur ou maçon qui fait des reconstructions sur la voie publique sans que l'alignement ait été préalablement obtenu, est personnellement passible de l'amende comme le propriétaire lui-même. (Cass., 26 mars 1841; P., t. I de 1842, p. 552. V. l'article 471, n° 15, du Code pénal.

ARRÊT DU CONSEIL DU 27 FÉVRIER 1765

CONCERNANT LES ALIGNEMENTS.

(D'après Paillet) (1).

Note a.

1. L'arrêt du Conseil du 27 février 1765 sur l'alignement est toujours en vigueur, sauf la modification introduite à la pénalité par la loi du 23 mars 1842. La concession d'alignement est un acte contradictoire entre l'autorité administrative et le propriétaire riverain, pour reconnaître la ligne délimitative du sol public et de la propriété adjacente sur laquelle il est permis de bâtir. (Proudhon, *Domaine public*, t. I, p. 336). *Pour la grande voirie*, les préfets font exécuter l'alignement par les ingénieurs des ponts et chaussées, suivant les plans approuvés par le roi, pour les routes, quais, rues des villes, bourgs et villages formant traverses, et autres voies rangées dans la même classe. Les alignements, soit pour bâtiments ou clôtures, sont donnés sans frais par les ingénieurs, d'après la demande des propriétaires adressée au préfet, et en vertu d'arrêtés de ce magistrat. Les préfets veillent à ce que les bâtiments qui s'élèvent le long des routes, rues de traverses, etc., soient construits suivant les règles de l'art. Ils poursuivent la répression des contraventions aux alignements arrêtés, et provoquent, en pareil cas, la décision du conseil de préfecture, qui juge le fait et applique la peine. Les maires n'interviennent, en matière de grande voirie, que pour constater les contraventions, conformément à l'art. 2 de la loi du 29 floréal an X (19 mai 1802), et concurremment avec les autres agents que la loi désigne. — *Pour la voirie municipale*, les alignements sont donnés d'après les arrêtés des maires, sur la demande des propriétaires intéressés, conformément aux plans approuvés en Conseil d'État, et par le ministère d'un ingénieur ou architecte de la

(1) Voir plus haut. p. 146.

ville. (Loi du 16 septembre 1807, art. 52; décret du 27 juillet 1808; décision du roi du 18 mars 1818.) Les arrêtés du maire sont sujets à l'appel devant le préfet, et ceux de ce dernier devant le ministre de l'intérieur, dont les décisions sont encore attaquables devant le Conseil d'État, qui juge en dernier ressort. Les maires exercent, à l'égard des constructions qui dépendent de la voirie municipale, la même surveillance et les mêmes attributions que les préfets pour ce qui concerne la grande voirie. Ils permettent ou défendent l'établissement ou la réparation des saillies, et pourvoient à la viabilité des rues. Ils poursuivent la répression des contraventions par l'intermédiaire de leurs adjoints ou des commissaires de police, devant le tribunal de police municipale. Loi du 28 pluviôse an-VIII (17 février 1800).

2. Celui qui bâtit sur le bord de la route sans prendre alignement encourt l'amende prononcée par l'arrêt du Conseil du 27 février 1765; et, s'il a bâti sur le sol public, il est soumis à l'obligation de démolir, sur l'arrêté du Conseil de préfecture; mais s'il n'a pas bâti sur le sol public, le défaut de demande d'alignement entraîne-t-il la démolition? M. Garnier, *Traité des chemins*, p. 146, est pour l'affirmative; M. Proudhon, *Domaine public*, t. I, p. 345, est pour la négative. L'arrêt de 1765, absolu dans ses termes, exige la démolition; mais il est implicitement abrogé en cette partie par la Charte, qui proclame l'inviolabilité de la propriété, sauf les exceptions introduites dans l'intérêt public. Il n'y a lieu, en ce cas, qu'à l'amende.

3. Les plans généraux d'alignement prescrits par l'arrêt du Conseil du 27 février 1765 pour les portions de route situées dans l'intérieur des villes, bourgs et villages, sont déposés aux archives des préfectures. Ils servent de base aux décisions des préfets. Il n'est pas nécessaire qu'ils soient approuvés par des règlements d'administration publique. Dès que l'ouverture d'une route a été autorisée, suivant la classe à laquelle elle appartient, par une loi ou par une ordonnance, l'utilité en a été constatée légalement, et le droit d'expropriation est acquis à l'administration. L'autorité législative ou l'autorité royale a rempli sa mission; elle n'a plus à intervenir dans les détails d'exécution, qui, dès ce moment, rentrent dans le domaine du pouvoir ministériel. L'arrêt de 1765 n'exige pas l'homologation du roi, et l'article 52 de la loi du 16 septembre 1807 ne renvoie à l'examen du Conseil d'État que les plans d'alignement qui ne

font pas partie des grandes routes. Une décision du ministre suffit pour rendre les plans exécutoires pour l'ouverture d'une route nouvelle ou pour l'enregistrement d'une route déjà ouverte. Cependant, depuis 1808, l'administration a introduit l'usage de soumettre les plans à l'approbation du gouvernement pour leur donner un caractère authentique. (V. le titre 2 de la loi du 7 juillet 1833, pour le cas où une enquête préalable est nécessaire, et le *Traité de la voirie,* de MM. Gillon et Stourm, n° 89.)

4. A défaut d'un plan général d'alignement, c'est au préfet remplaçant les trésoriers de France qu'il appartient, en matière de grande voirie, de déterminer un alignement partiel. (Arrêts du Conseil d'État des 26 août 1829 et 15 février 1833; Macarel, t. XI, p. 350, et 2° série, t. III, p. 112. V. aussi Jurisprudence administrative du *Journal du Palais.*)

5. Lorsque l'administration procède par voie d'alignement, elle oblige les propriétaires à reculer et à avancer lorsqu'ils construisent ou reconstruisent *le long des routes.* L'arrêt du 27 février 1765 ne distingue pas. L'art. 53 de la loi du 16 septembre 1807 ne s'applique qu'au cas où l'administration, pour l'ouverture d'une nouvelle rue, procède par voie d'administration. (V. le *Traité de la voirie,* de MM. Gillon et Stourm, n° 41.)

XLV. — *Extrait de l'Ordonnance du bureau des finances de la généralité de Paris, relative aux tranchées et fouilles dans les routes royales* (1).

2 août 1774.

Art. 7. Défendons à toutes personnes de quelque rang et qualité qu'elles puissent être de faire ou faire faire aucune tranchée ou ouverture quelconque, soit dans le pavé de Paris et de ses faubourgs, soit dans le pavé ou dans les accotements, revers, glacis des routes royales, traverses des villes et villages, et sur tous chemins entretenus par ordre de Sa Majesté, pour quelque cause que ce puisse être, telles que visites et réparation des tuyaux de fontaines, regards, conduites d'eaux, appositions d'étais, raccordement de seuils et bornes ou autres quelconques, sans en avoir pris la permission des sieurs trésoriers de France et commissaires du pavé de Paris et des Ponts et Chaussées, à peine de cent livres d'amende tant contre les particuliers qui auroient fait faire lesdites fouilles que contre les plombiers, fontainiers, maçons et charpentiers qui y auroient travaillé sans avoir pris lesdites permissions; au payement desquelles amendes ils seront contraints même par corps, conformément aux ordonnances des 31 mai 1666, 25 février 1669 et 29 mars 1754, et ne pourront lesdites fouilles, tranchées et raccordements de pavés être comblés et rétablis que par les entrepreneurs du pavé de Paris et des Ponts et Chaussées, et ce, aux dépens des particuliers pour qui lesdites fouilles et raccordements de pavés auront été faites.

(1) PRÉFECTURE DE LA SEINE (DIRECTION DES EAUX ET DES ÉGOUTS DE PARIS). *Recueil de Règlements sur l'Assainissement,* cité plus haut, p. 61.

XLVI. — *Extrait de l'Ordonnance du bureau des finances de la généralité de Paris, concernant les réparations des murs de face des maisons sises dans les traverses des villes, bourgs et villages* (1).

6 septembre 1774.

Ordonnons que notre ordonnance du 30 avril. 1772 sera exécutée selon sa forme et teneur; en conséquence, faisons défenses à tous propriétaires, maçons, charpentiers et ouvriers, de faire aucunes réparations aux murs de face des maisons sises dans les traverses des villes, bourgs et villages, sans en avoir obtenu les permissions et alignemens, conformément à ladite ordonnance, à peine de démolition des ouvrages, de 300 livres d'amende, et d'emprisonnement des ouvriers (2)...

(1) Collection de MM. Isambert et Walker V. les arrêts du Conseil des 27 février 1765 et 31 décembre 1781, le décret du 13 avril 1809, le *Répertoire* de Favard, v° *Voirie*, section 2, § 5; Isambert, *Traité de la voirie*, et Davenne, t. I, p. 300. = J.-B.-J. PAILLET, *Manuel* cité.

(2) V. les lois du 20 floréal an X, et 28 mars 1842.

XLVII. — *Extrait de l'Ordonnance du bureau des finances
de la généralité de Paris, concernant les corniches qui
se pratiquent à la face des maisons* (1).

29 mars 1776.

Le bureau..., etc.; et, faisant droit sur les conclusions du procureur du roi, ordonne :

1° Qu'il ne pourra à l'avenir être construit aucune
corniche (1) en pierre ou maçonnerie aux murs de face
des maisons et bâtimens en la ville et faubourgs de
Paris, sans au préalable en avoir obtenu la permission
du bureau, à peine de démolition desdites corniches et
de 50 livres d'amende;

2° Qu'à l'égard des maisons qui seront construites
à l'avenir, lesdites corniches seront bâties en pierres de
taille saillantes, incorporées dans le mur de face même,
et qu'à l'égard des maisons déjà construites, elles seront bâties avec le meilleur plâtre possible, soutenues
de broches et crampons de fer, recouvertes de minces
dalles de pierre, et le tout encastré de quatre à cinq
pouces dans les murs de face auxquels elles seront appliquées, sans que, pour quelque raison que ce soit,
lesdites corniches puissent avoir plus de huit pouces

---

(1) *Recueil des anciennes lois, règne de Louis XVI,* par
M. Jourdan. — V. ordonnance du bureau des finances du 14 décembre 1725; lettres patentes du 22 octobre 1733 et 31 décembre
1781; décret du 27 octobre 1808; ordonnance du 24 décembre
1823, et le *Recueil des lois et règlements sur la voirie,* par Davenne, t. II, p. 213, 220, 290. — J.-B.-J. PAILLET, *Manuel* cité.

(2) Ornement d'architecture en saillie, au-dessus de la frise
et qui sert de couronnement.

de largeur ou de saillie sur la voie publique, à peine comme dessus, de démolition et de 50 livres d'amende ;

3° Que, sous les mêmes peines, il ne pourra être établi aucune sorte d'auvent en bois aux maisons où il aura été construit des corniches en pierres ou plâtre ; à l'effet de quoi, fait défenses aux commissaires généraux de la voirie de donner audit cas aucune permission d'auvent, à peine de nullité ;

4° Ordonne, enfin, qu'en exécution des édits, réglemens et tarifs concernant les droits domaniaux et utiles de la voirie, il sera payé aux commissaires généraux de la voirie, aliénataires desdits droits, pour chacune des corniches dont il s'agit, la somme de 4 livres, en outre 10 sous par toise de longueur desdites corniches au-dessus de la première toise, et seulement 40 sous pour tous les droits, lorsqu'il ne sera question que de réparation ou de changemens.

XLVIII. — EXTRAIT *de la sentence de la capitainerie de la Varenne-du-Louvre, sur l'exploitation des carrières* (1).

5 août 1776.

ART. 7. Pour prévenir les accidens qui pourroient arriver en laissant les carrières à découvert les jours de dimanches et fêtes, et autres jours que lesdits carriers n'y travaillent point, leur enjoint, ainsi qu'à tous exploitans et tâcherons de carrières situées dans toute l'étendue de ladite capitainerie, de les couvrir le samedi au soir ou les veilles de fêtes, et autres jours qu'ils n'exploitent point, de madriers forts et suffisans, attachés les uns avec les autres, avec une chaîne de fer, et fermée par un cadenat, sous peine d'amende, dans le cas où ils ne se conformeroient pas au présent article.

ART. 8. Tenu chaque carrier ou exploitant carrières qui aura démonté la roue dessus le trou de carrière, de le reboucher et combler dans trois mois au plus tard après la visite faite, et à compter du jour du certificat de ladite visite qui lui aura été délivré par ledit voyer et dûment enregistré en notre greffe, et, pendant le temps du remplissage, ledit trou sera couvert pendant la nuit et comme il est dit dans l'article ci-dessus.

(1) Le Dictionnaire de police de M. Alletz, vᵒ Carrières, présente les art. 7, 8 et 9 comme étant restés en vigueur. V. sur la matière, les décrets des 22 mars et 4 juillet 1813, et le Dictionnaire de la voirie par Perrot, p. 32. — J.-B.-J. PAILLET, *Manuel* cité.

ART. 9. Que tous carriers, tâcherons et autres exploitans carrières à découvert, dans l'étendue de ladite capitainerie, seront tenus de faire des barrières en bois de charpente ou un mur en moellon de la hauteur de trois pieds au pourtour desdites carrières.

XLIX. — ARRÊT *du Conseil sur les fouilles et extractions des pierres et moellons, glaises et autres matériaux, dans les carrières, contenant autorisation d'ouvrir une école de géométrie souterraine* (1).

15 septembre 1776.

Art. 1ᵉʳ. Les arrêts du Conseil des 14 mars 1741
et 5 avril 1772, concernant la police des carrières et la
conservation des routes royales, ainsi que l'art. 11
de l'ordonnance du bureau des finances du 24 mars
1754, et les art. 11 et 12 de l'ordonnance dudit bureau, rendue le 30 avril 1772 en conséquence dudit
arrêt, seront exécutés selon leur forme et teneur (2).

Art. 2. Les propriétaires des carrières et les préposés à leur exploitation seront tenus de laisser des
murs et des piliers partout où il sera nécessaire pour
soutenir le plafond desdites carrières, et d'en remettre,
s'ils avoient négligé d'en laisser à tous les endroits qui
leur seront indiqués, pour prévenir la chute desdits
plafonds, les éboulemens et accidens qui pourroient
en résulter, à peine, pour la première fois, de 500 livres d'amende, dont ils seront tenus solidairement et
à peine afflictive en cas de récidive (3).

Art. 3. Toutes les carrières et fouilles qui ont été

(1) *Recueils* de Simon et *Lois anciennes* d'Isambert, Jourdan
et Decrussy. L'art. 15 de l'arrêt du Conseil du 17 juillet 1781
confirme celui du 15 septembre 1776. V. les décrets des
22 mars et 4 juillet 1813, et l'ordonnance du 21 octobre
1814. — J.-B.-J. PAILLET, *Manuel* cité.

(2) V. ci-dessus, p. 304, 354, 436, 437 et les notes.

(3) V., pour la pénalité, la loi du 23 mars 1842.

faites dans la banlieue de Paris, pour l'extraction
des pierres, moellons, glaises, marnes et autres matériaux, aux environs des faubourgs de Paris et des
grandes routes, seront incessamment visitées par le
sieur Dupont, ingénieur, que Sa Majesté nomme et
commet par le présent arrêt pour prendre connois=
sance de l'état actuel desdites carrières, de leurs galeries, et lever les plans partout où leurs branches souterraines s'avanceront au-dessous dés grands chemins
ou des rues et maisons de Paris, et marquer sur lesdits
plans tous les endroits rapportés à la surface de la
terre qui manquent de soutien et qui pourroient être
en danger.

Art. 4. Ledit inspecteur sera conduit et précédé
dans les souterrains, lors de ses visites et opérations,
par les propriétaires des carrières ou par leurs préposés aux exploitations, lesquels seront tenus de lui
donner tous secours, informations et assistances né=
cessaires jusqu'à ce que lesdites fouilles aient été
mises hors de danger. Défend Sa Majesté auxdits propriétaires et à tous carriers et ouvriers de lui refuser
l'entrée de leurs souterrains, ou de lui-causer aucun
trouble ou empêchement, à peine de 300 livres d'a-
mende pour la première fois, et de plus forte peine en
cas de récidive.

Art. 5. Ledit inspecteur sera tenu de prêter serment au bureau des finances de Paris, de communiquer au sieur inspecteur général du pavé de Paris les
plans qu'il aura levés dans les souterrains et rapportés
à la superficie, de rendre compte au sieur trésorier de
France, commissaire deputé par Sa Majesté pour le
pavé de Paris, faubourgs et banlieue, de ses visites,
opérations, observations et procès=verbaux qu'il aura
dressés; et après que lesdits procès=verbaux auront

été visés par ledit commissaire en la forme accou=
tumée, ils seront remis par ledit inspecteur au procureur du roi du bureau des finances, auquel Sa Majesté
enjoint de faire assigner à sa requête les contrevenans,
pour faire prononcer contre eux les peines portées par
les réglemens.

Art. 6. Sa Majesté se proposant de prendre les
mêmes précautions pour la sûreté des principales villes
de son royaume et des chemins dans les provinces,
autorise le sieur Dupont à ouvrir une école de géométrie souterraine, à l'effet de former des élèves qui puissent remplir les mêmes fonctions dans les provinces,
et lever, avec la précision nécessaire, les plans des
souterrains rapportés à la surface de la terre, partout
où lesdits plans seront ordonnés.

L. — *Extrait de l'Ordonnance du Bureau des Finances de la généralité de Paris, concernant les carrières et caves sous les voies publiques* (1).

30 juillet 1777.

ART. 2. Défendons à toutes personnes, de quelque qualité et condition qu'elles soient, en conformité de l'arrêt du conseil du 14 mars 1741 et de nos ordonnances des 29 mars 1754 et 17 mars 1761, d'ouvrir et faire exploiter aucune carrière dans l'intérieur de la ville de Paris et de ses faubourgs, ainsi que dans les villes, bourgs et villages de la généralité, sous les peines portées par les règlements, et de tous dépens, dommages et intérêts en cas d'éboulements.

ART. 3. Ordonnons à toutes personnes dont les caves ou puits, auraient des communications ouvertes avec quelque carrière ancienne ou nouvelle, passant, sous une rue ou sous un grand chemin, soit dans les villes et faubourgs de Paris, soit dans les villes et bourgs de la généralité, de dénoncer lesdites communications dans le délai d'un mois, soit au procureur du roi en ce bureau, soit aux commissaires et ingénieurs des Ponts et Chaussées, à peine, en cas d'éboulement desdites carrières et caves sous les voies publiques, de tous dépens, dommages et intérêts, et d'en répondre en leur propre et privé nom, pour, sur les procès-verbaux et rapports qui en seront faits, être par nous statué et ordonné ce qu'il appartiendra.

(1) PRÉFECTURE DE LA SEINE (DIRECTION DES EAUX ET DES ÉGOUTS DE PARIS). *Recueil de Règlements sur l'Assainissement,* cité.

LI. = *Extrait de l'Ordonnance du Bureau des Finances de
la généralité de Paris, concernant les caves prolongées
sous la voie publique à Paris.* (1)

4 septembre 1778.

Sur ce qui nous a été remontré par le Procureur du
Roi, que, malgré les défenses portées par l'art. 7 de
l'édit de décembre 1607, de pratiquer aucunes caves
sous les rues et voies publiques, il est instruit que plu=
sieurs particuliers ont ouvert ou prolongé des caves
sous quelques-unes des rues, places et carrefours de
cette ville ; que l'existence de ces caves , très-préjudi=
ciables à la sûreté publique, eu égard à la grande
quantité de charrois d'un poids énorme qui, journel=
lement, affaissent le sol sur lequel le pavé est établi,
font craindre que les voûtes de ces caves ne s'affaissent
aussi et ne s'écroulent, et exige de son ministère de
nous requérir d'y pourvoir; nous ordonnons que les
édits, arrêts et règlements concernant la voirie, no=
tamment l'art. 7 de l'édit de décembre 1607, seront
exécutés.

En conséquence faisons défense aux propriétaires,
maçons et ouvriers, de pratiquer aucunes caves et de
faire des fouilles sous les rues, places et passages de
cette ville et faubourgs d'icelle, ainsi que sous les
chemins publics, dans l'étendue de cette généralité, à
peine de comblement desdites caves et fouilles, et de
300 livres d'amende tant contre les propriétaires que

(1) PRÉFECTURE DE LA SEINE (DIRECTION DES EAUX ET DES
ÉGOUTS DE PARIS). *Recueil de Règlements sur l'Assainissement,*
cité.

contre les entrepreneurs et ouvriers. Ordonnons que dans un mois, à compter de ce jour, les propriétaires des maisons et héritages qui ont des caves et passages sous lesdites rues, voies, places publiques et grands chemins (les égouts, conduits d'eau et voûtes construites pour descendre à la rivière au-dessous des quais, exceptés), seront tenus de les combler ou d'en faire la déclaration au Procureur du Roi de ce bureau, pour être ensuite, après la visite qui en sera faite, ordonné ce qu'il appartiendra, à peine contre les délinquants de pareille amende de 300 livres, applicable moitié au Roi et l'autre moitié au dénonciateur; pour faciliter lesdits comblements, autorisons lesdits propriétaires à faire amener et conduire dans lesdites caves les matériaux qui proviendront des démolitions des maisons les plus prochaines.

Enjoignons aux commissaires de la voirie de tenir la main à l'exécution de la présente ordonnance et de dénoncer au procureur du roi, les contraventions qu'ils auront remarquées. Ordonnons aussi aux maçons et ouvriers, sous peine d'amende, de dénoncer au Procureur du Roi, dans le délai d'un mois, les caves et fouilles qu'ils ont faites jusqu'à ce jour ou qu'ils sauront avoir été faites pour l'usage des particuliers, sous les rues, voies et places publiques et grands chemins. . .

. . . .

LII. — ORDONNANCE *de police concernant la reconstruction des maisons faisant encoignure, les écriteaux, les gouttières, les âtres et les manteaux de cheminée, à Paris* (1).

1ᵉʳ septembre 1779.

Art. 1ᵉʳ. Faisons défenses à tous propriétaires de maisons, terrains et emplacemens faisant encoignure de quelques places, carrefours, rues et ruelles, et culs-de-sacs que ce soit, de faire construire, reédifier et réparer lesdites maisons, clore de murs ou autrement aucunes desdites places et terrains, et aux maîtres maçons, entrepreneurs, même aux ouvriers à la journée, de travailler auxdites maisons, édifices et clôtures de terrains et emplacemens faisant encoignures, sans en avoir préalablement obtenu la permission, et que procès-verbal d'alignement desdites encoignures n'ait été dressé sur les lieux, à peine de démolition desdits bâtimens et édifices faisant encoignures, et de 100 francs d'amende, au payement de laquelle somme les propriétaires et entrepreneurs ou autres ouvriers seront contraints solidairement et par corps, conformément à l'ordonnance du 22 septembre 1600.

Art. 2. Seront tenus les propriétaires desdites maisons, terrains et emplacemens faisant encoignures, lorsqu'ils feront construire ou rétablir lesdites encoi-

(1) Saguier, *Code correctionnel et de police*, p. 253; Davenne, *Recueil des lois et règlemens sur la voirie*, t. II, p. 228; seulement indiquée par Jourdan. — V. les articles 3 et 4 du titre 11 de la loi du 16-24 août 1790; 46, titre 1ᵉʳ de la loi du 19-22 juillet 1791; 471, nᵒ 15 du Code pénal. — J.-B.-J. PAILLET, *Manuel* cité.

gnures, de faire mettre une table de pierre de liais d'un pouce et demi d'épaisseur et de grandeur suffisante au coin de chacune desdites encoignures, sur lesquelles tables seront gravées les noms des rues, les numéros marqués sur les plaques du même quartier en lettres de la hauteur de deux pouces et demi, de largeur proportionnée; d'observer une rainure formant un cadre au pourtour de la pierre, à trois pouces de l'arête qui sera marquée en noir, ainsi que les lettres et numéros; laquelle pierre sera attachée avec de fortes pattes chantournées et encastrées dans l'épaisseur du plâtre ou dans le mur, s'il est construit en moellons, pierres de Saint-Leu ou lambourdes, et si les façades ou encoignures sont construites en pierres d'Arcueil, les entrepreneurs seront obligés de poser une pierre d'Arcueil, pleine, à l'endroit où doit être inscrit le nom de la rue et le numéro, de grandeur suffisante pour éviter l'incrustement, et, en faisant le ravallement, d'y faire graver les lettres, le numéro et les cadres marqués en noir, en la manière ci-dessus prescrite. Enjoignons auxdits propriétaires, architectes, entrepreneurs et maîtres maçons qui travailleront pour eux de donner avis au commissaire du quartier, lorsqu'ils feront poser lesdites tables ou graver lesdites encoignures, afin qu'il puisse s'y transporter et reconnoître s'ils se sont conformés à ce qui leur est ci-dessus prescrit, et ce, conformément aux ordonnances des 30 juillet 1729 et 3 juin 1730, le tout à peine de 100 francs d'amende pour chaque contravention, tant contre le propriétaire que contre l'architecte, l'entrepreneur et le maître maçon.

Art. 3. Seront aussi tenus, et sous la même peine de 100 francs d'amende, les propriétaires de maisons faisant encoigures où il y a des plaques de tôle usées, défectueuses, ou dont l'empreinte est effacée, de faire mettre dans trois mois, à compter du jour de la publication de notre présente ordonnance, à la place desdites plaques, des tables de pierres de liais, de la manière et dans la forme prescrites par notre présente ordonnance (1).

Art. 4. Conformément à l'ordonnance du 13 juillet 1764, il ne pourra être établi dans les bâtimens qui seront construits à l'avenir dans cette ville de Paris et faubourgs d'icelle aucune gouttière saillante dans les rues, pour quelque cause et sous quelque prétexte que ce soit, et celles qui sont déjà établies seront supprimées dans les bâtimens où elles existent, lorsqu'on fera la reconstruction des murs de face ou toitures en tout ou en partie, le tout à peine de confiscation des gouttières et de 500 francs d'amende, tant contre les propriétaires des maisons que contre les architectes, entrepreneurs, maçons et plombiers qui les auront établies ou qui les laisseront subsister.

Art. 5. Seront tenus les propriétaires qui voudront se servir de gouttières pour recevoir les eaux pluviales de leurs maisons de les appliquer le long des murs, depuis le toit jusqu'au niveau du pavé des rues. Pourront lesdits propriétaires employer, pour lesdits tuyaux et conduits, les matières qu'ils jugeront à propos, soit plomb, fer, cuivre, bois ou grès, à la charge de les construire de manière qu'ils n'aient que quatre pouces de saillie du nu du mur, et de faire recouvrir en plâtre les tuyaux de bois ou grès qu'ils auront employés.

Art. 6. Faisons très-expresses inhibitions et dé-

(1) Les prescriptions des art. 2 et 3 ont changé, mais l'obligation subsiste toujours à l'égard des propriétaires, relativement à ce qui se pratique aujourd'hui.

fenses à tous propriétaires, architectes, entrepreneurs, maîtres maçons, charpentiers et autres ouvriers, de construire ou faire construire à l'avenir aucuns manteaux de cheminées en bois ni aucuns tuyaux de cheminées adossées contre des cloisons de charpenterie, de poser des âtres de cheminées sur les solives des planchers, et de placer aucune pièce de bois dans les tuyaux de cheminées, lesquels ils construiront de manière que les enchevêtrures et les solives soient à la distance de trois pieds des gros murs.

Ordonnons que les tuyaux de cheminées auront toujours, et dans tous les cas, dix pouces de largeur et deux pieds et demi de longueur, ou du moins deux pieds un quart dans les petites pièces, à moins qu'il ne soit question de réparer d'anciens bâtimens, auquel cas on pourra ne donner que deux pieds de longueur aux tuyaux de cheminées, lorsqu'on y sera nécessité, pour éviter de jeter les propriétaires dans la reconstruction des planchers, et ce, non compris les six pouces de plâtre qui seront contre lesdits bois de chaque côté, le tout revenant à trois pieds un pouce d'ouverture pour les nouveaux bâtimens, et à deux pieds dix pouces pour les anciens, au moins, et en cas de nécessité, entre lesdits bois, dont le recouvrement de plâtre, tant sur les solives, chevrettes, qu'autres bois, sera de six pouces, en sorte qu'il n'en puisse arriver aucun incendie, le tout conformément à ce qui est prescrit par l'ordonnance de la Chambre des bâtimens du 19 juillet 1765 (1).

(1) Des perfectionnements acceptés par l'administration se sont introduits depuis quelques années dans la construction des cheminées. On emploie notamment pour les tuyaux un procédé de fabrication en fonte de fer, qui réunit à l'avantage d'inspirer une plus grande sécurité contre le danger du feu,

Art. 7. Défendons aux propriétaires de souffrir qu'il soit fait aucune malfaçon de la qualité ci-dessus, le tout à peine de mille livres d'amende, tant contre lesdits propriétaires que contre les maîtres maçons, charpentiers et autres ouvriers, et d'être en outre lesdits propriétaires tenus de faire abattre à leurs frais et dépens les tuyaux et manteaux de cheminées qui ne se trouveront pas conformes à ce qui est ci-dessus prescrit. Pourront même les compagnons et ouvriers travaillant à la journée être emprisonnés en cas de contravention (1).

Art. 8. Seront tenus les maîtres maçons, charpentiers, couvreurs, plombiers et autres ouvriers, au premier avis qui leur sera donné de quelque incendie, et sur la réquisition des commissaires et autres officiers de police, de se transporter à l'instant sur le lieu où sera l'incendie, d'y faire transporter leurs compagnons, ouvriers et apprentis, avec les outils nécessaires pour aider à éteindre le feu, à peine de 500 livres d'amende contre chacun desdits maîtres, et de prison contre lesdits compagnons, apprentis et ouvriers (2).

celui de prendre beaucoup moins d'espace, et de pouvoir se placer plus aisément que les tuyaux ordinaires sans affaiblir la solidité des murs.

(1) Les art. 6 et 7 se retrouvent dans l'ordonnance du 13 novembre 1781 sur les incendies. — V. l'art. 471, nº 2, du Code pénal.

(2) Remplacée par le nº 12 de l'art. 475 du Code pénal.

LIII. — DÉCLARATION *de Louis XVI concernant l'exploitation des carrières, enregistrée en Parlement* (1).

17 mars 1780.

Louis, etc. — Par nos déclarations des 5 septembre
1778 et 23 janvier 1779, enregistrées en notre Cour de
parlement le 25 novembre 1778 et 5 février 1779, nous
avons réglé provisoirement la police qui seroit observée sur le fait des carrières en général, et interdit,
pour l'avenir, l'exploitation des carrières à plâtre par
le cavage. A mesure que ces dernières ont été visitées,
il a été reconnu qu'il y en avait qui s'exploitoient par
des puits; et, comme cette méthode n'est pas moins
dangereuse que celle de les exploiter par le cavage,
nous avons résolu de la défendre également, et de
prendre, par provision, toutes les mesures possibles
pour assurer les superficies de carrières à plâtre exploitées ci-devant par le cavage ou par des puits, jusqu'à ce qu'étant entièrement épuisées ou autrement,
il puisse être procédé, s'il y a lieu, à leur renversement. Ces mesures et ces sûretés doivent être communes aux carrières à pierres et à moellons déjà
ouvertes ou qui pourroient l'être à l'avenir, et nous
avons cru nécessaire d'expliquer nos intentions sur
ces différens objets, ainsi que sur ceux qui peuvent
avoir rapport à aucuns d'eux, et de déterminer, en

(1) Jourdan, *Règne de Louis XVI*; Fournel, *Traité du voisinage*
et *Lois rurales*, art. *Carrières*. — V. ci-devant p. 436, l'arrêt du
5 avril 1772 et la note. La déclaration du 17 mars 1780 est exécutoire partout où il n'y a pas été dérogé par des règlements
locaux. — J.-B.-J. PAILLET, *Manuel* cité.

cas de péril, une forme de procédure qui puisse, dans toutes les occurrences, prévenir avec la célérité propre et particulière à chacune d'elles, les dangers quelquefois inséparables desdites exploitations. Nous avons aussi pensé devoir porter nos vues sur les précautions qu'exigeoit la méthode ordonnée d'exploiter à l'avenir, par tranchées ouvertes, les carrières à plâtre, soit afin que les propriétaires voisins ne pussent en recevoir de dommage, soit afin que la sûreté des grandes routes et des chemins de traverses ou vicinaux n'en pût être altérée. A ces causes, etc.

Art. 1er. L'article 1er de notre déclaration du 23 janvier 1779, faisant défense d'exploiter à l'avenir par le cavage les carrières à plâtre qui seroient nouvellement découvertes, sera exécuté, et, y ajoutant, défendons également l'exploitation desdites carrières par des puits. Voulons que toutes carrières à plâtre ne puissent à l'avenir être ouvertes et exploitées qu'à découvert et à tranchée ouverte, à peine de 500 livres d'amende et de confiscation des voitures, chevaux et ustensiles.

Art. 2. A l'égard des carrières à plâtre exploitées ci-devant par cavage ou par puits, dans l'étendue des territoires désignés en l'art. 3 de notre dite déclaration du 23 janvier 1779, voulons qu'il soit dressé des procès-verbaux exacts de leur état intérieur, ainsi que des superficies des terrains régnant sur icelles; et, dans le cas où il y auroit quelque péril, les propriétaires ou locataires seront assignés sans retardement par-devant le lieutenant-général de police du Châtelet, et sera observée la forme prescrite par les neuf premiers articles de la déclaration concernant les périls imminens des maisons et bâtimens de notre bonne ville de Paris, du 18 juillet 1729,

registrée en notre Cour de parlement le 5 août 1730.
Après lesdites formalités observées, le lieutenant-
général de police ordonnera, s'il y a lieu, le renversement desdites superficies, ou pourvoira, par les autres
voies qu'il estimera convenables, à la sûreté pleine et
entière desdites superficies.

Art. 3. En cas de péril si urgent qu'on ne pût
observer les formalités ci-dessus prescrites sans risquer quelque accident fâcheux, le lieutenant-général
de police, sur le vu desdits procès-verbaux, pourra
ordonner le renversement desdites superficies, et
seront les ordonnances par lui rendues audit cas,
exécutées par provision, nonobstant l'appel.

Art. 4. L'exploitation des carrières à plâtre,
pierres ou moellons, ne pourra à l'avenir être continuée qu'à la distance de huit toises des deux extrémités, ou côtés de la largeur des chemins de traverse
ou vicinaux fréquentés ; renouvelons, au surplus, les
défenses faites à tous carriers et particuliers d'ouvrir
aucunes carrières à pierres de taille, moellons, plâtre,
glaise et autres, de quelque espèce que ce soit, sur les
bords et côtés de routes et grands chemins, sinon à
trente toises de distance du bord et extrémité de la
largeur qu'auront lesdits chemins, ledit bord mesuré
du pied des arbres, lorsqu'il y en aura de plantés, et
lorsqu'il n'y aura ni arbres ni fossés, à trente-deux
toises de l'extrémité de la largeur, sans pouvoir, en
aucun cas, pousser les rameaux ou rues desdites carrières du côté desdits chemins, même de soucheyer
au dedans de leurs fouilles le solide du terrain dont
nous entendons qu'elles soient séparées de la voie
publique ; le tout à peine de 300 livres d'amende, confiscation des matériaux, outils et équipages, et de
tous dépens, dommages et intérêts:

Art. 5. Les indemnités que les propriétaires voisins desdites carrières anciennement ouvertes auroient à réclamer contre les auteurs des fouilles faites sous leurs propriétés, par suite de l'exploitation des carrières voisines, jusqu'au jour de l'enregistrement de notre présente déclaration, seront fixées par toise carrée, à raison de la valeur du terrain, suivant le prix qui sera déclaré et certifié sans frais par le juge et les syndics de la paroisse du lieu ; et voulant assurer, pour l'avenir, auxdits propriétaires voisins desdites carrières la propriété absolue de leurs terrains, tant en fonds qu'en superficie, faisons très-expresses inhibitions et défenses aux propriétaires ou locataires desdites carrières de continuer, à compter du jour de l'enregistrement de notre présente déclaration, de fouiller sous le fonds d'autrui, à peine de 500 livres d'amende et de tous dommages et intérêts, lesquels ne pourront être moindres que le double de la valeur desdits terrains, laquelle sera réglée de la manière et ainsi qu'il est ci-dessus expliqué, et il sera statué sur le tout, sommairement et sans frais, par le lieutenant-général de police ; pourront même les auteurs desdites fouilles être poursuivis extraordinairement, suivant l'exigence des cas.

Art. 6. Autorisons les propriétaires ou locataires des terrains dans lesquels il y aura des carrières exploitées à tranchées ouvertes, à fouiller jusqu'aux extrémités de la masse qui leur appartient, sauf à eux à indemniser les propriétaires des terrains voisins, pour la partie des terres que les talus entraîneront dans les carrières exploitées à découvert, de la manière et ainsi qu'il est prescrit par l'article précédent ; et, dans le cas où il se trouveroit des édifices quelconques dans le voisinage des terrains, lesdites carrières ne pourront être fouillées qu'à trente toises des murs desdits édifices, à peine de 300 livres d'amende, confiscation des matériaux, outils et équipages, et de tous dépens, dommages et intérêts; pourront même les auteurs desdites fouilles être condamnés à faire faire tous les ouvrages nécessaires pour assurer la solidité des murs ou édifices qui auroient pu être altérés par leur fait.

Art. 7. Tous les ouvrages de la nature de ceux mentionnés en notre présente déclaration, qui seront ordonnés en conséquence sous les maisons, bâtimens et terrains appartenant à nos sujets, tant pour leur conservation et leur sûreté, que pour celle de ceux qui en seroient locataires ou fermiers, ou qui en jouiroient à quelque titre que ce puisse être, seront faits aux frais et dépens desdits propriétaires, sur la sommation qui leur en sera faite, sinon à la requête du substitut de notre procureur général au Châtelet de Paris, poursuite et diligence du receveur des amendes; et, audit cas, le receveur des amendes en avancera les deniers, dont il lui sera délivré, par le lieutenant-général de police, exécutoire sur les propriétaires, pour en être remboursé par privilége et préférence à tous autres, sur les bâtimens et fonds desdites propriétés, nonobstant toutes oppositions ou appels qui pourroient être interjetés desdits exécutoires, le tout conformément à l'art. 9 de notre déclaration du 18 juillet 1729, concernant les périls imminens. — Si donnons en mandement, etc. (1).

(1) Abrogé.

LIV. — RÈGLEMENT *du Conseil d'Artois pour la con=*
struction des fours à briques (a) (1).

17 mars 1780.

Art. 1ᵉʳ. Tous les fours servant à cuire les pannes,
tuiles, briquettes et autres matières de terre, qui se=
ront construits à l'avenir, seront placés à la distance
de soixante pieds de roi de tous les bâtiments couverts
de paille.

Art. 2. Les bâtiments contenant lesdits fours seront
construits en briques ou pierres, avec deux pignons
ayant au moins treize pouces d'épaisseur, et seront
couverts en tuiles ou pannes.

Art. 3. Les fours seront faits et voûtés en briques ; les
grandes cheminées seront pareillement construites en
briques ou bon mortier ; elles auront environ deux
briques et demie d'épaisseur, dans le pourtour de
l'embouchure ; elles pourront être réduites d'une
brique et demie lorsqu'elles sortiront du toit, au=
dessus duquel elles s'élèveront au moins de sept
pieds.

Art. 4. Les petites cheminées seront aussi construites en bon mortier et s'élèveront au moins de
trois pieds au-dessus du toit.

Art. 5. Les bâtiments actuellement construits sub=
sisteront dans les endroits où ils sont situés, jusqu'à
la reconstruction, à la charge de les faire couvrir en

_____

(1) Rép. de Merlin, vᵒ FOUR ; omis par Jourdan. Voir plus loin,
p. 176, *note a.* — J.=B.=J. PAILLET, *Manuel* cité.

tuiles ou pannes et de mettre les fours et cheminées
dans l'état ci-dessus prescrit en dedans six mois ;
sinon, ledit temps passé, la Cour en interdit l'usage,
à peine de 50 livres d'amende.

REGLEMENT DU CONSEIL D'ARTOIS

DU 17 MARS 1780.

(D'après Paillet) (1).

Note a.

L'art. 3, tit. 2 du décret du 16-23 août 1790 confie à la vigi=
lance des corps municipaux tout ce qui intéresse la sûreté et
la commodité de la voie publique. Pour assurer l'effet de cette
mesure, en ce qui touche les établissements dangereux, insalu=
bres ou incommodes, le décret du 21 septembre-13 octobre 1791
ordonne l'exécution provisoire des anciens règlements de po=
lice. Depuis lors, jusqu'au décret du 15 octobre 1810, on ne
trouve aucun acte législatif sur la matière. On peut consulter
utilement une instruction ministérielle du 22 novembre 1811
(circulaire du ministre de l'intérieur, t. II, p. 285), et sur les
oppositions à la formation de ces établissements, deux instruc=
tions des 19 août 1825 et 3 novembre 1828 (circulaire, t. V,
p. 411, et t. VI, p. 184). — V. les ordonnances sur les manufactures, établissements et ateliers des 14 janvier 1815, 9 fé=
vrier 1825, 5 novembre 1826, 20 septembre 1828, 14 juin 1833,
30 octobre 1836, 7 janvier 1837, 27 mai 1838. = Celle du 14 jan=
vier 1815 dispose que les briqueteries ne faisant qu'une seule
fournée en plein air, comme on le fait en Flandre, peuvent
rester sans inconvénient auprès des habitations particulières,
et qu'on peut les former sans se munir de la permission exigée
par les art. 2 et 8 du décret du 15 octobre 1810, et 3 de l'or=
donnance. Cette ordonnance ne déroge pas au règlement du
conseil d'Artois du 17 mars 1780, en ce qui concerne la dis=

(1) Voir plus haut, p. 174.

tance qui doit être observée, dans l'ancien ressort du conseil
d'Artois, entre les fours à briques et les bâtiments couverts
de paille. C'est un objet de police locale et spéciale. Les anciens
règlements sont à cet égard restés obligatoires, s'il n'y a pas
été dérogé par les maires, en vertu du pouvoir que leur renouvelle la loi du 18 juillet 1837; mais il n'en peut plus résulter
pour les contrevenants que la peine de simple police établie
par l'art. 471, n. 15 du Code pénal.

LV. — DÉCLARATION *du Roi concernant les alignements et ouvertures des rues dans Paris* (1).

Donnée à Versailles le 10 avril 1783, registrée en Parlement le 8 juillet 1783.

A ces causes et autres à ce nous mouvant, de l'avis de notre conseil, et de notre certaine science, pleine puissance et autorité royale, nous avons dit, déclaré et ordonné, et, par ces présentes signées de nôtre main, disons, déclarons et ordonnons, voulons et nous plaît ce qui suit :

Art. 1er. Ordonnons qu'à l'avenir, et à compter du jour de l'enregistrement de la présente déclaration, il ne puisse être, sous quelque prétexte que ce soit, ouvert et formé, en la ville et faubourgs de Paris, aucune

(1) Lois anc., *Règne de Louis XVI*, par Armet; Rec. de Davenne, t. II, p. 197. V. ci-devant l'édit de décemb. 1607; p. 120, l'arrêt du conseil du 26 mai 1703, concernant l'alignement des ouvrages de pavé; p. 140, celui du 17 juin 1721, relatif à l'alignement des grands chemins; p. 354, l'ordonn. du bureau des finances de Paris, du 29 mars 1734; p. 437, celle du 30 avril 1772; p. 385, l'arrêt du conseil du 27 févr. 1765, concernant les alignements des routes royales; p. 407, l'ordonn. des trésoriers de France du 15 juill. 1766, concernant la manière de border les routes et les notes. — V. aussi la loi du 19-22 juill. 1791, qui maintient les anciens règlements; la loi du 16 sept. 1807, art. 52, concernant l'alignement dans les villes; les décrets des 27 juillet et 27 oct. 1808, et l'avis du Conseil d'État du 30 août 1811, relatifs à l'alignement dans la ville de Paris; l'instruction générale du 2 octobre 1815, sur la mise au net et le format des alignements; les décisions des 29 févr. 1816 et 18 mars 1818, sur les alignements dans les villes et la circulaire ministérielle du 29 oct. 1823. — J.-B.-J. PAILLET, *Manuel* cité.

rue nouvelle qu'en vertu de lettres-patentes que nous aurons accordées à cet effet, et que lesdites rues nou-velles ne puissent avoir moins de trente pieds de lar-geur ; ordonnons pareillement que toutes les rues dont la largeur est au-dessous de trente pieds soient élar-gies successivement à fur et à mesure des reconstruc-tions des maisons et bâtiments situés sur lesdites, rues (a) (1).

Art. 2. En conséquence, il sera incessamment pro-cédé, par les commissaires généraux de la voirie, à la levée des plans de toutes les rues de la ville et fau-bourgs de Paris dont il n'en a point encore été dressé, et à l'égard de celles dont il a déjà été levé des plans, déposés au greffe de notre bureau des finances, il sera seulement procédé au récolement d'iceux pour, sur la représentation qui nous sera faite de tous lesdits plans, être par nous réglé l'élargissement à donner à l'avenir à toutes les rues.

Art. 3. Faisons expresses inhibitions et défenses à tous propriétaires, architectes, entrepreneurs, ma-çons, charpentiers et autres, d'entreprendre ni commencer aucunes constructions ou reconstructions quelconques de murs de face sur rues, sans au préa-lable avoir déposé au greffe de notre bureau des finances le plan desdites constructions et reconstruc-tions, et avoir obtenu des officiers dudit bureau les alignements et permissions nécessaires, lesquels ne pourront être accordés qu'en conformité des plans par nous arrêtés, dont il sera déposé des doubles tant au greffe de notre parlement qu'en celui de notre bu-reau des finances.

(1) Voir plus loin, p. 183, *note a*, d'après PAILLET, *Manuel* cité.

Art. 4. Chacun des propriétaires de maisons, bâtimens et murs de clôture situés sur les rues, sera tenu de contribuer aux frais des plans ordonnés ci-dessus, au prorata des toises de face de sa propriété, laquelle contribution nous avons fixée, à l'égard des plans à lever, à cinq sous par toise de maison et de bâtimens de face sur la rue, et pareillement à trois sous par toise de mur de clôture, et à la moitié seulement pour les plans déjà levés, et qui seront seulement recollés. N'entendons que puissent être assujettis à ladite contribution les édifices ou établissements publics, ni les maisons appartenant aux hôpitaux.

Art. 5. La hauteur des maisons et bâtiments en la ville et faubourgs de Paris, autres que les édifices publics, sera et demeurera fixée, savoir, dans les rues de trente pieds lorsque les constructions seront faites en pierres et moellons, et à quarante-huit pieds seulement lorsqu'elles seront faites en pans de bois; dans les rues depuis vingt-quatre jusques et compris vingt-neuf pieds de largeur, à quarante-huit pieds, et dans toutes les autres rues à trente-six pieds seulement; le tout y compris les mansardes, attiques, toits et autres constructions quelconques au-dessus de l'entablement: ordonnons en conséquence que les maisons et bâtiments, dont l'élévation excède celles ci-dessus fixées, y seront réduites lors de leur reconstruction (1).

(1) Les lettres-patentes du 25 août 1784 ont fixé une proportion différente pour les hauteurs des maisons. L'art. 5 de la déclaration du 10 avril 1783 semble être en contradiction avec l'art. 1er qui veut que les rues soient toutes portées à la largeur de trente pieds, d'où il suit qu'il est inutile de déterminer pour l'avenir des hauteurs proportionnées à des voies plus étroites. Cette dernière disposition, de même que celle qui y correspond dans les lettres-patentes du 25 août 1784, ne statue,

Art. 6. Faisons défenses à tous propriétaires, charpentiers, maçons et autres de construire et adapter
aux maisons et bâtiments situés en la ville et faubourgs de Paris, aucun autre bâtiment en saillie et
porte à faux, sous quelque prétexte que ce soit : enjoignons aux propriétaires et locataires des maisons
où il a été adapté de pareilles saillies, soit en maçonnerie ou en charpente, de les supprimer et démolir dans un mois, à compter du jour de l'enregistrement de la présente déclaration.

Art. 7. Ceux qui contreviendront à l'exécution de
la présente déclaration, soit en perçant quelques nouvelles rues, soit en élevant leurs maisons au-dessus
des hauteurs ci-dessus déterminées, en y adaptant des
bâtiments en saillie et porte à faux, soit en ne se
conformant point aux alignements qui leur seront
données, seront condamnés, quant aux propriétaires,
en trois mille livres d'amende applicables à l'hôpital
général, les ouvrages démolis, les matériaux confisqués et les places réunies à notre domaine; et à
l'égard des maîtres maçons, charpentiers et autres
ouvriers, en mille livres d'amende applicables comme
dessus (1); et déchus de leurs maîtrises sans pouvoir
être rétablis par la suite. Attribuons la connaissance
desdites contraventions aux officiers de notre bureau
des finances en ce qui concerne la voirie, à l'égard des

comme le fait observer M. Davenne, que jusqu'au moment où
toutes les rues auront atteint leur *minimum* de largeur.

(1) Il n'y a plus de sujets à démolition que les travaux qui
ont pour but de réconforter une maison-tombant en ruine et
sujette à reculement (arrêt du conseil du 1er sept. 1832, Macarel, 2e série, t. II, p. 552; Jurisprudence admin. du *Journal du
Palais*, par Ledru-Rollin). — Il y a plusieurs décisions du conseil dans ce sens.

autres contraventions, aux juges qui en doivent connaître, le tout, sauf l'appel en notre cour de parlement.

Si DONNONS EN MANDEMENT à nos amis et féaux conseillers les gens tenant notre cour de parlement à Paris, que ces présentes ils ayent à faire registrer, et le contenu en icelles garder, observer et exécuter pleinement et paisiblement, cessant et faisant cesser tous troubles et empêchements et nonobstant toutes choses à ce contraires : car tel est notre plaisir; en témoin de quoi nous avons fait mettre notre scel à cesdites présentes.

DÉCLARATION DU ROI DU 10 AVRIL 1783

CONCERNANT LES ALIGNEMENTS.

(D'après Paillet) (1).

Note a.

I. On a mis en question, devant la Cour de cassation, si l'art. 1er de la déclaration du 10 avr. 1783, qui ne permet d'ouvrir de nouvelles rues dans Paris qu'en vertu de lettres-patentes, était encore en vigueur. Elle n'y a pas été résolue, parce que le moyen n'avait pas été soumis à la Cour royale (rejet, 20 juin 1842, P., t. II de 1842, p. 559). Mais, d'après l'art. 3 de la loi du 3 mai 1841, sur l'expropriation pour cause d'utilité publique, « tous grands travaux publics, routes royales, canaux, chemins de fer, canalisation des rivières, bassins et docks entrepris par l'État, les départements, les communes ou par compagnies particulières, avec ou sans péage, avec ou sans subside du trésor, avec ou sans aliénation du domaine public, ne pourront être exécutés qu'en vertu d'une loi, qui ne sera rendue qu'après une enquête administrative. Une ordonnance royale suffira pour autoriser l'exécution des routes départementales, celle des canaux et chemins de fer d'embranchement de moins de vingt mille mètres de longueur, des ponts et de tous autres travaux de moindre importance. Cette ordonnance devra également être précédée d'une enquête ». Sur l'art. 3 de la loi du 7 juillet 1833, reproduit par l'art. 3 de la loi du 31 mai 1841, M. le duc de Bassano demandait qu'au nombre des travaux désignés on ajoutât les desséchements des marais et *les grandes communications à ouvrir dans l'intérieur des villes*, dont s'occupe la loi du 16 sept. 1807. M. Legrand, commissaire du roi, répondit que les communications dans l'intérieur des grandes villes sont comprises sous le mot générique de *routes*, et que déjà, pour des rues nouvelles à Paris, le ministre du commerce et des travaux publics a décidé

(1) Voir plus haut, p. 179.

l'application de l'ord. du 28 février 1831, qui soumet toutes propositions de travaux publics concernant les routes et canaux à une enquête préalable; que, quant aux desséchements de marais, ils ont une législation qui leur appartient, la loi du 16 sept. 1807, et qu'il n'était pas nécessaire de les mentionner dans la loi actuelle. Il a été expliqué, dans la discussion parlementaire sur l'art. 3 de la loi du 3 mai 1841, qu'il n'infirmait en rien l'art. 16 de la loi du 21 mai 1836 sur les chemins vicinaux, qui porte que « les travaux d'ouverture et le redressement des chemins vicinaux sont autorisés par les préfets », par la raison que la loi générale ne déroge pas à la loi spéciale.

2. Les rues de Paris sont assimilées aux grandes routes. On les considère comme dépendant de la grande voirie, soit parce que la déclaration du 10 avril 1783 ayant ordonné la levée du plan de ces rues et statué, à l'égard de Paris, comme l'arrêt du conseil du 27 févr. 1765, pour ce qui concernait les routes entretenues par le roi, l'analogie a paru motiver cette distinction, soit parce que la loi du 30 déc. 1790 a conféré au corps municipal les fonctions attribuées aux autorités administratives de département en ce qui concerne les travaux publics. C'est ce qui est jugé par une ordonn. du 13 août 1823, rendue sur le pourvoi formé contre un arrêté du conseil de préfecture de la Seine, « considérant que le règlement du 10 avril 1783 a réservé au gouvernement le droit de régler l'élargissement et le redressement des rues de notre bonne ville de Paris; que du décret du 27 oct. 1808 il résulte que toutes les rues appartiennent à la grande voirie; qu'aux termes de la loi du 28 pluviôse an VIII, les conseils de préfecture sont appelés à connaître des contraventions aux règlements de voirie.....

LVI. — LETTRES-PATENTES *de Louis XVI concernant la hauteur des maisons dans Paris, registrées au Parlement* (1).

25 août 1784.

LOUIS, etc. Par l'art. 5 de notre déclaration du 10 avril 1783, nous avons fixé la hauteur des maisons et bâtimens en la ville et faubourgs de Paris, autres que les édifices publics, dans une proportion qui nous a paru convenable à la largeur des différentes rues, non-seulement pour rendre l'air plus salubre, en facilitant sa circulation, mais encore pour la sûreté des habitans, surtout en cas d'incendie: étant informé que l'exécution de cet article présente des difficultés qu'il est à propos de résoudre, en prévoyant les différens cas résultant des dispositions différentes des emplacemens à bâtir. soit dans les rues fixées à trente pieds de largeur, soit dans celles plus étroites, soit enfin aux encoignures des rues d'inégale largeur; en conséquence, nous avons cru devoir expliquer à ce sujet nos intentions. A ces causes, etc.

Art. 1er. Ordonnons qu'à l'avenir la hauteur des façades des maisons et bâtimens, en la ville et faubourgs de Paris, autres que celles des édifices publics, sera et demeurera fixée à raison de la largeur des différentes rues, savoir : dans les rues de 30 pieds de largeur et au-dessus, à 54 pieds ; dans les rues depuis 24 jusques et y compris 29 pieds de largeur, à 45 pieds;

(1) *Lois anciennes, règne de Louis XVI,* par Armet; Mars, t. II, p. 474; Davenne, édit. de 1836, t. II, p. 199. — J.-B.-J. PAILLET, *Manuel* cité.

et dans toutes celles au-dessous de 23 pieds de largeur, à 36 pieds; le tout mesuré du pavé des rues, jusques et y compris les corniches ou entablemens, même les corniches des attiques, ainsi que la hauteur des étages en mansarde, qui tiendront lieu desdites attiques; voulons que les façades ci-dessus fixées ne puissent jamais être surmontées que d'un comble, lequel aura 10 pieds d'élévation, du dessus des corniches ou entablement jusqu'au faîte, pour les corps de logis simples en profondeur; de 15 pieds pour les corps de logis doubles (moitié de la profondeur des maisons. Enreg. au Parlement le 7 sept.); défendons d'y contrevenir, sous quelque prétexte que ce soit, sous les peines portées par notre déclaration du 10 avril 1783 (a) (1).

Art. 2. Permettons à tous propriétaires de maisons et bâtimens situés à l'encoignure de deux rues d'inégale largeur, de les reconstruire, en suivant, du côté de la rue la plus étroite, la hauteur fixée pour la rue la plus large, et ce, dans l'étendue seulement de la profondeur du corps de bâtiment ayant face sur la plus grande rue, soit que ledit corps de bâtiment soit simple ou double en profondeur, passé laquelle étendue la partie restante de la maison ayant façade sur la rue la moins large, sera assujettie aux hauteurs fixées par l'article précédent.

Art. 3. Ordonnons, au surplus, que notre déclaration du 10 avril 1783 sera exécutée selon sa forme et teneur, en ce qui n'y est pas dérogé.

Si vous mandons, etc. (b) (2).

(1) Voir plus loin, p. 187, *note a.*
(2) Voir plus loin, p. 188, *note b.*

LETTRES-PATENTES DU 25 AOUT 1784

CONCERNANT LA HAUTEUR DES MAISONS.

(D'après Paillet) (1).

Note a.

Les lettres-patentes du ·25 août 1784 sont journellement appliquées par le Conseil d'État. Ordonnance du 1ᵉʳ novembre 1826, qui décide que, d'après ces lettres-patentes, un propriétaire ne peut élever sa maison à 17 mètres 54 centimètres (54 pieds) dans une rue dont la largeur n'est pas de 9 mètres 74 centimètres (30 pieds), bien qu'en face de sa maison cette largeur serait de plus de 29 pieds (*Journal du Palais; jurisprudence administrative*, par M. Ledru-Rollin, t. IV, p. 302). V. Cormenin, *Droit administratif*, vᵒ *voirie*, t. II, 491; Daubenton, *Voirie*, p. 182. — Ordonnance du 4 juillet 1827, qui, par application des mêmes lettres-patentes, juge que le propriétaire dont la maison est sujette à reculement ne peut profiter du bénéfice de hauteur résultant de l'augmentation de largeur que la rue peut recevoir d'un nouvel alignement; que s'il exhausse sa maison, il doit être condamné à la démolition et à l'amende (10 fr.). (Ledru-Rollin, t. IV, p. 406). — Ordonnance du même jour, de laquelle il résulte que lorsqu'il est établi par un procès-verbal d'expertise contradictoire qu'un propriétaire a, dans la construction de sa maison, excédé tout à la fois sur la rue et sur la cour la hauteur réglée par les lettres patentes du 25 août 1784, il a été justement condamné à démolir l'excédant de la façade sur la rue. (Ledru-Rollin, t. IV, p. 407). — Ordonnance du même jour décidant que les lettres-patentes du 25 août 1784, fixant à 15 pieds la plus grande élévation des combles des bâtiments dans les rues de Paris, un propriétaire et un entrepreneur ne peuvent, sans contravention, donner aux combles de leur maison une hauteur de 19 pieds;

1) Voir plus haut. p. 186.

que vainement ils exciperaient de l'ancien usage, d'après lequel l'administration tolérait qu'il fût donné aux combles une hauteur égale à la moitié de la largeur des bâtiments, si le bâtiment est terminé par un toit à deux plans formant angle droit au sommet (Ledru-Rollin, t. IV, p. 407). — V. dans le même *Recueil*, à leur date, ordonnances des 30 mai 1821, 10 janvier 1827 et 9 janvier 1828, 28 février 1828, 10 février 1829, 8 juin 1832, 20 février et 10 juillet 1835, 14 juin et 21 décembre 1837, 16 juillet 1840. — V. toutefois ordonnance du 18 juillet 1827 (Pothenot).

Note b.

Un arrêté du Directoire exécutif du 13 germinal an V avait chargé le ministre de l'intérieur du soin de régler les alignements dans Paris; en conséquence, les plans particuliers de chaque rue, sur lesquels les projets des nouveaux alignements avaient été tracés, étaient successivement arrêtés par de simples décisions ministérielles; mais la loi du 16 septembre 1807 et l'avis du Conseil d'État du 3 septembre 1811 changèrent cette disposition par les motifs suivants : « Considérant que, conformément à l'article 52 de la loi du 16 septembre 1807, le Conseil de Sa Majesté ne peut autoriser des acquisitions *pour l'ouverture de nouvelles rues, pour l'élargissement des anciennes, ou pour tout autre objet d'utilité publique* que pour les communes dont les projets *auront été arrêtés en Conseil d'État*, le Conseil est d'avis :

1° Que le ministre de l'intérieur soit invité, avant de proposer à Sa Majesté un projet d'acquisition de maisons ou terrains nécessaires à l'embellissement ou à l'utilité, soit de la ville de Paris, soit de toute autre ville ou commune du royaume, à faire précéder cette demande, soit du plan des alignements déjà arrêtés légalement, s'il y a lieu, soit d'un projet du plan d'alignement, pour ledit plan être arrêté en Conseil d'État, en exécution de l'article 52 de la loi du 16 septembre 1807;

2° Que pour la ville de Paris spécialement, il est important de mettre de la régularité dans les alignements, qui sont quelquefois donnés maison par maison et sans système général; et qu'à cet effet, le préfet du département de la Seine, dans les attributions duquel est ce travail, doit faire présenter, dans le plus court délai, au ministre de l'intérieur, le plan des-alignements, et, autant qu'il se pourra, des nivellements pour la ville de Paris, et que, pour faire jouir plus tôt ses habitants des avantages et de la sécurité qui en résulteront, ce plan soit présenté successivement et par quartier, quand la chose sera possible, pour, sur le rapport du ministre de l'intérieur, y être statué par Sa Majesté, aux termes dudit article 52. »

En conséquence, la ville de Paris est rentrée dans la règle commune. Le ministre de l'intérieur a remis au préfet le soin de préparer le travail des alignements et de proposer les projets que réclament l'utilité publique et l'intérêt local. Il est statué sur les plans partiels dans les mêmes formes que pour les plans d'alignement des villes.

V. Davenne, édit. de 1836, t. I, p. 64 et suivantes.

LVII. — ORDONNANCE *du bureau des finances concer-*
nant la suppression des enseignes et étalages en saillie
dans les villes et bourgs de la généralité de Paris (1).

10 décembre 1784.

Sur ce qui a été remontré par le procureur du roi
que le bureau ayant été convaincu par l'expérience et
par les preuves écrites de plusieurs accidens des inconvéniens et même du danger des enseignes trop vo-
lumineuses et des saillies démesurées qui existoient
dans les rues, places et carrefours de la ville et faubourgs de Paris, en avoit prescrit la suppression totale
par son ordonnance du 17 décembre 1761 (2); que
l'exécution de cette ordonnance, loin d'occasionner la
plus légère réclamation, avoit été au contraire provo-
quée par les plaintes des six corps des marchands eux-
mêmes, et en quelque sorte approuvée et fortifiée par
l'opinion unanime du public, de manière qu'en très-
peu de temps on avoit vu ces enseignes d'une saillie
excessive disparoître pour faire place à de simples tableaux appliqués sur le nu des murs de face des maisons, et certainement bien suffisants pour indiquer le
nom et la profession de chacun des marchands et artisans; que le temps et l'expérience n'avoient pu faire
applaudir à cette réforme salutaire de la saillie des enseignes dans la ville et faubourgs de Paris, sans faire

_____

(1) *Lois anciennes, règne de Louis XVI,* par Armet; Mars, t. II,
p. 475; Davenne, t. II, p 315. V. *suprà,* p. 107, l'ordonnance du
1er avril 1697. — J.-B.-J. PAILLET, *Manuel* cité.

(2) Davenne, t. II, p. 313.

désirer de la voir bientôt s'étendre plus loin, et notam=
ment aux enseignes placées dans les traverses des
autres villes, bourgs et villages, où ces saillies, souvent
plus considérables encore et plus exposées aux vents,
présentoient aussi plus de dangers et d'inconvéniens;
qu'en effet, d'après les renseignements pris à cet égard
par le procureur du roi, et même d'après les plaintes
qui en avoient été portées, il n'étoit presque plus de
villes et de bourgs de la généralité de Paris où l'on ne
pût citer quelques accidens occasionnés par la chute
et la rupture de ces énormes enseignes, témoignages
bien plus certains d'une sorte de jalousie entre les
marchands et les aubergistes que de la plus légère utilité réelle; que, croyant enfin cet objet digne d'une
police sage et prévoyante, qui en cette partie nous est
attribuée, il requéroit pour qu'il y fût pourvu. Vu
ledit réquisitoire, notre ordonnance du 17 décembre 1661, et le rapport de M. Gissey, trésorier de
France, le bureau faisant droit sur le réquisitoire du
procureur du roi, a ordonné et ordonne ce qui suit :

Art. 1er. Tous particuliers, marchands, artisans,
aubergistes, cabaretiers et autres généralement quel=
conques, ayant sur les places et rues de traverses des
villes, faubourgs, bourgs et villages de la généralité de
Paris, et généralement sur toutes autres rues, places,
carrefours et passages publics dont le pavé a été or=
donné par Sa Majesté ou est entretenu à ses frais, des
enseignes en saillie suspendues au bout d'une potence
de fer ou autre manière, seront tenus, dans le délai
du 1er avril 1785, de faire retirer et supprimer lesdites
enseignes, sauf à eux à les faire appliquer sur le nu
des murs de face de leurs maisons, magasins et boutiques.

Art. 2. Les enseignes ou tableaux ainsi appliqués

ne pourront avoir, sous quelque prétexte que ce soit, plus de six pouces d'épaisseur ou de saillie du nu desdits murs de face, y compris les bordures, chapiteaux et tous autres ornemens indicatifs de l'état ou profession de ceux qui les feront poser.

Art. 3. Tous étalages désignant leur commerce ou profession, qui seront placés au-dessus des auvens ou au-dessous du rez-de-chaussée des maisons situées sur lesdites rues, places et carrefours, seront également supprimés ou appliqués sur le mur, sans pouvoir excéder la saillie de six pouces du nu du mur de face.

Art. 4. Toutes figures en relief formant massif en fer, bois, ou toute autre matière, et servant d'enseignes, seront entièrement supprimés, sauf aux particuliers à les remplacer par des tableaux de la forme et dimension prescrites par l'art. 2 de la présente ordonnance.

Art. 5. Lesdits tableaux et étalages ci-dessus prescrits seront attachés avec crampons de fer haut et bas, scellés en plâtre dans le mur, et recouvrant les bords desdits tableaux et étalages et non simplement accrochés ou suspendus (1) (a).

Art. 6. Ne pourront être perçus aucuns droits utiles de la voirie, et salaires y attribués, pour raison des réformes et changemens d'enseignes et étalages prescrits par la présente ordonnance, sinon dans le cas où lesdits tableaux et étalages seroient posés ès lieux et maisons où il n'y avait précédemment aucunes enseignes, à peine de concussion.

Art. 7. Faute par les propriétaires, marchands, artisans, cabaretiers et tous autres, de satisfaire aux dispositions de la présente ordonnance, dans le délai

_____

(1) Voir plus loin, p. 194.

ci-dessus fixé, il y sera pourvu à la requête et diligence du procureur du roi, et à leurs frais, dont exécutoire sera délivré en la manière accoutumée. Seront, en outre, les contrevenans condamnés en 20 livres d'amende pour la première contravention, et à plus forte peine en cas de récidive, lesquelles contraventions seront constatées par des procès-verbaux en bonne et due forme (1). — Mandons, etc.

(1) La contravention tombe maintenant sous l'application de l'article 471, n° 15, du Code pénal.

ORDONNANCE DU 10 DÉCEMBRE 1784

CONCERNANT LES ENSEIGNES.

(D'après Paillet) (1).

Note a.

I. Une ordonnance royale du 24 décembre 1823 dispose : Art. 1er. Il ne pourra à l'avenir être établi sur les murs de face des maisons de notre bonne ville de Paris aucune saillie autre que celles déterminées par la présente ordonnance. — 2. Toute saillie sera comptée à partir du nu du mur au-dessus de la retraite. — 3. Aucune saillie ne pourra excéder les dimensions suivantes : tableaux, enseignes, bustes, reliefs, montres, attributs y compris les bordures, supports et points d'appui, 16 centimètres. — 4. Aucuns tableaux, enseignes, montres, étalages et attributs quelconques, ne seront suspendus, attachés ni appliqués soit aux balcons, soit aux auvents. Leurs dimensions seront déterminées au besoin par le préfet de police, suivant les localités. Il pourra néanmoins être placé sous les auvents des tableaux ou plafonds en bois, pourvu qu'ils soient posés dans une direction inclinée. — Cette ordonnance, dit le président Henrion de Pansey, dans son *Traité du pouvoir municipal*, p. 323, paraît n'être faite que pour Paris, mais elle est applicable à toutes les communes, quelle que soit leur population ; elle est pour les maires le meilleur guide qu'ils puissent suivre.

II. L'enseigne est la propriété exclusive de celui qui l'a le premier adoptée. Un autre n'a pas le droit de l'imiter. Dès le 16 août 1648, le Parlement de Paris l'avait ainsi jugé. C'est la conséquence de l'article 1382 et suiv. du Code civil, qui prohibent tout préjudice causé par une rivalité déloyale. Il n'est pas nécessaire, pour l'application de ce principe, que l'imitation d'une enseigne soit complète. Une simple analogie

(1) Voir plus haut, p. 192.

suffit pour constituer l'usurpation, si cette analogie peut amener une confusion et tromper l'acheteur. Il a été jugé que ces mots : *Dépôt général du Fidèle Berger de la rue Vivienne* étaient une usurpation de l'enseigne du *Fidèle Berger*, dont le propriétaire exerçait la même profession rue des Lombards ; qu'il y avait analogie et confusion possible entre *Au Mortier d'Or* et *Au Mortier de Bronze*, entre *A la Botte rouge* et *A la Botte aurore*, *A la Botte ponceau*, *A la Botte rose*, parce que, bien que les désignations soient littéralement très-différentes, cependant la couleur n'est pas assez distincte pour éviter toute méprise.

LVIII. — ARRÊT *du Conseil portant défenses aux pro-*
priétaires des maisons de Paris, de pratiquer aucune
ouverture ni communication avec les égouts, ouverts
sous leurs maisons, pour l'écoulement des eaux et des
latrines (1).

22 janvier 1785.

Le Roi étant en son conseil, a ordonné et ordonne
qu'en dérogeant à l'arrêt du 21 juin 1721 (2), en faveur des propriétaires des maisons construites sur les
égouts, les prévôt des marchands et échevins seront
autorisés à faire procéder au curement desdits égouts
aux dépens de la ville seule, et sans que lesdits propriétaires soient tenus d'y contribuer, en considération de la défense dont Sa Majesté ordonne la plus
rigoureuse exécution, de pratiquer aucunes ouvertures ou communications avec lesdits égouts, pour
l'écoulement des eaux ou latrines de leurs maisons;
et, quant aux autres dépenses de pavement et de toutes autres réparations relatives tant auxdits égouts
qu'aux maisons sous lesquelles ils passent, ordonne
Sa Majesté qu'elles seront faites par les propriétaires
desdites maisons et terrains, sans que, dans aucun
cas et sous aucun prétexte, lesdits prévôt des mar-

1) *Lois annotées*, par M. Carette, 1re série, p. 905, *ad notam;*
Mars, t. II, p. 478; Davenne, t. II, p. 252; seulement indiqué
par la *Collection* de M. Isambert. — L'exécution de cet arrêt est
prescrite par l'ord. royale du 30 sept. 1814. Plusieurs ord. du
préfet de police ont été rendues pour l'exécution de l'arrêt du
22 janvier 1785. — V. dans le *Dict. de police* de MM. Élouin
et Trébuchet, les mots *Égout* et *Conduite des eaux.* — J.-B.-J.
PAILLET, *Manuel* cité.

(1) V. Davenne, t. II, p. 244.

chands et échevins puissent les dispenser pour l'avenir
de cette charge, n'exceptant de cette obligation pour
le passé que ceux qui pourront justifier de conventions
contraires.

LIX. — *Extrait de l'Ordonnance de police concernant la commodité et la liberté de la voie publique* (1).

28 janvier 1786.

ART. 1er. Nous ordonnons que les règlements des 3 janvier 1356, novembre 1539, décembre 1607, 19 novembre 1666, 22 mars 1720 et les ordonnances de police, seront exécutés selon leur forme et teneur. Enjoignons aux propriétaires, maîtres maçons, charpentiers et entrepreneurs de bâtiments, de renfermer, tailler et préparer dans l'intérieur desdits bâtiments les pierres et matériaux destinés à iceux, autant que ledit intérieur en pourra contenir, à peine de deux cents livres d'amende.

ART. 2. Nous faisons très-expresses inhibitions et défenses auxdits propriétaires, maçons, charpentiers, menuisiers, couvreurs et autres entrepreneurs de bâtiments, de faire décharger dans les rues et places de cette ville des pierres de taille, moellons, charpente et autres matériaux destinés aux constructions et réparations des bâtiments, que préalablement ils n'aient fait constater par les commissaires des quartiers qu'il n'est pas possible de les renfermer dans l'intérieur des bâtiments, et qu'ils n'aient obtenu desdits commissaires des emplacements pour lesdits matériaux; comme aussi d'en déposer ailleurs que dans ceux qui leur auront été assignés par lesdits commissaires : le tout sous la même peine de deux cents livres d'amende.

(1) Renouvelant une pareille ordonnance du 1er décembre 1755. — SOCIÉTÉ CENTRALE DES ARCHITECTES, *Manuel des lois du bâtiment* (1re édit.) cité.

ART. 3. Seront tenus, sous les mêmes peines, lesdits entrepreneurs de places de retenir dans l'intérieur des bâtiments qu'ils démoliront, les pierres, bois et autres matériaux en provenant : leur défendons de les sortir et déposer dans les rues, sauf à eux à se pourvoir de magasins suffisants pour les contenir.

ART. 4. Il ne pourra être mis dans les rues et places de cette ville plus grande quantité de pierres, moellons et charpente que ce qui pourra être employé dans le cours de trois jours, ou au plus, de la semaine, et ce dans le cas où il sera estimé par le commissaire du quartier que le passage public n'en sera pas gêné et resserré, à l'exception néanmoins des matériaux destinés pour les édifices publics.

ART. 5. Les propriétaires, maîtres maçons, charpentiers et autres entrepreneurs, ne pourront faire sortir dans les rues et places les décombres, pierres, moellons, terres, gravois, ardoises, tuileaux et autres matières provenant des démolitions des bâtiments qu'autant qu'ils pourront les faire enlever dans le jour; en sorte qu'il n'en reste pas pendant la nuit, sous peine de deux cents livres d'amende.

ART. 6. Enjoignons, sous les mêmes peines, auxdits propriétaires, maîtres maçons, charpentiers et autres entrepreneurs de bâtiments, de faire balayer tous les jours, aux heures prescrites par les règlements, les rues le long de leurs bâtiments et ateliers, de faire enlever les recoupes trois fois la semaine, et même plus souvent s'il est nécessaire, de manière que leurs ateliers n'en soient point engorgés; de faire ranger leurs pierres et matériaux destinés aux constructions le long des murs, sans cependant les appuyer contre iceux, et en laissant libre l'entrée des maisons et les appuis au-devant des boutiques : de telle sorte qu'il reste, autant qu'il sera possible, dans les rues un espace de trois toises entièrement libre, afin que deux voitures puissent y passer de front, et dans le cas où ils ne pourraient pas laisser trois toises entièrement libres, les matériaux seront déposés dans les carrés, entre lesquels on laissera des places vacantes pour ranger, au besoin, de secondes voitures : le tout conformément aux permissions qui auront été délivrées.

ART. 7. Seront tenus les tailleurs de pierres de ranger les pierres qu'ils travailleront, de manière que les éclats et recoupes ne puissent causer aucune malpropreté dans les rues ni blesser les passants ; leur enjoignons en conséquence de tourner la partie qu'ils travailleront du côté du mur le long duquel seront déposés les pierres et matériaux, le tout à peine de cent livres d'amende.

ART. 8. Ordonnons aux couvreurs d'observer les anciennes ordonnances, en conséquence leur défendons de jeter les recoupes, plâtres et ardoises dans les rues, et leur enjoignons de les descendre ou de faire descendre par leurs ouvriers, sous peine de deux cents livres d'amende, même de plus grande peine si le cas y échéait.

ART. 9. Enjoignons aux maîtres couvreurs faisant travailler aux couvertures des maisons, de faire pendre au-devant d'icelles deux lattes en forme de croix au bout d'une corde, et d'attacher auxdites lattes un morceau de drap d'une couleur voyante ; leur enjoignons aussi et à tous autres qui font travailler dans le haut des maisons, lorsqu'il y aura le moindre danger pour les passants, de faire tenir dans la rue un homme pour avertir du travail et prévenir les accidents de pierres, plâtres, tuiles et autres matériaux qui pourraient échapper dans le cours de leurs travaux.

ART. 11. Faisons défenses, sous les mêmes peines,
à tous serruriers, tapissiers, layetiers, chaudronniers,
bahutiers et à tous autres, de travailler dans les rues
et d'y établir des ateliers et tréteaux.

ART. 12. Faisons défenses, sous les mêmes peines
de deux cents livres d'amende, à tous sculpteurs, mar-
briers, menuisiers, serruriers, charpentiers, selliers,
charrons, marchands de bois, tapissiers, frippiers, et
autres, de laisser sur le pavé, au-devant de leurs maisons, sous quelque prétexte que ce soit, aucuns marbres, trains, carrosses, arbres, poutres, planches et
autres choses destinées à être travaillées, ni aucun
autre objet de leurs métiers et professions, même pour
servir de montre.

LX. — *Extrait du Décret rendu sur la constitution des municipalités* (1).

14 décembre 1789.

Art. 50. Les fonctions propres au pouvoir municipal, sous la surveillance et l'inspection des assemblées administratives, sont.....

De faire jouir les habitants des avantages d'une
bonne police, notamment de la propreté, de la salubrité, de la sûreté et de la tranquillité des rues, lieux
et édifices.

(1) A. DE ROYOU, *Traité pratique de la Voirie à Paris*, in-8,
Paris, 1879.

LXI. — *Extrait du Décret rendu pour la constitution des assemblées administratives* (1).

22 décembre 1789. — Janvier 1790.

Section III. — Art. 2. Les administrations de dé-partement seront encore chargées, sous l'autorité et l'inspection du Roi..... 6° De la conservation des fo-rêts, rivières, chemins et autres choses communes ; 7° de la direction et confection des travaux pour la confection des routes et autres ouvrages publics auto-risés dans le département.

(1) A. DE ROYOU, *Traité pratique de la Voirie à Paris*, déjà cité.

LXII. — *Extrait de la Loi sur l'organisation de l'ordre judiciaire* (1).

16-24 août 1790.

Titre XI. — Art. 1er. Les corps municipaux veilleront et tiendront la main, dans l'étendue de chaque municipalité, à l'exécution des lois et règlements de police, et connaîtront du contentieux auquel cette exécution pourra donner lieu.

Art. 3. Les objets de police confiés à la vigilance et à l'autorité des municipalités, sont : 1° tout ce qui intéresse la sûreté et la commodité du passage des rues, quais, places et voies publiques; ce qui comprend le nettoiement, l'illumination, l'enlèvement des encombrements, la démolition ou la réparation des bâtiments menaçant ruine, l'interdiction de ne rien exposer aux fenêtres, ou autre partie des bâtiments, qui puisse blesser ou endommager les passants ou causer des exhalaisons nuisibles.

(1) A. DE ROYOU, *Traité pratique de la Voirie à Paris*, cité.

LXIII. — *Extrait du Décret qui règle différents points de compétence des corps administratifs* (1).

7-14 octobre 1790.

Art. 1er. L'administration, en matière de grande voirie attribuée aux corps administratifs par l'article 6 du titre XIV du Décret sur l'organisation judiciaire, comprend, dans toute l'étendue du royaume, l'alignement des rues des villes, bourgs et villages, qui servent de grandes routes (2).

(1) A. DE ROYOU, *Traité pratique de la Voirie à Paris.*
(2) Aux termes de la *loi du 24 mai 1872*, les recours pour incompétence ou excès de pouvoir contre les décisions de l'autorité administrative (préfet, ministre), sont portés devant le Conseil d'État, statuant au contentieux.

Les conflits élevés sur les questions de compétence, entre l'autorité administrative et les tribunaux judiciaires, sont jugés souverainement par un tribunal spécial désigné sous le Tribunal des conflits.

LXIV. — *Extrait du Décret relatif aux Domaines natio-naux, aux échanges et concessions, et aux apanages (1).*

22 novembre et 1er décembre 1790.

§ 1er. *De la nature du Domaine national et de ses principales divisions.*

Art. 1er Le domaine national, proprement dit, s'entend de toutes les propriétés foncières et de tous les droits réels ou mixtes qui appartiennent à la nation, soit qu'elle en ait la possession et la jouissance actuelles, soit qu'elle ait seulement le droit d'y ren-trer par voie de rachat, droit de réversion ou autre-ment.

Art. 2. Les chemins publics, les rues et places des villes, les fleuves et rivières navigables, les rivages, lais et relais de la mer, les ports, les havres, les rades, etc., et, en général, toutes les portions du ter-ritoire national qui ne sont pas susceptibles d'une propriété privée, sont considérés comme des dépen-dances du domaine public.

Art. 8. Les domaines nationaux, et les droits qui en dépendent, sont et demeurent inaliénables sans le consentement et le concours de la nation; mais ils peuvent être vendus et aliénés, à titre perpétuel et in-commutable, en vertu d'un décret formel du Corps législatif, sanctionné par le roi, en observant les for-malités prescrites pour la validité de ces sortes d'alié-nations.

(1) A. DE ROYOU, *Traité pratique de la Voirie à Paris.*

LXV. — *Extrait du Décret relatif à l'organisation d'une police municipale et correctionnelle* (1).

19-22 juillet 1791.

Titre Iᵉʳ. — Art. 18. Le refus ou la négligence d'exécuter les règlemens de voirie, ou d'obéir à la sommation de réparer ou démolir les édifices menaçant ruine sur la voie publique, sont, outre les frais de démolition ou de réparation de ces édifices, punis d'une amende de la moitié de la contribution mobilière, laquelle ne peut être au-dessous de six francs (a) (2).

Art. 29, § 2. Sont confirmés provisoirement les règlements qui subsistent touchant la voirie, ainsi que ceux actuellement existants à l'égard de la construction des bâtiments, et relatifs à leur solidité et sûreté, sans que de la présente disposition il puisse résulter la conservation des attributions ci-devant faites, sur cet objet à des tribunaux particuliers.

Art. 46. Aucun tribunal de police municipale, ni aucun corps municipal, ne pourra faire de règlemens : le corps municipal néanmoins pourra, sous le nom et l'intitulé de *délibération*, et sauf la réformation, s'il y a lieu, par l'administration du département, sur l'avis de celle du district, faire des arrêtés sur les objets qui suivent :

1° Lorsqu'il s'agira d'ordonner les précautions lo-

(1) A. DE ROYOU, *Traité pratique de la Voirie à Paris.*
(1) Voir plus loin, p. 209, *note a*, le décret du 31 juillet 1806, modifiant l'art. ci-dessus.

cales sur les objets confiés à sa vigilance et à son au=
torité, par les articles 3 et 4 du titre XI du décret
du 16 août, sur l'*organisation judiciaire;*

2° De publier de nouveau des lois et règlemens de
police, ou de rappeler les citoyens à leur observation (1).

(1) TRIPIER, *Codes français.*

DÉCRET SUR LA POLICE MUNICIPALE

DU 19-22 JUILLET 1791

(D'après A. de Royou) (1).

Note a.

Décret modifiant la loi ci=dessus.

31 juillet 1806.

Art 1er. Dans les lieux où il n'est point imposé de contribution mobilière, les amendes déterminées par les lois, d'après la contribution mobilière, sont modifiées ainsi qu'il suit :

Art. 2. Lorsque les lois prononcent une amende du quart, du tiers, de la moitié ou de la totalité de la contribution-mobilière des délinquants, les juges les condamneront à une amende depuis 3 francs jusqu'à 200 francs.

Art. 3. Lorsque les lois prononcent une amende plus forte que la contribution mobilière des délinquants, les juges les condamneront à une amende depuis 50 francs jusqu'à 500 francs.

Art. 4. Dans la prononciation de ces amendes, les juges se conformeront, autant que les circonstances le permettront, aux proportions indiquées par les lois qui ont réglé les amendes d'après la contribution mobilière.

(1) Voir plus haut, p. 207.

LXVI. — *Extrait de la Loi concernant les biens et usages ruraux, et la police rurale* (1).

6 octobre 1791.

TITRE Ier. — SECTION IV. — *Des troupeaux, des clôtures, du parcours et de la vaine pâture.* — Art. 4. Le droit de clore et de déclore ses héritages résulte essentiellement de celui de propriété, et ne peut être contesté à aucun propriétaire. L'Assemblée nationale abroge toutes lois et coutumes qui peuvent contrarier ce droit.

Art. 5. Le droit de parcours et le droit simple de vaine pâture ne pourront, en aucun cas, empêcher les propriétaires de clore leurs héritages ; et tout le temps qu'un héritage sera clos de la manière qui sera déterminée par l'article suivant, il ne pourra être assujetti ni à l'un ni à l'autre droit ci-dessus.

Art. 6. L'héritage sera réputé clos lorsqu'il sera entouré d'un mur de quatre pieds de hauteur avec barrière ou porte, ou lorsqu'il sera exactement fermé et entouré de palissades ou de treillages, ou d'une haie vive, ou d'une haie sèche faite avec des pieux, ou cordelée avec des branches, ou de toute autre manière de faire les haies en usage dans chaque localité ; ou enfin d'un fossé de quatre pieds de large au moins à l'ouverture, et de deux pieds de profondeur.

Art. 7. La clôture affranchira de même du droit de vaine pâture réciproque ou non réciproque entre par-

---

(1) ROGER et SOREL, *Codes et Lois usuelles*, cité.

ticuliers, si ce droit n'est pas fondé sur un titre.
Toutes lois et tous usages contraires sont abolis.

Art. 8. Entre particuliers, tout droit de vaine pâture fondé sur un titre, même dans les bois, sera ra-
chetable à dire d'expert, suivant l'avantage que pourrait en retirer celui qui avait ce droit s'il n'était pas
réciproque, ou eu égard au désavantage qu'un des
propriétaires aurait à perdre la réciprocité si elle existait; le tout sans préjudice au droit de cantonnement,
tant pour les particuliers que pour les communautés,
confirmé par l'article 8 du décret des 16 et 17 septembre 1790.

SECTION VI. — Art. 1er. Les agents de l'administration ne pourront fouiller dans un champ pour y chercher des pierres, de la terre et du sable, nécessaires
à l'entretien des grandes routes ou autres ouvrages
publics, qu'au préalable ils n'aient averti le propriétaire, et qu'il ne soit justement indemnisé à l'amiable
ou à dire d'expert, conformément à l'article 1er du
présent décret.

TITRE II. — *De la Police rurale.* — Art. 1er. La police des campagnes est spécialement sous la juridiction des juges de paix et des officiers municipaux, et
sous la surveillance des gardes champêtres et de la
gendarmerie nationale.

Art. 2. Tous les délits ci-après mentionnés sont,
suivant leur nature, de la compétence du juge de
paix ou de la municipalité du lieu où ils auront été
commis.

Art. 9. Les officiers municipaux veilleront généralement à la tranquillité, à la salubrité et à la sûreté des
campagnes; ils seront tenus particulièrement de faire,

au moins une fois par an, la visite des fours et cheminées de toutes maisons et de tous bâtiments éloignés de moins de cent toises d'autres habitations; ces
visites seront préalablement annoncées huit jours
d'avance. — Après la visite, ils ordonneront la réparation ou la démolition des fours et des cheminées qui
se trouveront dans un état de délabrement qui pourrait occasionner un incendie ou d'autres accidents ;
il pourra y avoir lieu à une amende au moins de 6 livres, et au plus de 24 livres.

Art. 10. Toute personne qui aura allumé du feu
dans les champs plus près que cinquante toises des
maisons, bois, bruyères, vergers, haies, meules de
grains, de paille ou de foin, sera condamné à une
amende égale à la valeur de douze journées de travail,
et payera en outre le dommage que le feu aurait oc-
casionné. Le délinquant pourra de plus, suivant les
circonstances, être condamné à la détention de police
municipale.

Art. 15. Personne ne pourra inonder l'héritage de
son voisin, ni lui transmettre volontairement les eaux
d'une manière nuisible, sous peine de payer le dommage et une amende qui ne pourra excéder la somme
du dédommagement.

Art. 16. Les propriétaires ou fermiers des moulins
et usines construits ou à construire, seront garants de
tous dommages que les eaux pourraient causer aux
chemins ou propriétés voisines, par la trop grande élévation du déversoir ou autrement. Ils seront forcés de
tenir les eaux à une hauteur qui ne nuise à personne,
et qui sera fixée par le directoire du département, d'a-
près l'avis du directoire de district. En cas de contravention, la peine sera une amende qui ne pourra excéder la somme du dédommagement.

Art. 17. Il est défendu à toute personne de recom=
bler les fossés, de dégrader les clôtures, de couper des
branches de haies vives, d'enlever les bois secs des
haies, sous peine d'une amende de la valeur de trois
journées de travail. Le dédommagement sera payé au
propriétaire; et, suivant la gravité des circonstances,
la détention pourra avoir lieu, mais au plus pour un
mois.

Art. 32. Quiconque aura déplacé ou supprimé des
bornes ou pieds-corniers, ou autres arbres plantés ou
reconnus pour établir les limites entre différents héritages, pourra, en outre du payement du dommage et
des frais de remplacement des bornes, être condamné
à une amende de la valeur de douze journées de travail; et sera puni par une détention dont la durée,
proportionnée à la gravité des circonstances, n'excé=
dera pas une année. La détention cependant pourra
être de deux années, s'il y a transposition de bornes à
fin d'usurpation.

LXVII. — *Loi relative à la destruction des étangs marécageux* (1).

11 septembre 1792.

Article unique. Lorsque les étangs, d'après les avis et procès-verbaux des gens de l'art, pourront occasionner, par la stagnation de leurs eaux, des maladies épidémiques ou épizootiques, ou que, par leur position, ils seront sujets.à des inondations qui envahissent et ravagent les propriétés inférieures, les conseils généraux des départements sont autorisés à en ordonner la destruction, sur la demande formelle des conseils généraux des communes, et d'après les avis des administrateurs de district.

(1) ROGER et SOREL, *Codes et Lois usuelles*, cité.

LXVIII. — *Extrait du Décret relatif au mode d'acqui=
sition de maisons ou terrains appartenant à des parti=
culiers, dans le cas où la division d'un bien national
exigerait l'ouverture d'une rue* (1).

4 avril 1793

Art. 12. Dans le cas où la division d'un bien national exigerait l'ouverture d'une rue, et que, pour y
parvenir, il serait nécessaire de faire, au nom de la
nation, l'acquisition des maisons ou terrains appartenant à des particuliers, cette acquisition ne pourra
avoir lieu qu'en vertu d'un décret du gouvernement.

Art. 13. Lorsque le gouvernement aura décrété
l'acquisition, au nom de la nation, desdites maisons
ou terrains, l'évaluation en sera faite par deux experts,
nommés, l'un par le directoire du district, en prenant
pour base le capital à cinq pour cent des loyers ou
fermages connus ou présumés, et il sera ajouté au
prix ainsi réglé un quart en sus, par forme d'indemnité
accordée aux propriétaires.

Art. 17. Les demandes qui ont été ou qui seront
formées par les *municipalités* pour l'abandon de bâtiments ou terrains nationaux, sur le fondement qu'ils
sont nécessaires à l'élargissement des rues, à l'agran-
dissement des places ou à l'embellissement des villes,
seront adressées au ministre de l'intérieur, qui, après
avoir fait constater leur légitimité par les corps administratifs, et les avoir communiquées à l'administration
des biens nationaux, les remettra à la Convention na-

(1) SOCIÉTÉ CENTRALE DES ARCHITECTES, *Manuel des lois du
bâtiment* (1re édit.) cité.

tionale, avec toutes les pièces justificatives. Il ne pourra être fait aucun abandon de ce genre qu'en vertu des décrets particuliers.

Art. 18. Toutes les fois que les demandes dont il s'agit n'auront pour objet qu'un simple alignement, dont l'exécution intéresse *essentiellement* la sûreté publique, l'abandon qui pourra en résulter de quelques portions de terrains appartenant au gouvernement ne sera pas mis à la charge des villes.

Art. 19. Si, au contraire, l'objet de l'abandon réclamé est l'élargissement des rues ou des places, la commodité des citoyens ou l'embellissement de quelques quartiers des villes, sans qu'il soit prouvé que l'état actuel des choses puisse nuire *essentiellement* à la tranquillité et à la sûreté publique, les terrains laissés à la disposition des communes seront payés par elles; et, à cet effet, l'estimation en sera faite par deux experts nommés, l'un par la municipalité, et l'autre par le district, et à Paris par le département.

Le prix fixé par lesdits experts sera soumis par les districts à l'approbation du département, et par le département à celle de l'administrateur des biens nationaux, pour être ensuite définitivement arrêté par le décret qui autorise la concession des terrains réclamés.

LXIX. — *Extrait de la Loi sur les biens communaux* (1).

10 juin 1793.

Art. 5. Les rues, places, quais et promenades publiques font partie des biens communaux.

(1) A. DE ROYOU, *Traité pratique de la Voirie à Paris.*

LXX. — *Extrait de la Loi qui interdit provisoirement* (1) *de faire des saisies-arrêts sur les fonds destinés aux entrepreneurs de travaux publics* (2).

26 pluviôse an II. — 14 février 1794.

Art. 1er. Les créanciers particuliers des entrepreneurs et adjudicataires des ouvrages faits ou à faire pour le compte de la nation ne peuvent, jusqu'à l'organisation définitive des travaux publics, faire aucune saisie-arrêt, ni opposition sur les fonds déposés dans les caisses des receveurs de districts, pour être délivrés auxdits entrepreneurs ou adjudicataires.

Art. 2. Les saisies-arrêts et oppositions qui auraient été faites jusqu'à ce jour par les créanciers particuliers desdits entrepreneurs ou adjudicataires, sont déclarées nulles et comme non avenues.

Art. 3. Ne sont point comprises dans les dispositions des articles précédents les créances provenant du salaire des ouvriers employés par lesdits entrepreneurs, et les sommes dues pour fournitures de matériaux et autres objets servant à la construction des ouvrages.

Art. 4. Néanmoins, les sommes qui resteront dues aux entrepreneurs ou adjudicataires, après la réception des ouvrages, pourront être saisies par leurs créanciers particuliers, lorsque les dettes mentionnées en l'article 3 auront été acquittées.

(1) Malgré son caractère provisoire, cette loi est toujours en vigueur.
(2) ROGER et SOREL, *Codes et Lois usuelles*.

LXXI. — ARRÊTÉ *du Directoire qui autorise le Ministre de l'intérieur à régler les alignements dans Paris* (1).

13 germinal an V. — 2 avril 1797.

Le Directoire exécutif, sur le rapport du Ministre de l'intérieur, vu le règlement du 10 avril 1783, concernant la fixation de l'élargissement et du redressement de chacune des rues de Paris, a arrêté ce qui suit :

Art. 1er. Le Ministre de l'intérieur est autorisé à régler, sur le plan des rues de Paris, les élargissements et le redressement de chacune d'elles.

Art. 2. Il ne sera tracé sur lesdits plans qu'un seul alignement, lequel sera définitif, et les retranchements de terrain qui en résulteront ne pourront porter à plus de 10 mètres la largeur des rues qui n'ont pas atteint cette dimension, et qui ne forment pas le prolongement de grandes routes du premier ou du second ordre ; les redressements seront cependant exécutés en raison de la largeur actuelle de chaque rue.

Art. 3. Les rues formant le prolongement de grandes routes du premier ordre ne pourront être fixées à moins de 12 mètres de largeur, et celles du second ordre à moins de 10 mètres ; mais les rues de ces deux classes, dont l'ouverture excède ces dimensions, seront maintenues dans leur largeur actuelle, et les redressements qu'elles pourront exiger seront dirigés en raison de cette même largeur.

(1) A. DE ROYOU, *Traité pratique de la Voirie à Paris.*

Art. 4. Les rues dont la largeur correspond à leur fréquentation seront maintenues dans leur état actuel, lorsqu'elles ne présenteront ni pli ni coude, et, s'il s'y rencontre des plis et des coudes, il y sera opéré des redressements.

LXXII. — *Extrait de la Loi relative à l'administration des hospices civils* (1).

16 messidor an VII. — 4 juillet 1799.

Art. 15. Les biens-fonds des hospices seront affermés de la manière prescrite par les lois. — Les maisons non affectées à l'exploitation des biens ruraux pourront être affermées par baux à longues années ou à vie, et aux enchères en séance publique après affiches : ces baux n'auront d'exécution qu'après l'approbation de l'autorité chargée de la surveillance immédiate.

(1) Roger et Sorel, *Codes et Lois usuelles.*

LXXIII. — Avis *du Conseil des Bâtiments civils concernant les Honoraires des Architectes* (1).

12 pluviôse an VIII. — 1er février 1800.

Vu la lettre adressée au Ministère de l'intérieur, etc.,

Vu enfin la lettre du Ministre de l'intérieur,

Et considérant que s'il n'existe pas de loi positive sur cette matière, *il est au moins un usage qui a toujours servi de règle et qui doit fixer à cet égard la jurisprudence des Tribunaux;*

Considérant que les émoluments attachés aux fonctions d'architecte sont légitimes, et qu'ils doivent être gradués en raison de l'importance de leurs travaux et de la situation des lieux où ils les font exécuter; -

Art. 1er. Estime qu'à Paris, pour les travaux ordinaires, il est dû aux architectes pour la confection des plans et des projets dont ils sont chargés :

Un centime et demi par franc, ci. . . . . 1 c. 1/2

Art. 2. Pour la conduite des ouvrages. . . 1 c. 1/2

Art. 3. Pour la vérification et règlement des mémoires. . . . . 2 c. »

Art. 4 Ensemble cinq centimes par franc du montant des mémoires en règlement. . 5 c. »

Art. 5. Quant à la rédaction des devis d'ouvrages qui ne seraient pas exécutés, le conseil pense qu'il doit être payé un centime par franc sur cet objet. . . . . 1 c. »

(1) SOCIÉTÉ CENTRALE DES ARCHITECTES, *Annales*, t. I, 1874, in-8, Paris .

Art. 6. Il estime en outre qu'il leur est dû le double de cette fixation pour les mêmes travaux, lorsqu'ils sont projetés et exécutés à plus de cinq kilomètres de distance des lieux de leur résidence, et les frais de voyage sont à leur charge.

Observant que lorsque les constructions exigent, comme cela arrive quelquefois, des dessins et des modèles qui leur occasionnent des dépenses extraordinaires, ils doivent être estimés et payés séparément.

Fait au conseil des bâtiments civils, le 12 pluviôse an VIII de la République française une et indivisible.

Pour copie conforme :

Signé : MERMET, *Secrétaire.*

Copie conforme et les minutes déposées entre nos mains.

Signé : BÉLANGER.

LXXIV. — *Extrait de la Loi concernant la division du territoire du Royaume, et l'administration* (1).

28 pluviôse an VIII. — 17 février 1800.

Titre II. — § 1ᵉʳ. *Administration du département.* — Art. 4. *Le conseil de préfecture* prononcera sur les demandes des particuliers, tendantes à obtenir la décharge ou la réduction de leur cote de contributions directes ; — Sur les difficultés qui pourraient s'élever entre les entrepreneurs des travaux publics et l'administration, concernant le sens ou l'exécution des clauses de leurs marchés ; — Sur les réclamations des particuliers qui se plaindront des torts et dommages procédant du fait personnel des entrepreneurs, et non du fait de l'administration ; — Sur les demandes et contestations concernant les indemnités dues aux particuliers, à raison des terrains pris ou fouillés pour la confection des chemins, canaux et autres ouvrages publics ; — Sur les difficultés qui pourront s'élever en matière de grande voirie ; — Sur les demandes qui seront présentées par les communautés des villes, bourgs ou villages, pour être autorisées à plaider ; — Enfin sur le contentieux des domaines nationaux.

(1) TRIPIER, *Codes français*, cité.

LXXV. — *Extrait d'un Arrêté du Gouvernement sur les attributions du Préfet de police* (1).

12 messidor an VIII. — 1er juillet 1800.

Attributions du Préfet de police. — Art. 21. Le Préfet de Police sera chargé de tout ce qui a rapport à la petite voirie, sauf le recours au Ministre de l'intérieur contre ses décisions.

Il aura à cet effet, sous ses ordres, un commissaire chargé de surveiller, permettre ou défendre :

L'ouverture des boutiques, étaux de boucherie et charcuterie ;

L'établissement des auvents, ou constructions du même genre qui prennent sur la voie publique ;

L'établissement des échoppes ou étalages mobiles ;

D'ordonner la démolition ou réparation des bâtiments menaçant ruine.

(1) A. DE ROYOU, *Traité pratique de la Voirie à Paris* cité.

LXXVI — ORDONNANCE *de police concernant les car-*
rières (1).

2 ventôse an IX. — 21 février 1801.

Le Préfet de police,

Considérant combien il importe à la sûreté des personnes et des propriétés de surveiller l'exécution des
règlements de police concernant les carrières;

Considérant que les communications qui pourraient
exister entre les carrières sous Paris et celles hors des
murs faciliteraient l'introduction des marchandises
prohibées et de celles sujettes au droit d'octroi;

Considérant, enfin, que les carrières, si leurs propriétaires négligeaient de les fermer et de prendre les
précautions convenables, pourraient devenir un pré-
cipice pour les passants et un asile pour les malfai-
teurs;

Vu l'article 2 de l'arrêté des consuls de la république, du 12 messidor an VIII;

Vu pareillement l'arrêté du 3 brumaire dernier;

Ordonne ce qui suit:

Art. 1er. Il sera fait des visites dans toutes les carrières du département de la Seine et des communes
de Sèvres, Saint-Cloud et Meudon, par des préposés
de la préfecture de police; en conséquence, les inspecteurs et commis à la surveillance des carrières anciennement exploitées, et dont le gouvernement, pour
l'intérêt public, a cru devoir spécialement s'occuper,

(1) Voir l'ordonnance du 23 ventôse an X (14 mars 1802). —
G. DELESSERT, *Collection officielle des ordonnances de police*,
t. I, Paris, 1844, n° 50.

ainsi que les propriétaires et locataires de celles en
activité d'exploitation, et de toutes autres carrières
exploitées et dont les travaux sont suspendus ou abandonnés, seront tenus, chaque fois qu'ils en seront requis, de conduire les préposés qui procéderont à ces
visites, de leur donner tous renseignements nécessaires et de représenter les plans qu'ils pourront avoir
à leur disposition.

Art. 2. Les carrières dont l'exploitation est terminée
seront condamnées par les propriétaires.

Celles dont les travaux sont suspendus ou abandonnés seront également condamnées, si mieux n'aiment-
les propriétaires, dans un mois à compter du jour de
la publication de la présente ordonnance, les remettre
en activité d'exploitation, en se conformant aux lois et
règlements de police concernant les carrières ; le tout
à peine de 500 francs d'amende. (*Ord. de police du*
1er mai 1779.)

Art. 3. Tous individus qui, pour l'exploitation des
carrières, ont obtenu des permissions de l'autorité
compétente, et ceux qui en obtiendront par la suite,
seront tenus d'en faire la déclaration au préfet de police, dans le délai de dix jours à partir de la publication
de la présente ordonnance, pour les premiers, et pour
les seconds, du jour de l'obtention desdites permissions.

Art. 4. Les préposés de la préfecture de police sur-
veilleront lesdites exploitations, à l'effet de constater
si elles se font conformément aux lois et règlements
de police concernant les carrières.

Art. 5. Les carrières exploitées par cavage ou à puits
seront fermées à la clef et couvertes de madriers suffisants, attachés les uns aux autres avec chaînes de fer
contenues par des cadenas, pendant la nuit et les
jours de cessation de travail.

. Pour celles dont l'exploitation se fait à découvert, il sera établi, au-devant des tranchées, des barrières en planches ou pierres, pour prévenir les accidents; le tout à peine de 500 francs d'amende. (*Ord. de police du 1ᵉʳ mai 1779.*)

'. Art. 6. Les propriétaires ou locataires des carrières ne pourront en combler les trous de service sans, au préalable, en avoir fait la déclaration au préfet de police, sous les peines portées en l'article précédent. (*Même ord. de police.*)

Art. 7. Dans aucun cas, les carrières ne pourront être condamnées que visite préalable n'en ait été faite par les préposés de la préfecture de police, pour s'assurer si elles ont été exploitées suivant les règlements et si elles ne présentent aucun danger pour la sûreté publique, sous les mêmes peines que dessus. (*Ord. de police précitée.*)

Art. 8. Les entrepreneurs et tous autres qui, en construisant ou en réparant un bâtiment, et notamment lors de la fouille des puits, découvriront quelques carrières ou des excavations souterraines, en avertiront de suite le Préfet de police.

Art. 9. En cas de contraventions aux dispositions ci-dessus et aux lois et règlements de police concernant les carrières, il sera pris envers les contrevenants telles mesures administratives qu'il appartiendra, sans préjudice des poursuites à exercer contre eux par-devant les tribunaux.

Art. 10. La présente ordonnance sera imprimée, publiée, affichée dans Paris, dans les communes rurales du département de la Seine et de celles de Saint-Cloud, Sèvres et Meudon.

Les commissaires de police et les maires et adjoints des communes rurales, les officiers de paix et les pré-

posés de la préfecture de police sont chargés, chacun
en ce qui le concerne, de veiller à son exécution.

Le général commandant de la première division
militaire, le général commandant d'armes de la place
de Paris et le chef de la première division de gendar=
merie sont requis de leur faire prêter main=forte en
cas de besoin.

Le Préfet de police :
DUBOIS.

LXXVII. — Ordonnance de police concernant l'usage et l'emploi des laminoirs, moutons, presses, balanciers et coupoirs (1).

4 prairial an IX. — 24 mai 1801,

Le Préfet de police,

Vu l'arrêté des consuls, en date du 3 germinal dernier, concernant la fabrication et l'emploi des moutons, laminoirs, presses, balanciers et coupoirs ;

Ordonne ce qui suit :

Art. 1er. L'arrêté des consuls en date du 3 germinal dernier, concernant la fabrication, la vente et l'emploi des laminoirs, moutons, presses, balanciers et coupoirs, sera imprimé, publié et affiché.

Art. 2. Ceux qui se servent de ces instruments ne pourront continuer à en faire usage sans en avoir obtenu la permission du Préfet de police.

Ils lui adresseront à cet effet une pétition énonciative de leurs noms, prénoms, professions et demeures, ainsi que des lieux où sont situés leurs manufactures ou ateliers. Ils remettront cette pétition au commissaire de police de leur division, avec les plans figurés et l'état des dimensions de chacune de leurs machines.

Art. 3. Les commissaires de police prendront des renseignements tant sur l'existence des établissements où les laminoirs, moutons, presses, balanciers et coupoirs sont employés, que sur la nécessité pour les pétitionnaires d'en avoir à leur usage. Ils en dresseront

_____

(1) G. Delessert, Ordonnances de police, t. I, n° 59.

procès-verbal, qui contiendra leur avis, et l'enverront,
avec toutes les pièces, au Préfet de police.

Art. 4. Ceux qui, pour l'exercice de leur profession,
auront besoin de pareilles machines, ne pourront en
faire usage qu'après en avoir obtenu la permission.

Pour l'obtenir, ils se conformeront aux dispositions
de l'article 2 ci-dessus.

Il seront tenus, en outre, d'indiquer les personnes
qui devront leur fournir lesdites machines.

Art. 5. Les permissions seront enregistrées par les
commissaires de police, sur des registres ouverts à cet
effet. Mention de cet enregistrement sera faite sur
lesdites permissions.

Art. 6. ceux qui changeront de domicile sans sortir
de leur division, en avertiront le commissaire de
police. Ceux qui changeront de division en prévien-
dront les commissaires de leur ancien et de leur nouveau domicile.

Art. 7. Il est défendu aux graveurs, serruriers, forgerons, fondeurs et autres, de fabriquer des laminoirs,
moutons, presses, balanciers et coupoirs.

Ils pourront néanmoins en fabriquer pour les manufacturiers, orfèvres, horlogers et tous autres qui leur
justifieront d'une permission du Préfet de police.

Dans ce cas, ils se feront remettre ladite permission
et ne la rendront qu'à l'instant où ils livreront les
machines fabriquées.

Le tout à peine de 1,000 francs d'amende et confiscation. (*Art. 7 des lettres patentes du 28 juillet* 1783.)

Art. 8. Les graveurs, forgerons, serruriers ou autres
qui auraient actuellement en leur possession des laminoirs, moutons, presses, balanciers et coupoirs, ne
pourront les conserver qu'à la charge d'en faire leur
déclaration, conformément à l'article 2, et ils ne pour-

ront les vendre sans une permission, sous les peines portées par les lettres patentes rappelées ci-dessus.

Art. 9. Ceux qui voudraient cesser de faire usage de ces machines seront tenus d'en faire leur déclaration, et ils ne pourront les vendre qu'à ceux qui seraient munis d'une permission du Préfet de police.

Art. 10. Ceux qui auront obtenu la permission d'avoir chez eux des laminoirs, moutons, presses, balanciers et coupoirs, seront tenus de les placer dans leurs ateliers aux endroits les plus apparents, et sur la rue, autant que faire se pourra, en observant toutefois de les tenir dans des endroits fermant à clef lorsqu'ils ne s'en serviront pas.

Il leur est défendu d'en faire usage avant cinq heures du matin et après neuf heures du soir, comme aussi de les employer à tout autre travail que celui qu'ils auront indiqué dans leur déclaration, sous peine de révocation des permissions accordées, et d'être contraints à déposer leurs machines à la préfecture de police.

Art. 11. Les commissaires de police et officiers de paix feront des visites chez les manufacturiers, orfèvres, horlogers, graveurs, fourbisseurs, serruriers, forgerons, fondeurs, ferrailleurs, ouvriers et tous autres, à l'effet de surveiller l'exécution des dispositions ci-dessus.

Art. 12. Le commandant de la place et le chef de la première division de la gendarmerie sont requis de leur prêter main-forte en cas de besoin.

Le Préfet de police,
DUBOIS.

LXXVIII.— ORDONNANCE *de police concernant la rivière de Bièvre, les ruisseaux, sources, fontaines et boires qui y affluent* (1).

19 messidor an IX. — 8 juillet 1801.

Le Préfet de police,

Vu les arrêtés des consuls des 12 messidor an VIII, 25 vendémiaire et 3 brumaire an IX ;

Vu aussi l'arrêté du ministre de l'intérieur du 12 floréal dernier ;

Considérant qu'il est de la plus grande importance, soit pour la salubrité de Paris et des communes riveraines de la Bièvre, soit pour l'intérêt d'un nombre considérable de manufacturiers, fabricants, chefs d'ateliers, meuniers et blanchisseurs, de prendre des mesures pour la conservation de cette rivière ;

Que pour faire cesser les abus qui se sont introduits, il est indispensable de veiller à ce que les eaux des ruisseaux, sources et fontaines qui y affluent ne soient arrêtées ni détournées, et de supprimer les saignées, prises d'eau et canaux établis sans titres ;

Considérant que l'arrêté des consuls du 25 vendémiaire dernier, concernant la rivière de Bièvre, prescrit l'exécution d'anciens règlements, dont il est essentiel de renouveler différentes dispositions ;

Ordonne ce qui suit :

Art. 1er. Dans le département de la Seine, le cours

(1) Voir les ordonnances des 26 messidor an X (15 juillet 1802) et 31 juillet 1838. — G. DELESSERT, *Collection officielle des ordonnances de police*, t. I, n° 61.

des eaux de la rivière de Bièvre et des sources et ruisseaux y affluant sera tenu libre, même dans les canaux
particuliers où elles passent.

Les prises d'eau et les saignées et ouvertures qui
ont été faites sans titre légal aux berges de la rivière
et des sources et ruisseaux, seront supprimées aux
frais des propriétaires riverains dans la quinzaine de
la publication de la présente ordonnance.

Seront aussi supprimés, aux frais des propriétaires
dans le même délai, les arbres, arbustes et généralement tous les objets qui gêneraient le cours de l'eau.
(*Art. 19 de l'arrêt du* 26 *fév.* 1732, *et art.* 2 *de l'arr. des
consuls du* 25 *vend. an IX.*)

Art. 2. Il est défendu de jeter dans la rivière des
matières fécales, de la paille, du fumier, des gravois,
des bouteilles cassées et autres immondices qui pourraient en obstruer le cours, corrompre les eaux ou
blesser les personnes qui feraient le curage.

Art. 3. Il est défendu de construire des latrines qui
auraient leur chute, soit dans la rivière vive ou morte,
soit dans le faux rû.

Les propriétaires qui en auraient fait construire sont
tenus de les supprimer dans le mois à compter de la
publication de la présente ordonnance.

Le tout sous les peines portées par l'article 36 de
l'arrêt de 1732.

Art. 4. Il est défendu de jeter des immondices dans
les ruisseaux qui se rendent à la rivière de Bièvre et
au faux rû, sous les peines portées par l'article 50 du
même arrêt.

Art. 5. Les propriétaires de terrains clos, traversés
par la rivière, tiendront leurs grilles dégagées, de manière que rien ne forme obstacle au libre passage des
eaux.

Art. 6. Il ne pourra être ouvert de canaux ou bassins, ni fait aucune saignée ou bâtardeau, soit au lit de la rivière, soit aux sources ou aux canaux y affluant, sous les peines portées par les articles 20 et 21 de l'arrêt de 1732.

Art. 7. Dans le mois, à compter de la publication de la présente ordonnance, tous propriétaires de canaux et bassins actuellement existants, alimentés par la rivière, ou par les fontaines, sources et ruisseaux y affluant, seront tenus de justifier de leurs titres au Préfet de police.

Ce délai passé, seront supprimés les canaux et bassins dont les propriétaires n'auraient pas satisfait à la disposition précédente.

Ceux même qui auraient produit leurs titres devront faire exécuter tous les changements qui seront jugés nécessaires.

Leurs canaux et bassins seront entretenus de telle manière qu'ils rendent le même volume d'eau qu'ils reçoivent. (*Art. 24 de l'arrêt de 1732, et art. 2 de l'arr. du 25 vend. an IX.*)

Art. 8. Les propriétaires des héritages qui bordent la Bièvre seront tenus de laisser sur chaque rive, une berge d'un mètre trente-trois centimètres de plateforme, et deux mètres d'empatement; elle aura 66 centimètres au-dessus des eaux d'été, sinon il y sera pourvu à leurs frais. (*Art. 42 de l'arrêt de 1732.*)

Art. 9. Les berges seront entretenues par les meuniers, en remontant d'un moulin à l'autre, et fortifiées de manière que, dans aucun cas, les eaux ne puissent se répandre dans les prés ou ailleurs, sous les peines portées par l'article 2 de l'arrêté du 25 vendémiaire an IX.

Art. 10. Les appentis établis sur les berges pour

l'exploitation des tanneries, mégisseries et autres ateliers, seront entretenus en bon état par les propriétaires. Les pieux ou piliers qui les supportent seront
placés à deux décimètres du bord de la rivière.

Il sera laissé sur la berge un espace libre et suffisant pour pouvoir la parcourir facilement, (*Art.* 74 *de
l'arrêt du* 28 *fév.* 1716.)

Art. 11. La berge de la Bièvre, au coin du clos Laurenchet, et la vanne qui y est établie, continueront
d'être entretenues aux frais des intéressés à la conservation de la rivière, de façon que cet endroit ne puisse
servir d'abreuvoir aux bestiaux, et que les eaux ne se
répandent pas dans la prairie de Gentilly.

En conséquence, la vanne sera tenue fermée et ne
pourra être levée que sur l'ordre du Préfet de police.
(*Art.* 44 *de l'arrêt de* 1732.)

Art. 12. Toutes personnes qui voudront construire
ou réconforter, soit un bâtiment, soit un mur le long
de la rivière, seront tenues de se conformer à l'article
26 de l'arrêt de 1732.

Elles ne pourront commencer aucuns travaux sans
en avoir obtenu la permission du Préfet de police.

Les propriétaires de bâtiments ou murs actuellement existants, qui ne justifieront pas des permissions
qui ont dû leur être accordées, seront, s'il y a lieu,
poursuivis conformément à l'arrêt précité.

Art. 13. Les moulins établis sur la rivière de Bièvre,
dans tout le département de la Seine, resteront dans
l'état où ils ont été mis, en exécution de l'article 6 de
l'arrêt de 1732.

S'il a été fait aux vannes, déversoirs ou déchargeoirs quelques changements autres que ceux prescrits,
les moulins seront, aux frais des propriétaires, remis
dans l'état où ils doivent être, et ce, dans le mois à

compter de la publication de la présente ordonnance.

A cet effet, il sera procédé aux vérifications nécessaires pour connaître les changements et innovations
qui ont eu lieu.

Art. 14. Les fausses vannes, qui servent de déversoirs aux moulins établis sur la rivière, seront armées
d'une bande de fer plat, rivée, étalonnée et marquée PP
dans la hauteur et la largeur des vannes. Le poinçon
sera remis à l'inspecteur général de la navigation et
des ports, pour servir à l'étalonnage; il sera ensuite
déposé à la préfecture de police.

Tout meunier qui se servirait de fausses vannes non
étalonnées, ou qui les surhausserait par un moyen
quelconque, sera poursuivi conformément aux lois.
(*Art. 14 et 30 de l'arrêt de* 1732.)

Art. 15. Le chemin des dalles du moulin des prés
et le déversoir du pré Triplet, continueront d'être entretenus aux frais des intéressés. En conséquence, il ·
sera fait un devis estimatif de la dépense à laquelle la
réparation du chemin donnera lieu. (*Art.* 18 *de l'arrêt
de* 1732.)

Art. 16. Il est défendu de faire rouir du chanvre ou
du lin dans la rivière de Bièvre et dans les ruisseaux
y affluant, sous les peines portées par l'article 30 de
l'arrêt de 1732.

Art. 17. Il est fait défense à tous blanchisseurs de
toile de s'établir dans la prairie de Gentilly ou autres
le long de la Bièvre, même dans le Clos-Payen, sous
les peines portées par l'article 29 du même arrêt, et
par l'article 2 de l'arrêté du 25 vendémiaire an IX.

Art. 18. Le blanchissage de lessive continuera d'être
toléré tant sur la rivière vive que sur la rivière morte;
cependant aucun blanchisseur ni blanchisseuse ne
pourra, quinzaine après la publication de la présente

ordonnance, y établir des tonneaux ou les conserver, qu'au préalable il n'en ait obtenu la permission du Préfet de police.

Les permissions seront renouvelées tous les ans, dans le courant de messidor.

Les tonneaux dont les propriétaires ne se seront pas présentés dans la quinzaine seront censés abandonnés. (*Ord. du 1er mars 1754, confirmée par arrêt du 4 mai 1756.*)

Art. 19. Les tonneaux seront établis dans les places fixées par les permissions. Ils ne pourront, dans aucun cas, être arrachés ; ils seront comblés ; soit qu'ils aient été] abandonnés, soit que les permissions aient été retirées.

Art. 20. Les tonneaux seront numérotés. Les personnes qui seront pourvues de permissions feront attacher à chacun de leurs tonneaux une plaque de fer-blanc sur laquelle seront portés leur nom et le numéro qui leur aura été donné, sinon la permission leur sera retirée. (*Ord. de 1754.*)

Art. 21. Il sera payé pour chaque tonneau sur la rivière vive, cinq francs, et sur la rivière morte, trois francs.

Le produit en sera employé aux frais d'entretien de la Bièvre et des sources, boires et ruisseaux y affluant.

Le surplus des frais sera imposé, supporté et perçu ainsi qu'il est prescrit par l'arrêté des consuls du 25 vendémiaire an IX. (*Ord. de 1754, confirmée par l'arrêt de 1756.*)

Art. 22. Les tanneurs et mégissiers ne pourront jeter ou faire jeter dans la rivière les eaux claires de leurs plains avant cinq heures du soir en été et sept en hiver.

Ils ne pourront laver la bourre de leurs cuirs avant midi et ailleurs que le long de leurs maisons.

Il leur est défendu de bouiller leurs plains pour en faire couler la chaux dans ladite rivière, comme aussi d'y jeter aucunes immondices, décharnures, cornes et cornichons.

Le tout sous les peines portées par les articles 53 et 38 de l'arrêt de 1732.

Art. 23. Il est enjoint aux tanneurs et aux mégissiers de faire égoutter leurs morts-plains, décharnures, cornes et cornichons et de les faire transporter aux champs dans un tombereau, le primidi de chaque décade, sous les peines portées par l'article 39 de l'arrêt de 1732.

Art. 24. Les tanneurs ne pourront gêner par leurs cuirs le cours de l'eau; ils laisseront au milieu de la rivière un espace d'un mètre au moins de largeur.

Art. 25. Les teinturiers établis le long de la Bièvre feront un trou suffisant pour y recevoir les vidanges de leurs ateliers, en sorte qu'elles ne puissent avoir aucune communication avec le lit de la rivière, si ce n'est par l'écoulement des eaux claires qui pourront sortir par-dessus les bords du trou.

Tous les primidis, le lieu de dépôt sera nettoyé, et les vidanges seront enlevées et conduites aux champs.

Il est défendu d'en jeter dans la rivière, sous les peines portées par l'article 37 de l'arrêt de 1732.

Art. 26. La rigole qui porte les eaux de teinture au pont Hippolyte, ainsi que les gouttières qui y communiquent, seront réparées, mises en état et entretenues par les teinturiers. (*Art. 84 de l'arrêt de* 1716.)

Art. 27. Les amidonniers, les maroquiniers et les fabricants de bleu de Prusse ne pourront laisser couler que des eaux claires. A cet effet, ils sont tenus d'avoir dans leurs maisons trois réservoirs pour que leurs eaux, en passant de l'un à l'autre, y laissent leurs sédiments.

Art. 28. Les amidonniers, les maroquiniers et autres manufacturiers ou chefs d'ateliers dont les eaux se jettent dans le faux rû, seront tenus de l'entretenir et de le faire curer à leurs frais, sans préjudice de leur portion contributoire, comme intéressés à la conservation de la Bièvre.

Art. 29. Il sera passé, à la préfecture de police, un marché au rabais pour le curage et le nettoiement du faux rû.

Le nettoiement se fera, chaque décadi, depuis dix heures du matin jusqu'à midi.

Art. 30. Il sera fait, tous les ans, dans le courant de fructidor, un curage général de la rivière de Bièvre, tant morte que vive, et des conduits, des sources, fontaines et ruisseaux qui y affluent. (*Art. 41 de l'arrêt de 1732, et art. 2 de l'arrêté du 25 vendémiaire an IX.*)

Art. 31. Hors de Paris, le curage sera fait aux frais des meuniers et des propriétaires d'héritages et des maisons des deux côtés de la rivière. (*Art. 41 de l'arr. de 1732.*)

Art. 32. Il sera fait un marché au rabais, par mètre courant, du curage à vif fond de la Bièvre.

Art. 33. Les propriétaires et meuniers pourront faire curer eux-mêmes les parties qui sont à leur charge; mais ils devront, chacun en ce qui le concerne, y faire travailler en même temps que les ouvriers de l'entrepreneur, sans pouvoir entraver ou retarder ses opérations, l'entrepreneur étant chargé de faire tout ce qui ne sera pas fait ou qui serait mal fait.

Ceux qui auront profité de la permission ci-dessus

accordée, ne payeront que leur portion contributoire dans les frais des bâtardeaux construits par l'entrepreneur et dans les frais généraux faits pour la conservation des eaux.

Art. 34. Il sera dressé, en présence de l'inspecteur général de la navigation et des ports, procès-verbal des opérations du curage général, savoir : dans Paris, par le commissaire de police de la division du ministère et, hors de Paris, par les maires et adjoints des communes riveraines. Il y sera fait mention des personnes qui auront fait curer les parties qui les concernent.

Art. 35. Il est défendu de jeter dans la rivière les immondices provenant du curage, sous les peines portées par l'article 49 de l'arrêt de 1732.

Art. 36. Toutes les immondices qui proviendront du curage, tant de la Bièvre hors de Paris que des ruisseaux qui y affluent, seront mises sur les bords pour les soutenir et les fortifier, de manière, cependant, qu'elles ne puissent pas retomber dans le lit de la rivière ou des ruisseaux, sous les peines portées par l'article 43 du même arrêt.

Art. 37. Les habitants du faubourg Marcel établis le long de la Bièvre seront tenus, chacun en ce qui le concerne, de faire enlever, à la fin de fructidor de chaque année, les immondices qui seront provenues du curage, et de les faire transporter aux champs, sous les peines portées par l'article 46 de l'arrêt de 1732.

Art. 38. Il sera pourvu au curage de l'an IX par des dispositions particulières.

Art. 39. Conformément à l'article 4 de l'arrêté des consuls du 25 vendémiaire dernier, il sera incessamment nommé des commissaires, pris parmi les intéressés, pour faire les rôles de répartition des frais que nécessitent la conservation et l'entretien des eaux.

Art. 40. L'inspecteur général de la navigation et des ports, l'ingénieur hydraulique, l'architecte commissaire de la petite voirie et l'inspecteur particulier de la rivière de Bièvre, visiteront, le plus fréquemment qu'il sera possible, ladite rivière et les sources, ruisseaux et boires qui y affluent; à cet effet, les propriétaires des maisons et enclos riverains seront obligés de leur donner entrée, sous les peines portées par l'article 58 de l'arrêt de 1732.

Art. 41. La présente ordonnance sera imprimée; elle sera publiée et affichée dans Paris et dans les communes riveraines de la Bièvre et des ruisseaux qui y affluent, dans le département de la Seine.

Les maires de ces communes, les commissaires de police, les officiers de paix, l'inspecteur général de la navigation et des ports et les autres préposés de la préfecture de police sont chargés, chacun en ce qui le concerne, de tenir la main à son exécution.

Le général commandant de la première division militaire, le commandant d'armes de la place de Paris et le chef de la première division de gendarmerie sont requis de leur faire prêter main-forte au besoin.

Le Préfet de police,
DUBOIS.

Vu et approuvé :

Le Ministre de l'intérieur,
CHAPTAL.

LXXIX. — ORDONNANCE *de police relative à l'épuisemèn de l'eau dans les caves* (1).

24 pluviôse an X. — 13 février 1802.

Le Préfet de police,

Considérant que l'inondation de cette année nécessite des mesures particulières ;

Vu les art. 21 et 23 de l'arrêté des consuls, du 12 messidor an VIII ;

Ordonne ce qui suit :

Art. 1er. Aussitôt la publication de la présente ordonnance, les propriétaires feront épuiser l'eau qui serait encore dans les caves et souterrains de leurs maisons ; ils feront aussi enlever les vases et limons qui s'y trouveraient : le tout à peine de 400 francs d'amende. (*Ord. de police du 28 janvier* 1741.)

Art. 2. Faute par les propriétaires de satisfaire à l'article précédent, les locataires sont tenus de faire vider leurs caves, sauf à eux de retenir, sur leurs loyers, le montant des salaires qu'ils auront payés aux ouvriers. (*Ord. du 14 mai* 1701.)

Art. 3. Toute fosse d'aisances dégradée sera réparée.

Les puits dont l'eau serait corrompue seront curés et réparés au besoin, à peine de 500 francs d'amende. (*Ord. du 14 mai* 1701).

Art. 4. Dans deux décades à compter de la publication de la présente ordonnance, les propriétaires

_____

(1) PRÉFECTURE DE LA SEINE (DIRECTION DES EAUX ET DES ÉGOUTS DE PARIS), *Recueil des Règlements sur l'Assainissement,* cité.

devront avoir fait toutes réparations nécessaires aux fondations de leurs maisons.

Elles seront faites sans délai, en cas de péril imminent : le tout à peine de 400 livres d'amende. (*Ord. du 28 janvier* 1741.)

Art. 5. L'architecte-commissaire de la petite voirie est spécialement chargé de suivre l'exécution de la présente ordonnance, qui sera imprimée, publiée et affichée.

Les commissaires de police, assistés des gens de l'art, feront au besoin toutes visites nécessaires, et constateront les contraventions par des procès-verbaux qu'ils transmettront au Préfet de police.

Le général commandant d'armes de la place de Paris et les chefs de la gendarmerie nationale sont requis de leur prêter main-forte en cas de besoin.

Le Préfet de police,

DUBOIS.

LXXX. = ORDONNANCE *de police concernant les car-*
rières (1).

23 ventôse an X. = 14 mars 1802.

Le Préfet de police,

Considérant , etc...

Vu l'article 2 de l'arrêté des consuls de la République, du 12 messidor an VIII,

Vu pareillement l'arrêté du 3 brumaire an IX ;

Et la décision du ministre de la police générale, du
25 fructidor dernier;

Ordonne ce qui suit :

Art. 1er. Il est défendu d'ouvrir dans Paris aucune
carrière.

Il est enjoint à tous propriétaires de celles existantes
d'en cesser l'exploitation.

Art. 2. Il est défendu de cuire du plâtre dans Paris.

Art. 3. Il sera fait des visites dans toutes les carrières du département de la Seine et des communes de
Sèvres, Saint-Cloud et Meudon, par des préposés de la
préfecture de police.

Art. 4. Les carrières dont l'exploitation est terminée ou abandonnée seront condamnées par les propriétaires.

Art. 5. Tous individus qui, pour l'exploitation des
carrières, ont obtenu des permissions de l'autorité
compétente, et ceux qui en obtiendront par la suite,
seront tenus d'en faire la déclaration au Préfet de po-

(1) V. les ordonn. des 24 mars 1824, 26 mars 1829 et 25 oct.
1840. = G. DELESSERT, *Ordonnances de police*, t. 1, n° 103.

lice, dans le délai de dix jours, à partir de la publication de la présente ordonnance, pour les premiers, du
jour de l'obtention desdites permissions.

Art. 6. Les préposés de la préfecture de police sur-
veilleront lesdites exploitations, à l'effet de constater
si elles se font conformément aux lois et règlements
de police concernant les carrières.

Art. 7. Pendant la cessation des travaux, les carrières exploitées par cavage ou à puits, seront fermées de manière qu'il ne pourra arriver aucun accident.

Pour les carrières dont l'exploitation se fait à découvert, il sera établi des barrières au-devant des tranchées, le tout à peine de 500 francs d'amende. (*Ord. de
police du 1er mai 1779.*)

Art. 8. Aucunes carrières ne pourront être condamnées sans avoir été visitées par les préposés de la préfecture de police; à cet effet, tous propriétaires ou
locataires seront tenus d'en faire leur déclaration,
sous les peines portées par l'article précédent. (*Même
ord. de police.*)

Art. 9. Les entrepreneurs ou tous autres qui, en
construisant ou réparant un bâtiment, et notamment
lors de la fouille des puits, découvriront quelques carrières ou des excavations souterraines, en avertiront
de suite le Préfet de police.

Art. 10. En cas de contravention aux dispositions
ci-dessus, et aux lois et règlements de police concernant les carrières, il sera pris, envers les contrevenants, telles mesures administratives qu'il appartiendra, sans préjudice des poursuites à exercer contre
eux par-devant les tribunaux.

Art. 11. La présente ordonnance sera imprimée,
publiée et affichée dans Paris, dans les communes

rurales du département de la Seine et dans celles de Saint-Cloud, Sèvres et Meudon.

Les sous-préfets de Sceaux et Saint-Denis, les commissaires de police, les maires et adjoints des communes rurales, les officiers de paix et les préposés de la préfecture de police sont chargés, chacun en ce qui le concerne, de veiller à son exécution.

Le général commandant la première division militaire, le général commandant d'armes de la place de Paris et le chef de la première division de gendarmerie sont requis de leur prêter main-forte en cas de besoin.

Le Préfet de police,
DUBOIS.

LXXXI. = Loi *sur les contraventions en matière de grande voirie* (1).

29 floréal an X. = 19 mai 1802.

Art. 1". Les contraventions en matière de grande voirie, telles qu'anticipations, dépôts de fumiers ou d'autres objets, et toutes espèces de détériorations commises sur les grandes routes, sur les arbres qui les bordent, sur les fossés, ouvrages d'art et matériaux destinés à leur entretien, sur les canaux, fleuves et rivières navigables, leurs chemins de hallage, francs-bords, fossés et ouvrages d'art seront constatées, réprimées et poursuivies par voie administrative.

Art. 2. Les contraventions seront constatées concurremment par les maires ou adjoints, les ingénieurs des ponts et chaussées, leurs conducteurs, les agents de la navigation, les commissaires de police et par la gendarmerie. A cet effet, ceux des fonctionnaires publics ci-dessus désignés, qui n'ont pas prêté serment en justice, le prêteront devant le Préfet.

Art. 3. Les procès-verbaux sur les contraventions seront adressés au sous-préfet, qui ordonnera par provision, et sauf le recours au Préfet, ce que de droit, pour faire cesser les dommages.

Art. 4. Il sera statué définitivement en Conseil de préfecture; les arrêtés seront exécutés sans visa, ni mandement des tribunaux, nonobstant et sauf recours,

(1) A. DE ROYOU, *Traité pratique de la Voirie à Paris.*

et les individus condamnés seront contraints par
l'envoi de garnisaires et saisie de meubles, en vertu
desdits arrêtés, qui seront exécutoires et emporteront
hypothèque.

LXXXII. — ORDONNANCE *de police concernant le curage de la Bièvre* (1).

26 messidor an X. — 15 juillet 1802.

Le conseiller d'État, préfet de police.

Vu les arrêtés des consuls des 12 messidor an VIII, 25 vendémiaire et 3 brumaire an IX ;

Vu aussi l'arrêté du ministre de l'intérieur du 12 floréal an IX ;

Considérant que la conservation des eaux de la Bièvre dépend essentiellement du curage annuel de cette rivière et de ses affluents ;

Que ce curage n'a jamais été bien fait tant que les propriétaires riverains ont eu la faculté de curer eux-mêmes le long de leurs propriétés ; que, l'année dernière, on a été obligé de le refaire dans certaines parties ;

Qu'il importe qu'il soit exécuté par des ouvriers habitués à ce travail, et, autant que possible, en totalité, par les mêmes ouvriers ;

Que la plus économique et la meilleure manière de remplir cet objet est d'en charger des entrepreneurs par des adjudications au rabais ;

Ordonne ce qui suit :

Art. 1er. Le curage de la Bièvre et de ses affluents, pour la présente année, sera donnée à l'entreprise.

Il sera mis en adjudication au rabais et partagé en trois lots.

(1) V. l'ord. du 31 juillet 1838. — G. DELESSERT, *Ordonnances de police,* t. I, n° 119.

Art. 2. Les adjudicataires seront chargés de faire le curage en totalité, sans que les propriétaires riverains puissent s'immiscer dans ce travail même le long de leurs propriétés.

Art. 3. Les époques où le curage sera fait dans chaque partie, seront déterminées par le cahier des charges.

Art. 4. La présente ordonnance sera imprimée et affichée dans les communes riveraines de la Bièvre et dans Paris.

Le sous-préfet de Sceaux, les maires des communes riveraines, les commissaires de police, à Paris, les officiers de paix, l'inspecteur général de la navigation et des ports, l'inspecteur de la Bièvre et les autres préposés de la préfecture de police sont chargés, chacun en ce qui le concerne, de tenir la main à son exécution.

Le général commandant la première division militaire, le général commandant d'armes de la place de Paris, et les chefs de légion de la gendarmerie d'élite et de la gendarmerie nationale du département de la Seine sont requis de leur prêter main-forte au besoin.

Le conseiller d'État, préfet de police,
DUBOIS.

Vu et approuvé :

Le ministre de l'intérieur,
CHAPTAL.

LXXXIII. — ORDONNANCE *de police concernant les gout-*
tières saillantes (1).

26 brumaire an XI. — 17 novembre 1802.

Le conseiller d'État, Préfet de police,

Vu l'article 29, titre 1er de la loi du 22 juillet 1791,
qui maintient les règlements de voirie, ensemble l'article 21 de l'arrêté des consuls du 12 messidor an VIII;

Ordonne ce qui suit :

Art 1er. Il est défendu d'établir dans Paris aucunes
gouttières en saillie sur la voie publique, à peine de
confiscation des gouttières, et amende contre les propriétaires et leurs entrepreneurs. (*Art.* 1er *de l'ord. du*
13 *juillet* 1764, *art.* 18, *titre* 1 *de la loi du* 22 *juillet* 1791).

Art. 2. Les gouttières saillantes déjà établies seront
supprimées lorsqu'on fera reconstruire, en tout ou
partie, les murs de face ou les toitures des batiments,
où elles existent, sous les peines portées en l'article
précédent. (*Art.* 2 *de la même ord.*)

Art. 3. Dans le cas où les propriétaires de maisons
voudraient remplacer les gouttières saillantes par des
conduites ou des tuyaux de descente adaptés aux murs
de face, ils seront tenus de se pourvoir d'une permission
du préfet de police. (*Art.* 3 *de la même ord.*).

Art. 4. Il sera pris envers les contrevenants aux
dispositions ci-dessus telles mesures administratives
qu'il appartiendra, sans préjudice des poursuites devant
les tribunaux.

(1) V. l'ord. du 30 novembre 1831 et les arrêtés des 1er avril et
1er août 1832. — G. DELESSERT, *Ordonnances de police*, t. I,
n° 142.

Art. 5. La présente ordonnance sera imprimée, publiée et affichée.

Les commissaires de police, les officiers de paix, l'architecte commissaire de la petite voirie et tous autres préposés de la préfecture de police, sont chargés, chacun en ce qui le concerne, de tenir la main à son exécution.

Le général de division commandant d'armes de la place de Paris est requis de leur faire prêter main-forte au besoin.

Le conseiller d'État, Préfet de police,
DUBOIS.

LXXXIV. — ORDONNANCE *de police concernant les au-vents, appentis, plafonds et autres constructions en saillie sur les boulevards intérieurs de Paris (approuvée le 21 fructidor an XII par le Ministre de l'intérieur par intérim)* (1).

29 prairial an XII. — 18 juin 1804.

Le conseiller d'État, Préfet de police,

Vu les règlements de voirie dont les dispositions sont maintenues par l'article 29, titre Ier de la loi du 22 juillet 1791 ;

Ensemble l'article 21 de l'arrêté des consuls du 12 messidor an VIII ;

Vu également la lettre du Ministre de l'intérieur, en date du quatrième jour complémentaire de l'an XI ;

Ordonne ce qui suit :

Art. 1er. Tous auvents, appentis, plafonds, baraques et échoppes construits sans autorisation sur les boulevards intérieurs de Paris, depuis le 3 floréal an VIII, seront supprimés sans délai.

Art. 2. Les propriétaires ou locataires de maisons qui ont outrepassé les dimensions de leurs permissions seront tenus de se réduire et de s'y conformer aussi sans délai.

Art. 3. Avant le 1er vendémiaire an XIV, les baraques, appentis et échoppes, construits hors l'alignement des maisons et bâtiments du boulevard, seront démolis.

(1) V. les ord. des 9 juin 1824, 14 sept. 1833, et les arr. des 18 fév. 1837 et 11 oct. 1839 — G. DÉLESSERT, *Ordonnances de police,* t. I, n° 227.

Art. 4. Dans le même délai, les auvents qui ont plus de quatre-vingt-un centimètres (deux pieds et demi) seront réduits.

Néanmoins il devra être observé, entre les auvents et les arbres, une distance de trente-deux centimètres (un pied).

Il est défendu d'en réparer ou d'en établir aucun sans une permission du Préfet de police.

Art. 5. Les autres objets, tels que tableaux servant d'enseignes, devantures de boutiques, étalages des marchands en boutique et autres de ce genre, seront autorisés suivant les saillies d'usage.

Art. 6. Faute par les propriétaires ou locataires de faire les suppressions ou réductions ordonnées par les articles ci-dessus, et dans les délais déterminés, il y sera mis d'office des ouvriers à leurs frais par l'architecte de la préfecture de police.

Art. 7. La présente ordonnance sera imprimée, publiée, affichée et notifiée à tous les propriétaires et locataires des maisons et boutiques sises sur les boulevards.

Art. 8. Les commissaires de police, les officiers de paix, l'architecte-commissaire de la petite voirie et tous les autres préposés de la préfecture de police sont chargés, chacun en ce qui le concerne, de tenir la main à son exécution.

Le Conseiller d'État, préfet de police,
DUBOIS.

LXXXV. — *Extrait du Décret qui ordonne qu'il sera procédé au numérotage des maisons de Paris, d'après les ordres et les intentions du ministère de l'intérieur* (1).

15 pluviôse an XIII. — 4 février 1805.

Art. 1er. Il sera procédé, dans le délai de trois mois, au numérotage des maisons de Paris d'après les ordres et instructions du ministre de l'intérieur.

Art. 2. Ce numérotage sera établi par une suite de numéros pour la même rue, lors même qu'elle dépendrait de plusieurs arrondissements municipaux, et par un seul numéro qui sera placé sur la porte principale de chaque habitation. Ce numéro pourra être répété sur les autres portes de la maison lorsqu'elles s'ouvriront sur la même rue que la porte principale. Dans le cas où elles s'ouvriraient sur une rue différente, elles prendront le numéro de la série appartenant à cette rue.

Art. 3. Les rues dites des faubourgs, quoique formant continuation à une rue du même nom, prendront une nouvelle suite de numéros.

Art. 4. La série des numéros sera formée des nombres pairs pour le côté droit de la rue et des nombres impairs pour le côté gauche.

Art. 5. Le côté droit d'une rue sera déterminé, dans les rues perpendiculaires ou obliques au cours de la Seine, par la droite du passant se dirigeant vers la ri=

(1) SOCIÉTÉ CENTRALE DES ARCHITECTES, *Manuel des lois du bâtiment* (1re édit.).

vière, et dans celles parallèles, par la droite du passant marchant dans le sens du cours de la rivière.

Art. 6. Dans les îles, le grand canal de la rivière cou-
lant au nord déterminera seul la position des rues.

Art. 7. Le premier numéro de la série, soit pair,
soit impair, commencera dans les rues perpendiculaires ou obliques au cours de la Seine, à l'entrée de
la rue, prise au point le plus rapproché de la rivière,
et dans les rues parallèles, à l'entrée prise en remontant le cours de la rivière; de manière que, dans les
premières, les nombres croissent en s'éloignant de la
rivière, et dans les secondes en la descendant.

Art. 11. L'entretien du numérotage est à la charge
des propriétaires; ils pourront en conséquence le faire
exécuter à leurs frais d'une manière plus durable, soit
en tôle vernissée, soit en faïence ou terre à poêle
émaillée.....

LXXXVI. — *Extrait de l'ordonnance de police auto-*
risant les commissaires de police à faire procéder par
un serrurier à l'ouverture des portes donnant sur les
égouts (1).

1er floréal an XIII. — 21 avril 1805.

Le conseiller d'État, chargé du quatrième arrondissement de la police générale de l'empire, préfet de
police, et l'un des commandants de la Légion
d'honneur,

Vu, etc.,

Ordonne ce qui suit :

Sur la réquisition par écrit de l'architecte de la
ville, tout commissaire de police de Paris est autorisé,
en cas de refus par les propriétaires ou principaux
locataires, à faire faire par un serrurier, en présence
dudit architecte, toutes ouvertures de portes nécessaires dans les maisons particulières assises sur un
corps ou embranchement d'égout ; il en dressera
procès-verbal, dont une expédition sera par lui remise
à l'architecte de la ville.

Le conseiller d'État, préfet de police,
DUBOIS.

(1) V. l'ord. du 18 mai 1829. — G. DÉLESSERT, *ordonnances*
de police, t. I, n° 285.

LXXXVII. — ORDONNANCE *de police concernant la durée de la journée de travail des ouvriers en bâtiments* (1).

26 septembre 1806.

Le conseiller d'État, chargé du troisième arrondissement de la police générale de l'empire, préfet de police, et l'un des commandants de la Légion d'honneur,

Vu les articles 2 et 10 de l'arrêté du gouvernement du 12 messidor an VIII ;

Et les articles 7 et 8, titre II, de la loi du 22 germinal an XI ;

Ordonne ce qui suit :

Art. 1er. Du 1er avril au 30 septembre, la journée des ouvriers maçons, tailleurs de pierres, couvreurs, carreleurs, plombiers, charpentiers, scieurs de long, bardeurs, paveurs, terrassiers et manœuvres, commence à six heures du matin, et finit au jour défaillant.

En été, les heures des repas sont de neuf à dix heures, et de deux à trois.

En hiver, l'heure des repas est de dix à onze heures.

Art. 2. La journée des ouvriers menuisiers commence, en toute saison, à six heures du matin, et finit à huit heures du soir, lorsqu'ils travaillent à la boutique.

Elle finit à sept heures du soir, lorsqu'ils travaillent en ville.

Dans le dernier cas, les heures des repas sont de neuf à dix heures et de deux à trois.

(1) G. DELESSERT, *ordonnances de police*, t. I, n° 360.

Art. 3. Pendant toute l'année, la journée des ouvriers serruriers commence à six heures du matin, et finit à huit heures du soir.

Art. 4. Les ouvriers en bâtiments, qui sont dans l'usage de prendre l'ordre des maîtres soit avant de commencer la journée, soit pendant le cours des travaux qui leur sont confiés, lorsque les travaux sont terminés, se rendront chez les maîtres, une heure avant celles ci-dessus prescrites.

Art. 5. Toute coalition de la part des ouvriers pour cesser de travailler, pour empêcher de se rendre dans les ateliers ou d'y rester aux heures prescrites, est défendue sous les peines portées par les articles 7 et 8, titre II, de la loi du 22 germinal an XI.

Art. 6. La présente ordonnance aura son exécution à compter du 1er octobre prochain.

Elle sera soumise à l'approbation de Son Exc. le Ministre de l'intérieur.

Art. 7. Il sera pris envers les contrevenants telles mesures de police administrative qu'il appartiendra, sans préjudice des poursuites à exercer contre eux par-devant les tribunaux conformément aux lois et aux règlements de police.

Art. 8. La présente ordonnance sera imprimée, publiée et affichée.

Les commissaires de police, l'inspecteur général du troisième arrondissement de la police générale de l'empire, les officiers de paix et les préposés de la préfecture de police sont chargés de tenir la main à son exécution.

Le conseiller d'État, préfet de Police,
DUBOIS.

LXXXVIII. — *Extrait de la Loi relative au desséchement des marais, etc.*

16 septembre 1807.

TITRE VII. — *Des travaux de navigation, des routes, des ponts, des rues, places et quais dans les villes; des digues; des travaux de salubrité dans les communes.* — Art. 30. Lorsque par suite des travaux déjà énoncés dans la présente loi, lorsque par l'ouverture de nouvelles rues, par la formation de places nouvelles, par la construction de quais, ou par tous autres travaux publics généraux, départementaux ou communaux, ordonnés ou approuvés par le gouvernement, des propriétés privées auront acquis une notable augmentation de valeur, ces propriétés pourront être chargées de payer une indemnité qui pourra s'élever jusqu'à la valeur de la moitié des avantages qu'elles auront acquis : le tout sera réglé par estimation dans les formes déjà établies par la présente loi, jugé et homologué par la commission qui aura été nommée à cet effet.

Art. 31. Les indemnités pour paiement de plus-value seront acquittées au choix des débiteurs, en argent ou en rentes constituées à quatre pour cent net, ou en délaissement d'une partie de la propriété si elle est divisible; ils pourront aussi délaisser en entier les fonds, terrains ou bâtimens dont la plus-value donne lieu à l'indemnité ; et ce, sur l'estimation réglée d'après la valeur qu'avait l'objet avant l'exécution des travaux desquels la plus-value aura résulté. — Les articles 24

_____

(1) TRIPIER, *Codes français.*

et 23, relatifs aux droits d'enregistrement et aux hypothèques, sont applicables aux cas spécifiés dans le présent article.

Art. 32. Les indemnités ne seront dues par les propriétaires des fonds voisins des travaux effectués que
lorsqu'il aura été décidé, par un règlement d'administration publique, rendu sur le rapport du Ministre
de l'intérieur, et après avoir entendu les parties intéressées, qu'il y a lieu à l'application des deux articles
précédens.

Art. 33. Lorsqu'il s'agira de construire des digues à
la mer, ou contre les fleuves, rivières et torrents navigables ou non navigables, la nécessité en sera constatée par le gouvernement, et la dépense supportée par
les propriétés protégées, dans la proportion de leur intérêt aux travaux; sauf les cas où le gouvernement
croirait utile et juste d'accorder des secours sur les
fonds publics.

Art. 34. Les formes précédemment établies et l'intervention d'une commission seront appliquées à l'exécution du précédent article. — Lorsqu'il y aura lieu
de pourvoir aux dépenses d'entretien ou de réparation
des mêmes travaux, au curage des canaux qui sont en
même temps de navigation et de desséchement, il sera
fait des règlements d'administration publique qui fixe-
ront la part contributive du gouvernement et des propriétaires. Il en sera de même lorsqu'il s'agira de levées,
de barrages, de pertuis, d'écluses, auxquels des propriétaires de moulins ou d'usines seraient intéressés.

Art. 35. Tous les travaux de salubrité qui intéressent les villes et les communes seront ordonnés par le
gouvernement, et les dépenses supportées par les communes intéressées.

Art. 36. Tout ce qui est relatif aux travaux de salubrité, sera réglé par l'administration publique ; elle aura égard, lors de la rédaction du rôle de la contribution spéciale destinée à faire face aux dépenses de ce genre de travaux, aux avantages immédiats qu'acquerraient telles ou telles propriétés privées, pour les faire contribuer à la décharge de la commune dans des proportions variées et justifiées par les circonstances.

Art. 37. L'exécution des deux articles précédents restera dans les attributions des préfets et des conseils de préfecture.

TITRE VIII. — *Des travaux de route et de navigation relatifs à l'exploitation des forêts et minières.* — Art. 38. Lorsqu'il y aura lieu d'ouvrir ou de perfectionner une route ou des moyens de navigation dont l'objet sera d'exploiter avec économie des forêts ou bois, des mines ou minières, ou de leur fournir un débouché, toutes les propriétés de cette espèce, générales, communales ou privées, qui devront en profiter, seront appelées à contribuer pour la totalité de la dépense dans les proportions variées des avantages qu'elles devront en recueillir. — Le gouvernement pourra néanmoins accorder sur les fonds publics les secours qu'il croira nécessaires.

Art. 39. Les propriétaires se libéreront dans les formes énoncées aux articles 21, 22 et 23 de la présente loi.

Art. 40. Les formes d'estimation et l'intervention de la commission organisée par la présente loi seront appliquées à l'exécution des deux précédents articles.

TITRE IX. — *De la concession des divers objets dépendant du domaine.* — Art. 41. Le gouvernement concé-

dera, aux conditions qu'il aura réglées, les marais,
lais, relais de la mer, le droit d'endiguage, les accrues,
atterrissements et alluvions des fleuves, rivières et torrents, quant à ceux de ces objets qui forment propriété
publique et domaniale.

TITRE X. — *De l'organisation et des attributions des
commissions spéciales.* — Art. 42. Lorsqu'il s'agira d'un
desséchement de marais ou d'autres ouvrages déjà
énoncés en la présente loi, et pour lesquels l'intervention d'une commission spéciale est indiquée, cette
commission sera établie ainsi qu'il suit.

Art. 43. Elle sera composée de sept commissaires :
leur avis ou leurs décisions seront motivées; ils devront, pour les prononcer, être au moins au nombre
de cinq.

Art. 44. Les commissaires seront pris parmi les personnes qui seront présumées avoir le plus de connaissances relatives soit aux localités, soit aux divers objets
sur lesquels ils auront à prononcer. — Ils seront nommés par le Roi.

Art. 45. Les formes de la réunion des membres de
la commission, la fixation des époques de ses séances
et des lieux où elles seront tenues, les règles pour la
présidence, le secrétariat et la garde des papiers, les
frais qu'entraîneront ses opérations, et enfin tout ce
qui concerne son organisation, seront déterminés,
dans chaque cas, par un règlement d'administration
publique.

Art. 46. Les commissions spéciales connaîtront de
tout ce qui est relatif au classement des diverses propriétés avant ou après le desséchement des marais, à
leur estimation, à la vérification de l'exactitude des
plans cadastraux, à l'exécution des clauses des actes

de concession relatifs à la jouissance par les concessionnaires d'une portion des produits, à la vérification
et à la réception des travaux de desséchement, et à
la vérification du rôle de plus-value des terres après le
desséchement : elles donneront leur avis sur l'organisation du mode d'entretien des travaux de desséchement ; elles arrêteront les estimations dans le cas prévu
par l'article 24, où le gouvernement aurait à déposséder tous les propriétaires d'un marais ; elles connaîtront des mêmes objets, lorsqu'il s'agira de fixer la valeur des propriétés, avant l'exécution de travaux d'un
autre genre, comme routes, canaux, quais, digues,
ponts, rues, etc., et après l'exécution desdits travaux,
et lorsqu'il sera question de fixer la plus-value.

Art. 47. Elles ne pourront, en aucun cas, juger les
questions de propriété, sur lesquelles il sera prononcé
par les tribunaux ordinaires, sans que, dans aucun
cas, les opérations relatives aux travaux ou l'exécution
des décisions de la commission, puissent être retar-
dées ou suspendues.

TITRE XI. — *Des indemnités aux propriétaires pour
occupations de terrains.* — Art. 48. Lorsque, pour exécuter un desséchement, l'ouverture d'une nouvelle navigation, un pont, il sera question de supprimer des
moulins et autres usines, de les déplacer, modifier, ou
de réduire l'élévation de leurs eaux, la nécessité en
sera constatée par les ingénieurs des ponts et chaussées. Le prix de l'estimation sera payé par l'État, lorsqu'il entreprend les travaux ; lorsqu'ils sont entrepris
par des concessionnaires, le prix de l'estimation sera
payé avant qu'ils puissent faire cesser le travail des
moulins et des usines. — Il sera d'abord examiné si
l'établissement des moulins et usines est légal ; ou si le

titre d'établissement ne soumet pas les propriétaires à voir démolir leurs établissements sans indemnité, si l'utilité publique le requiert.

Art. 49. Les terrains nécessaires pour l'ouverture des canaux et rigoles de desséchement, de canaux de navigation, de routes, de rues, la formation de places et autres travaux reconnus d'une utilité générale, seront payés à leurs propriétaires, et à dire d'expert, d'après leur valeur, avant l'entreprise des travaux, et sans nulle augmentation du prix d'estimation.

Art. 50. Lorsqu'un propriétaire fait volontairement démolir sa maison, lorsqu'il est forcé de la démolir pour cause de vétusté, il n'a droit à l'indemnité que pour la valeur du terrain délaissé, si l'alignement qui lui est donné par les autorités compétentes le force à reculer sa construction.

Art. 51. Les maisons et bâtiments dont il serait nécessaire de faire démolir et d'enlever une portion pour cause d'utilité publique légalement reconnue, seront acquis en entier, si le propriétaire l'exige, sauf à l'administration publique ou aux communes à revendre les portions de bâtimens ainsi acquises, et qui ne seront pas nécessaires pour l'exécution du plan. La cession par le propriétaire à l'administration publique ou à la commune, et la revente, seront effectuées d'après un décret rendu en conseil d'État sur le rapport du Ministre de l'intérieur, dans les formes prescrites par la loi.

Art. 52. Dans les villes, les alignements pour l'ouverture des nouvelles rues, pour l'élargissement des anciennes qui ne font point partie d'une grande route, ou pour tout autre objet d'utilité publique, seront donnés par les maires, conformément au plan dont les projets auront été adressés aux préfets, transmis avec leur avis au Ministre de l'intérieur, et arrêtés en conseil d'État. — En cas de réclamation de tiers intéressés, il sera de même statué en conseil d'État sur le rapport du Ministre de l'intérieur.

Art. 53. Au cas où, par les alignemens arrêtés, un propriétaire pourrait recevoir la faculté de s'avancer sur la voie publique, il sera tenu de payer la valeur du terrain qui lui sera cédé. Dans la fixation de cette valeur, les experts auront égard à ce que le plus ou le moins de profondeur du terrain cédé, la nature de la propriété, le reculement du reste du terrain bâti ou non bâti loin de la nouvelle voie, peut ajouter ou diminuer de valeur relative pour le propriétaire. — Au cas où le propriétaire ne voudrait point acquérir, l'administration publique est autorisée à le déposséder de l'ensemble de sa propriété, en lui payant la valeur telle qu'elle était avant l'entreprise des travaux. La cession et la revente seront faites comme il a été dit en l'article 51 ci-dessus.

Art. 54. Lorsqu'il y aura lieu en même temps à payer une indemnité à un propriétaire pour terrains occupés, et à recevoir de lui une plus-value pour des avantages acquis à ses propriétés restantes, il y aura compensation jusqu'à concurrence; et le surplus seulement, selon les résultats, sera payé au propriétaire ou acquitté par lui.

Art. 55. Les terrains occupés pour prendre les matériaux nécessaires aux routes ou aux constructions publiques, pourront être payés aux propriétaires comme s'ils eussent été pris pour la route même. — Il n'y aura lieu à faire entrer dans l'estimation la valeur des matériaux à extraire, que dans le cas où l'on s'emparerait d'une carrière déjà en exploitation; alors lesdits matériaux seront évalués d'après leur prix courant, abstraction faite de l'existence et des besoins de la route pour laquelle ils seraient pris, ou des constructions auxquelles on les destine.

Art. 56. Les experts pour l'évaluation des indemnités relatives à une occupation de terrain, dans les cas prévus au présent titre, seront nommés, pour les objets de travaux de grande voirie, l'un par le propriétaire, l'autre par le préfet; et le tiers expert, s'il en est besoin, sera de droit l'ingénieur en chef du département : lorsqu'il y aura des concessionnaires, un expert sera nommé par le propriétaire, un par le concessionnaire, et le tiers expert par le préfet. — Quant aux travaux des villes, un expert sera nommé par le propriétaire, un par le maire de la ville, ou de l'arrondissement pour Paris, et le tiers expert par le préfet.

Art. 57. Le contrôleur et le directeur des contributions donneront leur avis sur le procès-verbal d'expertise qui sera soumis, par le préfet, à la délibération du conseil de préfecture; le préfet pourra, dans tous les cas, faire faire une nouvelle expertise.

TITRE XII. — *Dispositions générales.* — Art. 58. Les indemnités pour plus-value, dues à raison des travaux déjà entrepris, et spécialement à raison des travaux de desséchement, seront réglées d'après les dispositions de la présente loi. Des règlements d'administration publique statueront sur la possibilité et le mode d'application à chaque cas ou entreprise particulière; et alors l'organisation et l'intervention de la commission spéciale seront toujours nécessaires.

Art. 59. Toutes les lois antérieures cesseront d'avoir leur exécution en ce qui serait contraire à la présente.

LXXXIX. — Décret *qui fixe une distance pour les con=*
structions dans le voisinage des cimetières hors des com-
munes (1).

7 mars 1808.

Art. 1er. Nul ne pourra, sans autorisation, élever au=
cune habitation, ni creuser aucun puits, à moins de
cent mètres des nouveaux cimetières transférés hors
des communes en vertu des lois et règlements.

Art. 2. Les bâtiments existants ne pourront égale=
ment être restaurés ni augmentés sans autorisation.
— Les puits pourront, après visite contradictoire
d'experts, être comblés, en vertu d'ordonnance du
préfet du département, sur la demande de la police lo=
cale.

(1) TRIPIER, *Codes français.*

LXXXX. — *Extrait du Décret qui fixe un délai pour
la délivrance des alignements dans les villes* (1).

27 juillet 1808.

Art. 1er. Les alignements qui seront donnés par les
maires dans les villes, après l'avis des ingénieurs et
sous l'approbation des préfets, seront exécutés jusqu'à
ce que les plans généraux d'alignement aient été arrêtés en conseil d'État et, plus tard, pendant deux
années, à compter de ce jour.

Art. 2. En cas de réclamation de tiers intéressés, il
y sera statué en notre conseil, sur le rapport de notre
Ministre de l'intérieur.

Art. 53. Au cas où, par les alignements arrêtés, un
propriétaire pourrait recevoir la faculté de s'avancer
sur la voie publique, il sera tenu de payer la valeur du
terrain qui lui sera cédé. Dans la fixation de cette valeur, les experts auront égard à ce que le plus ou le
moins de profondeur du terrain cédé, la nature de la
propriété, le reculement du reste du terrain, bâti ou
non bâti, loin de la nouvelle voie, peut ajouter ou diminuer de valeur relative pour le propriétaire.

Au cas où le propriétaire ne voudrait point acquérir, l'administration est autorisée à le déposséder de
l'ensemble de sa propriété, en lui payant la valeur
telle qu'elle était avant l'entreprise des travaux. La
cession et la revente seront faites comme il a été dit
en l'article 51 ci-dessus.

(1) SOCIÉTÉ CENTRALE DES ARCHITECTES, *Manuel des lois du
bâtiment* (1re édit.).

Art. 54. Lorsqu'il y aura lieu en même temps à payer une indemnité à un propriétaire pour terrains occupés, et à recevoir de lui une plus-value pour des avantages acquis à ses propriétés restantes, il y aura compensation jusqu'à due concurrence, et le surplus seulement, selon les résultats, sera payé au proprié taire ou acquitté par lui.

Art. 56. Les experts, pour l'évaluation des indem= nités relatives à une occupation de terrain, dans les cas prévus au présent titre, seront nommés, pour les travaux des villes, l'un par le propriétaire, les autres par le maire de la ville, ou de l'arrondissement pour Paris, et le tiers expert par le préfet.

LXXXXI. — ORDONNANCE *de police concernant les vidangeurs.* (1).

24 août 1808.

Nous, Louis-Nicolas-Pierre-Joseph Dubois, commandant de la Légion d'honneur, comte de l'empire, conseiller d'État, chargé du troisième arrondissement de la police générale, préfet de police du département de la Seine et des communes de Saint-Cloud, Sèvres et Meudon, du département de Seine-et-Oise, etc ;

Considérant que les accidents auxquels donne lieu la vidange, la démolition ou la réparation des fosses d'aisances résultent souvent de la négligence qu'apportent les entrepreneurs et ouvriers dans l'emploi des précautions propres à empêcher ces accidents ;

Vu les rapports des commissaires de police et de l'inspecteur général de la salubrité ;

Vu l'avis du conseil de la salubrité ;

Vu aussi l'article 23 de l'arrêté du gouvernement du 12 messidor an VIII,

Ordonne ce qui suit :

Iᵣₑ PARTIE. *Ordre du service des vidanges.* — Art. Iᵉʳ. Nul ne peut être entrepreneur de vidanges sans une permission du Préfet de police.

Art. 2. Dans la huitaine de la publication de la présente ordonnance, les entrepreneurs de vidanges actuellement pourvus de permissions en feront le

_____

(1) V. les ord. des 5 avril 1809, 23 oct. 1819, 4 juin 1831, 5 juin 1836, l'arr. du 6 juin de la même année et l'ord. du 23 sept. 1843. — G. DELESSERT, *ordonnances de police,* t. I, nᵒ 448.

dépôt à la préfecture de police, pour être renouvelées.

Art. 3. Les permissions ne seront renouvelées ou
accordées qu'en justifiant par les entrepreneurs qu'ils
sont pourvus de voitures, chevaux, tinettes, sceaux,
bridages et autres ustensiles nécessaires au service des
vidanges.

Art. 4. Chaque entrepreneur devra, en outre, être
muni de l'appareil de ventilation appelé fourneau de
Dalesme.

Art. 5. Les voitures de vidanges, chargées ou non
chargées, ne pourront circuler dans Paris, savoir :

A compter du 1er octobre jusqu'au 1er avril, avant dix
heures du soir ni après huit heures du matin ;

Et à compter du 1er avril jusqu'au 1er octobre, avant
onze heures du soir et après six heures du matin.

Art. 6. Le travail des ateliers, depuis le 1er octobre
jusqu'au 1er avril, commencera à dix heures du soir et
finira à sept heures du matin.

Et depuis le 1er avril jusqu'au 1er octobre, il commencera à onze heures du soir et finira à cinq heures
du matin.

Art. 7. Il sera placé une lanterne allumée à la porte
de chaque maison où sera établi un atelier de vidanges.

Art. 8. Il ne pourra être employé à chaque atelier
moins de quatre ouvriers, dont un chef.

Art. 9. Le travail de chaque fosse sera fait et continué à jours consécutifs et aux heures désignées par
l'article 6.

Il ne pourra être interrompu que dans le cas prévu
par l'article 40 ci-après.

Art. 10. Les matières extraites des fosses ne pourront
être transportées que dans des tinettes hermétiquement
fermées.

II   18

Art. 11. Les voitures de transport seront garnies de traverses assez solides pour empêcher la chute des tinettes.

Les noms et demeure de l'entrepreneur seront inscrits en gros caractères sur la traverse du devant.

Art. 12. Les entrepreneurs ne pourront conduire et vider les tinettes ailleurs qu'à la voirie de Montfaucon.

Art. 13. Il est défendu aux vidangeurs de laisser des matières entre les acculoirs et les bords ou parapets des bassins de la voirie.

Art. 14. Les entrepreneurs feront laver, à la voirie, les tinettes aussitôt après qu'elles auront été vidées.

Art. 15. Hors le temps du service, les voitures et tinettes ne pourront être déposées ailleurs que dans les environs de la voirie et dans les endroits qui, au besoin, seront indiqués.

Art. 16. Pendant le temps du service, elles seront rangées au-devant des ateliers de vidange, de manière que la voie publique n'en soit point embarrassée.

Art. 17. Après le travail de chaque jour, et avant de quitter l'atelier, les vidangeurs seront tenus de laver les emplacements qu'ils auront occupés.

Art. 18. Il leur est défendu de puiser de l'eau avec les seaux destinés aux vidanges.

Art. 19. Les ouvriers vidangeurs sont tenus de se faire inscrire à la préfecture de police.

Art. 20. Aucun entrepreneur ne pourra employer d'ouvriers vidangeurs, s'ils ne lui représentent le certificat de leur enregistrement.

Art. 21. Il est défendu aux ouvriers vidangeurs de se présenter en état d'ivresse aux ateliers.

Art. 22. Les ouvriers vidangeurs qui trouveront dans les fosses, soit des objets qui pourraient indiquer un délit, soit des effets quelconques, en feront, dans le jour, la déclaration chez un commissaire de police.

Il leur sera accordé, s'il y a lieu, une récompense

Art. 23. Il est défendu aux ouvriers vidangeurs de demander aux propriétaires ou locataires des maisons où ils seront occupés, de l'argent, de l'eau-de-vie, ni aucune autre chose à titre de gratification.

IIᵉ Partie. *Dispositions de sûreté.* — Art. 24. Aucune fosse d'aisances ne pourra être ouverte que par un entrepreneur de vidanges, quels que soient les causes et motifs de l'ouverture.

Art. 25. Lorsque l'ouverture d'une fosse aura un motif autre que celui de sa vidange, l'entrepreneur en donnera avis, dans le jour, à la préfecture de police.

Art. 26. Tout entrepreneur chargé de la vidange d'une fosse sera tenu de faire, à la préfecture de police, la déclaration du jour de l'ouverture de la fosse.

Art. 27. L'entrepreneur, ou l'un de ses chefs d'ateliers, sera présent à l'ouverture de la fosse.

Art. 28. Lorsqu'il n'aura pu en trouver la clef, il ne pourra en faire rompre la voûte qu'en vertu d'une permission du Préfet de police.

Art. 29. La vidange d'une fosse ne pourra être commencée que douze heures au moins après son ouverture.

Art. 30. Pendant ces douze heures, l'entrepreneur s'assurera, autant que possible, de l'état de la fosse et des tuyaux.

Art. 31. Les propriétaires et locataires sont tenus de donner à l'entrepreneur toutes facilités pour le dégorgement des tuyaux et l'introduction de l'air dans la fosse pendant sa vidange.

En cas de refus de leur part, il en fera sa déclaration à la préfecture de police.

Art. 32. Il est défendu aux entrepreneurs de faire
descendre des ouvriers dans une fosse dont les tuyaux
ne seraient pas complètement dégorgés.

Art. 33. L'entrepreneur, outre les seaux destinés au
lavage, est tenu de fournir à chaque atelier, pour l'extraction des matières, au moins quatre seaux munis de
leurs cordes et crochets.

Art. 34. Les seaux seront passés dans des crochets
fermés à ressort.

Art. 35. Il est expressément défendu aux ouvriers de
retirer, avant la fin de la vidange, les seaux qui seraient
tombés dans les fosses.

Art. 36. L'entrepreneur fournira chaque atelier d'au
moins deux bridages.

Art. 37. Il est défendu aux ouvriers de travailler à
l'extraction des matières, même des eaux vannes, et de
descendre dans les fosses, pour quelque cause que ce
soit, sans être ceints du bridage.

Art. 38. La corde du bridage sera tenue par un
ouvrier placé à l'extérieur de la fosse.

Il est défendu à tout ouvrier de se refuser à ce service.

Art 39. Les entrepreneurs sont responsables des
suites de toutes contraventions aux sept articles précé-

Ar . 40. Lorsque, dans leur travail, des ouvriers
auront été frappés du plomb, le chef d'atelier suspen-
dra la vidange de la fosse.

Art. 41. L'entrepreneur sera tenu de faire, dans le
jour, à la préfecture de police, sa déclaration de suspension de travail, et des causes qui l'auront déterminée.

Art. 42. Il ne pourra reprendre le travail qu'avec les précautions et mesures qui lui seront indiquées, selon les circonstances.

Art. 43. Aucune fosse ne pourra être allégée sans une autorisation du Préfet de police.

Art. 44. Il est défendu aux entrepreneurs de laisser des matières au fond des fosses, et de les masquer de quelque manière que ce soit.

IIIᵉ PARTIE. *Réparations, remblais et déblais des fosses.*
—Art. 45. Tout entrepreneur ou maçon chargé de la réparation d'une fosse sera tenu d'en faire la déclaration à la préfecture de police.

Art. 46. Il est défendu aux entrepreneurs ou maçons de faire ou faire faire par leurs ouvriers l'extraction des eaux vannes et matières qui se trouveraient dans les fosses.

Elle ne pourra être faite que par un entrepreneur de vidanges.

Art. 47. Tout maçon chargé de la réparation d'une fosse sera tenu, tant que durera l'extraction des pierres des parties à réparer, d'avoir à l'extérieur de la fosse autant d'ouvriers qu'il en emploiera dans l'intérieur.

Art. 48. Chaque ouvrier travaillant à l'extraction des pierres d'une fosse à réparer sera ceint d'un bridage, dont l'attache sera tenue par un ouvrier placé à l'extérieur.

Art. 49. Les entrepreneurs et maçons sont responsables des effets des contraventions aux trois articles précédents.

Art. 50. Si des ouvriers maçons sont frappés du plomb pendant la démolition ou réparation d'une fosse, elle sera suspendue, et déclaration en sera faite, dans le jour à la préfecture de police.

Art. 51. La démolition ou réparation ne pourra en être reprise qu'avec les précautions et mesures qui seront indiquées à l'entrepreneur.

Art. 52. Tout propriétaire qui voudra combler ou déblayer une fosse d'aisances sera tenu d'en faire la déclaration à la préfecture de police.

Art. 53. Toute fosse, avant d'être comblée, sera vidée et curée à fond.

Art. 54. Aucune fosse, précédemment comblée, ne pourra être déblayée que par un entrepreneur de vidanges.

Art. 55. L'entrepreneur apportera à cette opération les mêmes précautions qu'à la vidange.

Art. 56. Les contraventions seront constatées par des procès-verbaux qui seront adressés au Préfet de police.

Art. 57. Il sera pris envers les contrevenants telles mesures de police administratives qu'il appartiendra, sans préjudice des poursuites à exercer contre eux devant les tribunaux.

Art. 58. La présente ordonnance sera imprimée, publiée et affichée.

Les commissaires de police, l'inspecteur général du troisième arrondissement de la police général de l'empire, les officiers de paix, l'inspecteur général de la salubrité et les autres préposés de la préfecture de police sont chargés de tenir la main à son exécution.

Le conseiller d'État, préfet de police,
Comte DUBOIS.

LXXXXII. — *Extrait du Décret contenant un nouveau tarif des droits pour la ville de Paris* (1).

27 octobre 1808.

Bien que le tarif établi par ce décret se trouve modifié par le décret du 28 juillet 1874, nous rappellerons le dispositif du décret de 1808 qui ne cesse pas d'être en vigueur.

Art. 1er. A compter du 1er juillet prochain, les droits dus dans la ville de Paris, d'après les anciens règlements sur le fait de la voirie pour les délivrances d'alignements, permissions de *construire ou réparer*, et autres permis de toute espèce, qui se requièrent en grande ou en petite voirie, seront perçus conformément au tarif joint au présent décret.

Art. 2. La perception de ces droits sera faite à la préfecture du département pour les objets de grande voirie, et à la préfecture de police pour les objets de petite voirie, par le secrétaire général de chacune de ces deux administrations, à l'instant même qu'il délivrera les expéditions des permis accordés.

Art. 3. Il sera tenu dans chacune des deux préfectures : 1° un registre à souche, où seront inscrites, sous une seule série de numéros pour le même exercice, les minutes desdits permis, et d'où se détacheront les expéditions à en délivrer; 2° un registre de recette où s'inscriront, jour par jour, les recouvrements opérés.

_____

(1) Voir plus loin, Décret du 28 juillet 1874. — A. DE ROYOU, *Traité pratique de la Voirie à Paris.*

Ces deux registres seront côtés et paraphés par les préfets, chacun pour ce qui concerne son administration.

Art. 4. Le versement des sommes recouvrées s'effectuera de quinze jours en quinze jours, à la caisse du receveur municipal de la ville de Paris.

Art. 5. Il sera, de plus, adressé audit receveur, dans les dix premiers jours de chaque mois, et par chacun des préfets pour son administration, un bordereau indicatif des permis accordés dans le mois précédent, du montant des droits dus par chacun, du recouvrement qui en a été fait ou qui reste à faire.

Art. 6. A l'envoi du bordereau prescrit par l'article ci-dessus, seront jointes les expéditions de permis qui se trouveraient n'avoir pas encore été retirées par les demandeurs, et dont les droits resteraient à acquitter. Le receveur de la ville en poursuivra le recouvrement dans les formes usitées en matière de contribution directe.

Art. 7. Il ne sera rien perçu en sus des droits portés au tarif, ou pour autres causes que celles y énoncées, même sous prétexte de droits de quittance, frais de timbres ou autres, à peine de concussion.

LXXXXIII. — *Décret contenant règlement pour la construction des fosses d'aisances dans la ville de Paris.*

10 mars 1809.

(*Ce décret est abrogé et remplacé par l'ordonnance royale du 24 septembre 1819.*) — Voir, plus loin, cette ordonnance et une circulaire en date du 5 septembre 1871, à MM. les agents de service de la voirie.

LXXXXIV. — ARRÊTÉ *du Préfet de la Seine concernant les visites des Bâtiments en construction* (1).

22 août 1809.

Nous, conseiller d'État, Préfet du département de la Seine, etc.,

Vu nos arrêtés des 24 nivôse an XI et 13 brumaire an XII, en exécution desquels s'exerce dans la ville de Paris, conformément aux anciennes ordonnances non abrogées en matière de grande voirie, la surveillance des bâtiments en construction ou en réparation, tant sur la voie publique que dans l'intérieur;

Considérant : 1° Que l'objet desdits arrêtés a été de suppléer au service qui s'était fait, jusqu'en 1789, par la chambre dite des bâtiments;

2° Que cependant, quelques soins qu'aient apportés jusqu'à ce jour, dans l'exercice de leurs fonctions, les inspecteurs généraux et les commissaires de la grande voirie, pour assurer l'exécution des règlements en cette partie, il reste à désirer : 1° Que la forme de leurs visites soit mieux déterminée, 2° Qu'il soit procuré aux constructeurs pris en défaut un moyen de terminer amiablement les contestations dont leurs construc-tions sont devenues l'objet, sans qu'il soit absolument nécessaire de les soumettre, d'abord, aux lenteurs in-séparables du mode de procéder, même en matière administrative;

3° Que pour remplir le premier objet, et attendu

(1) SOCIÉTÉ CENTRALE DES ARCHITECTES, *Manuel des lois du bâtiment* (1re édit.).

que du droit de surveiller les constructions dérive nécessairement celui d'inspecter les divers matériaux qui
s'y emploient, tels que pierre taillée, bois façonné,
chaux, plâtre, brique, tuile et autres, dont l'inspection
est en effet d'autant plus indispensable, que les constructeurs pris en défaut en rejettent fréquemment
le tort sur la mauvaise qualité, vraie ou prétendue,
desdits matériaux, il est convenable que les inspecteurs
généraux et les commissaires-voyers se fassent accompagner dans leurs visites par des entrepreneurs
connus et expérimentés, par nous désignés à cet effet;

4° Qu'en ce qui concerne la terminaison à l'amiable
des contestations, il est facile de procurer cet avantage
aux constructeurs, en portant, d'abord, lesdites contestations, à l'instar de ce qui se pratiquait sous l'ancienne chambre de maçonnerie, devant le bureau des
inspecteurs généraux de la voirie, formé en bureau de
consultation présidé par nous, sauf, au surplus, en
cas de non-conciliation, à renvoyer les parties à se
faire juger par le conseil de préfecture, dans les
formes de la loi du 29 floréal an X;

5° Que par ce mode d'instruction amiable, qui est de
plein droit en matière administrative, la reprise des
constructions suspendues comme vicieuses pourra devenir plus prompte, ce qui est une chose très dési-
rable pour les constructeurs et propriétaires, obligés,
sans cela, de subir des délais que les formes purement
contentieuses, non précédées de moyens de conci-
liation, consommeraient en pure perte;

Avons arrêté ce qui suit :

Art. 1er. Les inspecteurs généraux de la grande
voirie et les commissaires voyers, dont les fonctions
sont déterminées par nos arrêtés des 24 nivôse an IX
et 13 brumaire an XII, sont autorisés à se faire assister,

dans leurs visites, par deux entrepreneurs, l'un maçon, l'autre charpentier.

Art. 2. A cet effet, il sera par nous formé, pour chaque année, un tableau de soixante entrepreneurs, parmi lesquels, et suivant l'ordre du tableau, seront pris à tour de rôle ceux qui devront concourir auxdites visites.

Art. 3. Les inspecteurs généraux et commissaires voyers requerront, dans le cours de ces visites, la rectification des malfaçons ou vices de construction qui auront été remarqués, et constateront, dans leurs procès-verbaux, signés d'eux et des entrepreneurs par qui ils auront jugé convenable de se faire accompagner, l'adhésion des constructeurs ou propriétaires auxdites réquisitions, ou leur refus d'y satisfaire.

Art. 4. En cas de non-adhésion de la part desdits constructeurs ou propriétaires, les inspecteurs ou commissaires voyers ordonneront provisoirement la suspension des travaux, et inviteront en même temps lesdits propriétaires ou constructeurs à se trouver à la plus prochaine séance du bureau de la grande voirie à l'Hôtel de Ville, pour y être entendus sommairement sur les motifs de leur refus. Il sera également fait mention de cette invitation dans les procès-verbaux.

Art. 5. Au jour indiqué, et tant en absence qu'en présence des constructeurs ou propriétaires dûment invités; les procès-verbaux dressés contre eux seront examinés et discutés par le bureau de la grande voirie, formé en bureau de consultation, présidé par nous, ou à notre défaut, par le plus ancien des inspecteurs généraux.

Art. 6. L'avis du bureau se formera à la majorité des voix des membres présents, et sera retenu sur les registres.

Art 7. Si l'entrepreneur ou propriétaire est présent, et s'il adhère à l'avis, il sera invité à apposer sa signature au bas de la délibération contenant ledit avis, et cette formalité dispensera de toute notification et procédure ultérieure.

Art. 8. Dans le cas, au contraire, où l'entrepreneur ou propriétaire aurait négligé de se rendre au bureau, ainsi que dans le cas où, s'y étant rendu, il refuserait d'adhérer à l'avis dudit bureau, ou ne s'y conformerait pas après y avoir adhéré, les procès-verbaux de visite et autres pièces le concernant seront remis au conseil de préfecture, où le délinquant sera cité, pour y procéder dans les formes ordinaires.

Art. 9. Le présent arrêté sera imprimé et affiché.

LXXXXV. — ORDONNANCE *de police concernant les entrepreneurs de maçonnerie* (1).

15 janvier 1810.

Nous, Louis-Nicolas-Pierre-Joseph Dubois, commandant de la Légion d'honneur, comte de l'Empire, conseiller d'État, chargé du quatrième arrondissement de la police générale, Préfet de police du département de la Seine et des communes de Saint-Cloud, Sèvres et Meudon du département de Seine-et-Oise, etc.

Considérant qu'il importe, en ce qui concerne les constructions et réparations des maisons et bâtiments de la ville de Paris, de prévenir tous les vices et malfaçons qui peuvent compromettre la sûreté publique et individuelle;

Considérant que cette surveillance doit être plus active lorsque des propriétaires ou locataires emploient des compagnons qui souvent n'ont pas les connaissances nécessaires, et qui presque toujours ne présentent aucune espèce de garantie;

Considérant enfin, que, dans le cas d'incendie, les ouvriers en bâtiments peuvent être requis pour porter des secours;

Vu les articles 2, 10, 24 et 30 de l'arrêté du 12 messidor an VIII; les articles 6, 7 et 8 du titre II, et l'article 11 du titre III de la loi du 22 germinal an XI;

Ordonnons ce qui suit :

Art. 1er. Les entrepreneurs de maçonnerie, demeurant à Paris, seront tenus de se faire inscrire à la pré-

(1) G. DELESSERT, *ordonnances de police*, t. I, n° 505.

fecture de police avant le 15 février prochain, et d'y représenter leurs patentes.

Art. 2. Les entrepreneurs patentés ont seuls, à Paris, le droit de travailler à la construction et réparation de toutes sortes d'édifices et à tous ouvrages de maçonnerie. (*Loi du 1ᵉʳ brumaire an VII.*)

Art. 3. Il est défendu à tous compagnons maçons, manœuvres ou autres, de s'immiscer dans ladite profession.

Art. 4. Les propriétaires et locataires pourront néanmoins faire travailler à la journée, des compagnons maçons, mais sous la condition :

1° De déclarer préalablement à la préfecture de police, la nature des ouvrages qu'ils voudront construire ou réparer, et le nombre des compagnons qu'ils se proposeront d'employer ;

2° De fournir auxdits compagnons les matériaux et tous les équipages nécessaires.

Art. 5. Aucun compagnon, ancien manœuvre ne pourra travailler pour des propriétaires ou locataires, sans s'être assuré que la déclaration ci-dessus prescrite a été faite par celui qui l'emploie.

Art. 6. Sont dispensés de faire aucune déclaration, les propriétaires et locataires qui n'emploieront qu'un ou deux compagnons ou manœuvres à de légères réparations, et ce, pendant l'espace de deux jours au plus.

Art. 7. Tout entrepreneur de maçonnerie, chargé de continuer des travaux de construction commencés par un autre entrepreneur, doit faire visiter préalablement les travaux déjà faits.

Art. 8. Les entrepreneurs de maçonnerie, les compagnons maçons, les propriétaires et les locataires sont tenus de se conformer pour toutes les constructions, aux règles de l'art et aux règlements.

Art. 9. En exécution de la loi du 22 germinal an XI, et conformément à l'ordonnance de police du 20 pluviôse an XII, les tailleurs et les scieurs de pierres, et les compagnons maçons sont tenus d'avoir des livrets.

Art. 10. Il est enjoint aux entrepreneurs de ne se servir que d'ouvriers porteurs de livrets.

Art. 11. Défenses sont faites aux compagnons maçons et manœuvres de se coaliser pour suspendre, empêcher et enchérir les travaux.

Art. 12. Il leur est également défendu d'emporter des matériaux ou des équipages.

Art. 13. Les contraventions seront constatées par des procès-verbaux qui nous seront adressés.

Art. 14. Il sera pris envers les contrevenants aux dispositions ci-dessus, telles mesures de police administrative qu'il appartiendra, sans préjudice des poursuites à exercer contre eux devant les tribunaux.

Art. 15. La présente ordonnance sera imprimée, publiée et affichée.

Les commissaires de police, l'inspecteur général du quatrième arrondissement de la police générale, les officiers de paix, l'architecte commissaire et les architectes inspecteurs de la petite voirie, l'inspecteur général des bureaux du placement des ouvriers, et les autres préposés de la préfecture de police sont chargés de tenir la main à son exécution.

Le conseiller d'État, préfet de police,
Comte Dubois.

LXXXXVI. — Loi *sur les expropriations pour cause d'utilité publique* (1).

8 mars 1810.

. (*Cette Loi est abrogée et remplacée par celle du 3 mai 1841.*) = Voir, plus loin, la Loi du 3 mai 1841 et une Ordonnance en date du 18 septembre 1833 y annexée sur les frais et dépens en matière d'expropriation.

LXXXXVII. — *Extrait de la Loi concernant les mines, les minières et les carrières* (1).

21 avril 1810.

TITRE PREMIER. *Des mines, minières et carrières.* — Art. 1ᵉʳ. Les masses de substances minérales ou fossiles renfermées dans le sein de la terre ou existant à la surface, sont classées, relativement aux règles de l'exploitation de chacune d'elles, sous les trois qualifications de mines, minières et carrières.

Art. 2. Seront considérées comme mines celles connues pour contenir en filons, en couches ou en amas, de l'or, de l'argent, du platine, du mercure, du plomb, du fer en filons ou couches, du cuivre, de l'étain, du zinc, de la calamine, du bismuth, du cobalt, de l'arsenic, du manganèse, de l'antimoine, du molybdène, de la plombagine, ou autres matières métalliques, du soufre, du charbon de terre ou de pierre, du bois fossile, des bitumes, de l'alun et des sulfates à base métallique.

Art. 3. Les minières comprennent les minerais de fer dits d'alluvion, les terres pyriteuses propres à être converties en sulfate de fer, les terres alumineuses et les tourbes.

Art. 4. Les carrières renferment les ardoises, les grès, pierres à bâtir et autres, les marbres, granits, pierres à chaux, pierres à plâtre, les pouzzolanes, le trass, les basaltes, les laves, les marnes, craies, sables, pierres à fusil, argiles, kaolin, terres à foulon, terres

(1) Tripier, *Codes français.*

à poterie, les substances terreuses et les cailloux de toute nature, les terres pyriteuses regardées comme engrais, le tout exploité à ciel ouvert ou avec des galeries souterraines.

TITRE VIII. SECTION PREMIÈRE. *Des carrières.* — Art. 81. L'exploitation des carrières à ciel ouvert a lieu sans permission, sous la simple surveillance de la police, et avec l'observation des lois ou règlements généraux ou locaux.

Art. 82. Quand l'exploitation a lieu par galeries souterraines, elle est soumise à la surveillance de l'administration, comme il est dit au titre V.

SECTION II. *Des tourbières.* — Art. 83. Les tourbes ne peuvent être exploitées que par le propriétaire du terrain, ou de son consentement.

Art. 84. Tout propriétaire actuellement exploitant, ou qui voudra commencer à exploiter des tourbes dans son terrain, ne pourra continuer ou commencer son exploitation, à peine de cent francs d'amende, sans en avoir préalablement fait la déclaration à la sous-préfecture, et obtenu l'autorisation.

Art. 85. Un règlement d'administration publique déterminera la direction générale des travaux d'extraction dans le terrain où sont situées les tourbes, celle des rigoles de dessèchement, enfin toutes mesures propres à faciliter l'écoulement des eaux dans les vallées, et l'atterrissement des entailles tourbées.

Art. 86. Les propriétaires exploitans, soit particuliers, soit communautés d'habitans, soit établissements publics, sont tenus de s'y conformer, à peine d'être contraints à cesser leurs travaux.

TITRE IX. *Des expertises.* — Art. 87. Dans tous les cas prévus par la présente loi, et autres naissant des circonstances où il y aura lieu à expertise, les dispositions du titre XIV du Code de procédure civile, articles 303 à 323, seront exécutées.

Art. 88. Les experts seront pris parmi les ingénieurs des mines, ou parmi les hommes notables et expérimentés dans le fait des mines et de leurs travaux.

Art. 89. Le procureur du Roi sera toujours entendu, et donnera ses conclusions sur le rapport des experts.

Art. 90. Nul plan ne sera admis comme pièce probante dans une contestation, s'il n'a été levé ou vérifié par un ingénieur des mines. La vérification des plans sera toujours gratuite.

Art. 91. Les frais et vacations des experts seront réglés et arrêtés, selon les cas, par les tribunaux : il en sera de même des honoraires qui pourront appartenir aux ingénieurs des mines ; le tout suivant le tarif qui sera fait par un règlement d'administration publique. — Toutefois, il n'y aura pas lieu à honoraires pour les ingénieurs des mines, lorsque leurs opérations auront été faites, soit dans l'intérêt de l'administration, soit à raison de la surveillance et de la police publiques.

Art. 92. La consignation des sommes jugées nécessaires pour subvenir aux frais d'expertise, pourra être ordonnée par le tribunal contre celui qui poursuivra l'expertise.

TITRE X. *De la police et de la juridiction relatives aux mines.* — Art. 93. Les contraventions des propriétaires de mines exploitants non encore concessionnaires ou autres personnes, aux lois et règlements,

seront dénoncées et constatées, comme les contraventions en matière de voirie et de police.

Art. 94. Les procès-verbaux contre les contrevenants
seront affirmés dans les formes et délais prescrits par
les lois.

Art. 95. Ils seront adressés en originaux à nos procureurs du Roi, qui seront tenus de poursuivre d'office
les contrevenants devant les tribunaux de police correctionnelle, ainsi qu'il est réglé et usité pour les
délits forestiers, et sans préjudice des dommages-
intérêts des parties.

Art. 96. Les peines seront d'une amende de
500 francs au plus, et de 100 francs au moins, double
en cas de récidive, et d'une détention qui ne pourra
excéder la durée fixée par le Code de police correctionnelle.

LXXXXVIII. — ORDONNANCE *de police concernant des mesures relatives aux puits* (1).

13 août 1810.

Nous, Louis-Nicolas-Pierre-Joseph Dubois, commandant de la Légion d'honneur, comte de l'empire, conseiller d'État, chargé du quatrième arrondissement de la police générale, préfet de police du département de la Seine et des communes de Saint-Cloud, Sèvres et Meudon du département de Seine-et-Oise, etc.

Vu les règlements de police des 18 novembre 1704 et 4 septembre 1716, les ordonnances des 20 janvier 1727, 15 mai 1734 et 15 novembre 1781 ;

Vu les arrêtés du gouvernement des 12 messidor an VIII et 3 brumaire an IX,

Ordonnons ce qui suit :

Art. 1ᵉʳ. Il est enjoint aux propriétaires ou aux principaux locataires des maisons où il y a des puits, de les maintenir en bon état.

Il leur est pareillement enjoint d'entretenir leurs puits de cordes, poulies et seaux, de manière qu'on puisse s'en servir en cas d'incendie.

Le tout à peine de cent francs d'amende. (*Ord. de police des* 20 *janv.* 1727, 15 *mai* 1734 *et* 15 *nov.* 1781.)

Art. 2. Les puits, quel que soit leur genre de construction, seront entourés de mardelles, pieux ou palissades, pour prévenir les accidents.

(1) V. les ord. des 20 fév. 1812, 8 mars 1815 et 20 juillet 1838. — G. DELESSERT, *Ordonnances de police,* t. I, n° 533.

Le tout à peine de deux cents francs d'amende. (*Règlem. de police des* 18 *nov.* 1701 *et* 4 *sept.* 1716.)

Art. 3. Les maires, dans les communes rurales, et les commissaires de police à Paris, s'assureront, par de fréquentes visites, si les dispositions prescrites par les articles précédents sont exactement observées.

Les contraventions seront constatées par des procès-verbaux qui nous seront adressés pour y être donné telle suite qu'il appartiendra.

La présente ordonnance sera imprimée, publiée et affichée.

Les sous-préfets des arrondissements de Saint-Denis et de Sceaux, les maires des communes rurales, les commissaires de police, l'inspecteur du quatrième arrondissement de la police générale de l'empire, les officiers de paix, l'architecte commissaire et les architectes inspecteurs de la petite voirie, l'inspecteur général de la salubrité et les autres préposés de la préfecture de police sont chargés de tenir la main à son exécution, chacun en ce qui le concerne.

Le conseiller d'État, préfet de police,
Comte DUBOIS.

LXXXXIX. — *Extrait du Décret sur le mode de con-
staler les contraventions* (1).

18 août 1810.

Art. 1er. Les préposés aux droits réunis et aux oc-
trois seront à l'avenir appelés, concurremment avec
les fonctionnaires publics désignés en l'article 2 de la
loi du 29 floréal an X (les maires-adjoints, ingénieurs
et conducteurs des ponts et chaussées, les agents de la
navigation, les commissaires de police et la gendarmerie), à constater les contraventions en matière de
grande voirie, de poids des voitures et de police de
roulage.

Art. 2. Les préposés ci-dessus désignés, ainsi que
les fonctionnaires publics désignés en l'article 2 de la
loi du 29 floréal an X, seront tenus d'affirmer, devant
le juge de paix, les procès-verbaux qu'ils seront dans
le cas de rédiger, lesquels ne pourront autrement faire
foi et motiver une condamnation.

(1) PRÉFECTURE DE LA SEINE. (DIRECTION DE LA VOIRIE DE
PARIS.)

C. — ARRÊTÉ *du Ministre de l'intérieur relatif aux dé-*
pôts de matériaux destinés aux grandes constructions
dans Paris (1).

13 octobre 1810.

TITRE Ier. — *Des constructions commencées dans la*
ville de Paris. — Art. 1er. D'ici au 1er novembre, tout
ingénieur ou architecte chargé d'une grande construc-
tion, soit immédiatement par le ministère de l'intérieur, soit par le directeur général des ponts et chaussées, soit par le préfet du département, soit par
l'intendance des bâtiments de Sa Majesté, soit par des
associations ou par des particuliers quelconques, ira
en faire sa déclaration à la préfecture de police.

Art. 2. Dans les cinq jours qui suivront cette déclaration, le Préfet de police désignera un commis-
saire-voyer qui se rendra, avec l'ingénieur ou l'architecte, sur les lieux de la construction et du dépôt des
matériaux.

Art. 3. L'ingénieur ou l'architecte et le voyer man-
deront les entrepreneurs de la construction, et, après
les avoir ouïs, feront un rapport dans lequel ils indiqueront :

1° Le théâtre où les matériaux destinés à passer
l'hiver devront être renfermés ;

2° Le théâtre où devront être déposés, à l'ouverture
de la campagne prochaine, les matériaux nécessaires
pour cette campagne, au fur et à mesure de leur arrivée et du besoin.

(1) SOCIÉTÉ CENTRALE DES ARCHITECTES, *Manuel des lois du*
bâtiment (1re édit.).

Art. 4. Partout où la place des abords des grandes constructions doit rendre nécessaire des acquisitions ultérieures de terrains, ces acquisitions seront hâtées, afin que les terrains à acquérir servent au plus tôt de dépôt aux matériaux.

Art. 5. Lorsqu'il n'y aura point de terrains dont l'acquisition soit prévue, il sera, autant que faire se pourra, loué des emplacements à la proximité des grandes constructions.

Art. 6. Lorsqu'il n'existera point d'emplacement hors des places ou de la voie publique et que l'espace le permettra sans qu'il en résulte aucune gêne, on pourra proposer l'établissement de chantiers ou théâtres clos, de manière que le cantonnement des matériaux soit absolument séparé de ce qui restera pour la voie publique.

Art. 7. Les ingénieurs ou architectes et les commissaires voyers traceront sur le terrain et sur un plan leurs projets de dépôts ou de cantonnement des matériaux.

Art. 8. S'il n'y a pas d'oppositions, ces plans, approuvés par le Préfet de police, régleront définitivement l'emplacement des matériaux et des théâtres.

En cas d'oppositions, il en sera référé au Ministre de l'intérieur, qui statuera dans la huitaine.

Art. 9. Passé le 15 novembre prochain, tous les matériaux qui seront hors des enceintes déterminées, comme il a été dit ci-dessus, seront enlevés à la diligence du Préfet de police, aux frais, risques et périls des entrepreneurs.

TITRE II. — *Des constructions à venir.* — Art. 10. Aucune grande construction ne pourra être commencée sans qu'un plan concerté, comme il a été dit ci-dessus, n'ait déterminé l'emplacement des matériaux et la quantité qui pourra être déposée à la fois au pied d'œuvre.

TITRE III. — *Des dépôts de matériaux près des carrières.* — Art. 11. Afin de ne pas retarder l'avancement des grands travaux, les entrepreneurs seront toujours tenus d'avoir des dépôts à proximité des carrières.

Art. 12. L'emplacement et l'étendue de ces dépôts seront déterminés par l'ingénieur ou par l'architecte chargé de la construction. On les rapprochera le plus possible des grandes routes, sans pouvoir anticiper sur elles. Les dépôts seront formés dans la quinzaine de l'adjudication pour les constructions à venir.

Art. 13. Ces dépôts seront toujours garnis de manière que, dans aucun temps, le retard de l'approvisionnement des matériaux ne puisse en apporter dans l'avancement des constructions.

CI. — DÉCRET *relatif aux manufactures et ateliers qui répandent une odeur insalubre ou incommode.* (1).

Au palais de Fontainebleau, le 15 octobre 1810.

NAPOLÉON, etc., Sur le rapport de notre ministre de l'intérieur;

Vu les plaintes portées par différents particuliers contre les manufactures et ateliers dont l'exploitation donne lieu à des exhalaisons insalubres ou incommodes;

Le rapport fait sur ces établissements par la section de chimie de la classe des sciences physiques et mathématiques de l'Institut;

Notre conseil d'État entendu;

NOUS AVONS DÉCRÉTÉ ET DÉCRÉTONS ce qui suit:

Art. 1er. A compter de la publication du présent décret, les manufactures et ateliers qui répandent une odeur insalubre et incommode ne pourront être formés sans une permission de l'autorité administrative: ces établissements seront divisés en trois classes.

La première classe comprendra ceux qui doivent être éloignés des habitations particulières;

La seconde, les manufactures et ateliers dont l'éloignement des habitations n'est pas rigoureusement nécessaire, mais dont il importe néanmoins de ne permettre la formation qu'après avoir acquis la certitude que les opérations qu'on y pratique sont exécutées de

(1) H. BUNEL, *Établissements insalubres, incommodes et dangereux,* in-8°, Paris, Berthoud, 1876.

manière à ne pas incommoder les propriétaires du
voisinage, ni à leur causer des dommages ;

Dans la troisième classe seront placés les établissements qui peuvent rester sans inconvénient auprès
des habitations, mais doivent rester soumis à la surveillance de la police.

Art. 2. La permission nécessaire pour la formation des manufactures et ateliers compris dans la première classe sera accordée avec les formalités ci-après
par un décret rendu en notre conseil d'État. —

Celle qu'exigera la mise en activité des établissements compris dans la seconde classe le sera par les
préfets, sur l'avis des sous-préfets.

Les permissions pour l'exploitation des établissements placés dans la dernière classe seront délivrées
par les sous-préfets qui prendront préalablement l'avis
des maires.

Art. 3. La permission pour les manufactures et
fabriques de première classe ne sera accordée qu'avec
les formalités suivantes :

La demande en autorisation sera présentée au préfet, et affichée par son ordre dans toutes les communes, à 5 kilomètres de rayon.

Dans ce délai (1), tout particulier sera admis à présenter ses moyens d'opposition.

Les maires des communes auront la même faculté.

Art. 4. S'il y a des oppositions, le conseil de préfecture donnera son avis, sauf la décision du conseil
d'État.

Art. 5. S'il n'y a pas d'opposition, la permission
sera accordée, s'il y a lieu, sur l'avis du préfet et le
rapport de notre ministre de l'intérieur.

_____

(1) Délai d'un mois par décision du ministre de l'intérieur.

Art. 6. S'il s'agit de fabriques de soude, ou si la fabrique doit être établie dans la ligne des douanes, notre directeur général des douanes sera consulté.

Art. 7. L'autorisation de former des manufactures et ateliers compris dans la seconde classe ne sera accordée qu'après que les formalités suivantes auront été remplies :

L'entrepreneur adressera d'abord sa demande au sous-préfet de son arrondissement, qui la transmettra au maire de la commune dans laquelle on projette de former l'établissement, en le chargeant de procéder à des informations de *commodo* et *incommodo*. Ces informations terminées, le sous-préfet prendra sur le tout un arrêté qu'il transmettra au préfet. Celui-ci statuera, sauf le recours à notre conseil d'État par toutes les parties intéressées.

S'il y a opposition, il y sera statué par le conseil de préfecture, sauf le recours au conseil d'État.

Art. 8. Les manufactures et ateliers ou établissements portés dans la troisième classe ne pourront se former que sur la permission du Préfet de police, à Paris, et sur celle du maire, dans les autres villes (1).

S'il s'élève des réclamations contre la décision prise par le Préfet de police ou les maires, sur une demande en formation de manufacture ou d'atelier compris dans la troisième classe, elles seront jugées en conseil de préfecture.

Art. 9. L'autorité locale indiquera le lieu où les manufactures et ateliers compris dans la première classe pourront s'établir, et exprimera sa distance des habitations particulières. Tout individu qui ferait des

(1) Modifié par l'art. 3 de l'ordonnance royale du 14 janvier 1815. — Voir plus loin.

constructions dans le voisinage de ces manufactures et ateliers, après que la formation en aura été permise, ne sera plus admis à en solliciter l'éloignement.

Art. 10. La division en trois classes des établissements qui répandent une odeur insalubre ou incommode aura lieu conformément au tableau annexé au présent décret (1). Elle servira de règle, toutes les fois qu'il sera question de prononcer sur des demandes en formation de ces établissements.

Art. 11. Les dispositions du présent décret n'auront point d'effet rétroactif; en conséquence, tous les établissements qui sont aujourd'hui en activité continueront à être exploités librement, sauf les dommages dont pourront être passibles les entrepreneurs de ceux qui préjudicient aux propriétés de leurs voisins; les dommages seront arbitrés par les tribunaux.

Art. 12. Toutefois, en cas de graves inconvénients pour la salubrité publique, la culture ou l'intérêt général, les fabriques et ateliers de première classe qui les causent pourront être supprimés, en vertu d'un décret rendu en notre conseil d'État, après avoir entendu la police locale, pris l'avis des préfets, reçu la défense des manufacturiers ou fabricants.

Art. 13. Les établissements maintenus par l'art. 11 cesseront de jouir de cet avantage, dès qu'ils seront transférés dans un autre emplacement ou qu'il y aura une interruption de six mois dans leurs travaux. Dans l'un et l'autre cas, ils rentreront dans la catégorie des établissements à former, et ils ne pourraient être re-

---

(1) Voir plus loin, la nomenclature de ces établissements telle qu'elle a été modifiée par le Décret impérial du 31 décembre 1866.

mis en activité qu'après avoir obtenu, s'il y a lieu, une nouvelle permission.

Art. 14. Nos ministres de l'intérieur et de la police générale sont chargés, chacun en ce qui le concerne, de l'exécution du présent décret, qui sera inséré au *Bulletin des lois.*

Signé : NAPOLÉON.

CII. — ORDONNANCE *de police concernant les manufactures et ateliers qui répandent une odeur insalubre ou incommode* (1).

5 novembre 1810.

(Approuvé par S. Exc. le ministre de l'intérieur le 17 novembre 1810.)

Nous, Étienne-Denis Pasquier, chevalier de la Légion d'honneur, baron de l'empire, conseiller d'État, chargé du quatrième arrondissement de la police générale, préfet de police du département de la Seine et des communes de Saint-Cloud, Sèvres et Meudon du département de Seine-et-Oise, etc.

Vu les art. 2 et 23 de l'arrêté du gouvernement du 12 messidor an VIII et l'article 1er de celui du 3 brumaire an IX ;

Ordonnons ce qui suit :

Art. 1er. Le décret impérial du 15 octobre 1810, relatif aux manufactures et ateliers qui répandent une odeur insalubre ou incommode, ensemble le tableau y annexé (2), seront imprimés, publiés et affichés, avec la présente ordonnance, dans le ressort de la préfecture de police.

Art. 2. Les demandes en autorisation pour former des manufactures ou ateliers compris dans la première classe du tableau annexé au décret précité, nous seront

---

- (1) V. les ord. des 20 fév. 1815 et 30 nov. 1837. — G. DELESSERT, *Ordonnances de police*, t. I, n° 547.

(2) Voir ce tableau tel qu'il a été modifié par le Décret impérial du 31 décembre 1866.

adressées pour être par nous procédé conformément aux articles 3, 4, 5, 6 et 9 du décret.

Art. 3. Les demandes en autorisation pour former des manufactures ou ateliers compris dans la deuxième classe seront adressées, savoir :

1° Pour Paris, au Préfet de police;

2° Pour les communes rurales du département de la Seine, aux sous-préfets de Saint-Denis et de Sceaux;

3° Et pour les communes de Saint-Cloud, Sèvres et Meudon, aux maires de ces communes.

Il sera par nous statué sur ces demandes conformément à l'article 7 du décret.

Art. 4. Les demandes en autorisation pour former des manufactures ou ateliers compris en la troisième classe nous seront adressées pour être par nous statué, conformément à l'article 8 du décret.

Art. 5. Les propriétaires ou entrepreneurs énonceront dans leurs demandes la nature des matières qu'ils se proposent de préparer dans leurs manufactures ou ateliers et des travaux qui devront être exécutés; ils déposeront en même temps un plan figuré des lieux et des constructions projetées.

Art. 6. Indépendamment des formalités prescrites par le décret, il sera procédé, par le conseil de salubrité établi près la préfecture de police, assisté de l'architecte commissaire de la petite voirie, à la visite des lieux, à l'effet de s'assurer si l'établissement projeté ne peut nuire à la salubrité, ni faire craindre un incendie.

Art. 7. Les propriétaires d'une manufacture ou d'un atelier, aujourd'hui en activité dans le ressort de la préfecture de police, seront tenus d'en faire la déclaration avant le 1er janvier prochain, savoir :

1° Dans Paris, à la préfecture de police;

2° Dans les communes rurales du département de la Seine, aux sous-préfets de Saint-Denis et de Sceaux;

3° Dans les communes de Saint-Cloud, Sèvres et Meudon, aux maires de ces communes.

Art. 8. Les sous-préfets des arrondissements de Saint-Denis et de Sceaux et les mairies des communes de Saint-Cloud, Sèvres et Meudon enverront à la préfecture de police l'état des déclarations qu'ils auront reçues.

Art. 9. La présente ordonnance sera soumise à l'approbation de S. Exc. le ministre de l'intérieur.

Art. 10. Les sous-préfets des arrondissements de Saint-Denis et de Sceaux, les maires des communes rurales du ressort de la préfecture de police, l'inspecteur général du quatrième arrondissement de la police générale de l'empire, les officiers de paix, l'architecte-commissaire de la petite voirie, les commissaires des halles et marchés, l'inspecteur général de la salubrité et les autres préposés de la préfecture de police sont chargés de tenir la main à son exécution.

Le conseiller d'État, préfet de police,
Baron PASQUIER.

CIII. — ORDONNANCE *de police concernant les passages ou-*
verts au public sur des propriétés particulières (1).

20 août 1811.

Nous, Étienne-Denis Pasquier, officier de la Légion
d'honneur, baron de l'empire, conseiller d'État, chargé
du quatrième arrondissement de la police générale,
préfet de police du département de la Seine et des
communes de Saint-Cloud, Sèvres et Meudon du département de Seine-et-Oise, etc.

Vu, 1° notre ordonnance du 20 novembre 1810,
concernant les passages sous les galereis du Palais-
Royal;

2° Celle du 18 février 1811, relative aux passages
sous les piliers des halles, approuvée par S. Exc. le ministre de l'intérieur, le 2 mars suivant;

Considérant que les principes qui ont dicté les susdites ordonnances s'appliquent évidemment à tous les
passages ouverts au public sur des propriétés particulières; que, dans la plupart de ces passages, la circulation est entravée par des dépôts de meubles et par
des étalages de toute espèce de marchands en boutique;

Considérant que cet abus, qui est surtout très sensible dans les passages couverts, où il règne toujours
plus ou moins d'obscurité, doit être réprimé sans
délai;

Ordonnons ec qui suit :

Art. 1er. Il est défendu d'établir aucune devanture

(1) G. DELESSERT, *Ordonnances de police*, t. I, n° 605.

de boutique saillante, de former aucun dépôt de meubles ou effets, ni aucun étalage fixe ou mobile de marchandises hors des boutiques situées dans les passages publics qui ont moins de deux mètres et demi de largeur.

Les devantures de boutique actuellement existantes ne pourront être réparées.

Les étalages mobiles seront supprimés sur-le-champ.

Art. 2. Les propriétaires ou locataires de boutiques situées dans les passages de deux mètres et demi à trois mètres de largeur et au-dessus ne pourront, dans aucun cas, établir d'une manière fixe, même mobile, aucune devanture, fermeture, étalage, enseigne, montre, lanterne, tableau ou écusson faisant saillie de plus de seize centimètres en avant du corps de bâtiment dans lequel sont situées les boutiques.

Toute devanture actuellement existante, dont la saillie serait de plus de seize centimètres, ne pourra être réparée.

Tous étalages et autres saillies mobiles ayant plus de seize centimètres seront retirés de suite.

Art. 3. Il est défendu aux propriétaires ou locataires, de quelque profession qu'ils soient, de gêner ou embarrasser les passages dont il s'agit, soit par des dépôts de marchandises, soit par des ateliers de travail autres que par ceux nécessaires à la réparation des bâtiments du passage.

Il est également défendu aux propriétaires d'y placer des bancs, chaises, trétaux, comptoirs et tous autres objets, de telle nature que ce soit, qui pourraient gêner la circulation.

Art. 4. Les marchands établis dans les passages ne pourront induire de la présente ordonnance le droit de faire un étalage à l'extérieur de leurs boutiques s'ils n'en ont obtenu l'agrément des propriétaires.

Dans tous les cas, ils seront tenus de se conformer aux dispositions des articles ci-dessus qui les concernent.

Art. 5. Les propriétaires ou locataires tiendront en bon état le sol des passages, ils auront soin, en outre, de les faire balayer et éclairer, et de les tenir fermés, le soir, aux heures prescrites par les règlements.

Art. 6. En cas de contravention, les commissaires de police et l'architecte-commissaire de la petite voirie sont autorisés, en vertu de la présente ordonnance, et sans qu'il en soit besoin d'autre, à faire démolir les devantures de boutique et enlever les étalages et saillies mobiles, et ce, aux frais des contrevenants; ils en dresseront des procès-verbaux qu'ils nous transmettront sans retard; le tout sans préjudice des poursuites à exercer devant les tribunaux, conformément au Code des délits et des peines, et sauf la fermeture des passages, s'il y a lieu.

Art. 7. A l'avenir, aucun passage ne sera ouvert au public sur des propriétés particulières qu'en vertu d'une permission du Préfet de police.

Art. 8. Il n'est aucunement dérogé aux dispositions de nos ordonnances des 20 novembre 1810 et 18 février 1811, relatives aux passages sous les galeries du Palais-Royal et sous les piliers des Halles, qui continueront de recevoir leur exécution.

Art. 9. La présente ordonnance sera imprimée et affichée.

Les commissaires de police, l'inspecteur général du quatrième arrondissement, l'architecte-commissaire et les architectes-inspecteurs de la petite voirie, les officiers de paix, et tous les préposés de la préfecture de police tiendront la main à son exécution, chacun en ce qui le concerne, et en rendront compte.

Le conseiller d'État, préfet de police,
Baron PASQUIER.

CIV. — ORDONNANCE *de police concernant l'entretien, le curage et la réparation des puits* (1).

20 février 1812.

Nous, Étienne-Denis Pasquier, officier de la Légion d'honneur, baron de l'empire, conseiller d'État, chargé du quatrième arrodissement de la police générale, préfet de police du département de la Seine et des communes de Saint-Cloud, Sèvres et Meudon du département de Seine et Seine-et-Oise, etc.

Vu les règlements de police des 18 novembre 1701 et 4 septembre 1716, les ordonnances des 20 janvier 1727, 15 mai 1734 et novembre 1781 ;

Vu les arrêtés du gouvernement des 12 messidor an VIII et 3 brumaire an IX,

Ordonnons ce qui suit :

Art. 1er. Les propriétaires ou principaux locataires des maisons où il y a des puits doivent les maintenir en bon état. Il leur est enjoint de les tenir garnis de cordes, poulies et seaux, de manière qu'on puisse s'en servir en cas d'incendie, à peine de cent francs d'amende. (*Ord. de police des* 20 *janv.* 1737, 15 *mai* 1734 *et* 15 *nov.* 1781.)

Art. 2. Les puits, quel que soit leur genre de construction, seront entourés de mardelles, pieux ou palissades, pour prévenir les accidents, à peine de deux

(1) V. les ord. des 8 mars 1815 et 20 juillet 1858, et plus loin, p. 316, l'Instruction du Conseil de salubrité annexée à cette ordonnance. — G. DELESSERT, *Ordonnances de police*, t. I, n° 629.

cents francs d'amende. (*Règl. de police du* 18 *nov.* 1701 et 4 *sept.* 1716.)

Art. 3. Les maires des communes rurales et les commissaires de police, à Paris, s'assureront par de fréquentes visites si les dispositions prescrites par les articles précédents sont exactement observées.

Art. 4. Le curage des puits ne pourra se faire que par les ouvriers qui ont l'habitude de ce travail.

Art. 5. Les cureurs de puits ne pourront descendre dans les puits, pour quelque cause que ce soit, sans être ceints d'un bridage dont l'extrémité sera tenue par un ouvrier placé à l'extérieur.

Art. 6. Avant de commencer le curage d'un puits, le cureur s'assurera de l'état de l'air qu'il renferme. Il procédera, à cet effet, conformément à l'instruction annexée à la présente ordonnance.

Art. 7. Si, nonobstant les précautions indiquées par l'instruction, un ouvrier était frappé du plomb, les travaux seront suspendus sur-le-champ.

L'entrepreneur en fera la déclaration, à Paris, au commissaire de police et au maire, dans les communes rurales.

Les travaux ne seront continués qu'avec les précautions qui seront indiquées par l'autorité locale, sur l'avis des gens de l'art.

Art. 8. A Paris, les eaux et immondices provenant des puits méphitisés seront transportées à la voirie de Montfaucon dans des tinettes hermétiquement fermées.

Il est défendu de les faire couler dans les ruisseaux.

Art. 9. Les ouvriers maçons appelés pour travailler à la réparation ou à la reconstruction d'un puits dont l'eau aura été trouvée corrompue, ne pourront y travailler qu'avec les précautions indiquées ci-après.

Art. 10. Tout maçon chargé de la réparation d'un

puits sera tenu, tant que durera l'extraction des pierres des parties à réparer, d'avoir à l'extérieur du puits autant d'ouvriers qu'il en emploiera dans l'intérieur.

Art. 11. Chaque ouvrier travaillant à l'extraction des pierres d'un puits à réparer, sera ceint d'un bridage dont l'attache sera tenue par un ouvrier placé à l'extérieur.

Art. 12. Si des ouvriers maçons sont frappés du plomb pendant la démolition ou réparation d'un puits, les travaux seront suspendus et déclaration sera faite, dans le jour, à Paris, chez un commissaire de police, et aux maires dans les communes rurales.

La démolition ou réparation ne pourra en être reprise qu'avec les précautions qui seront indiquées par l'autorité locale, sur l'avis des gens de l'art.

Art. 13. Les entrepreneurs de maçonnerie sont responsables des contraventions aux articles précédents.

Art. 14. Les ouvriers qui trouveraient dans les puits soit des objets qui pourraient faire soupçonner un délit, soit des effets quelconques, en feront, dans le jour, la déclaration chez un commissaire de police, à Paris, et au maire dans les communes rurales.

Il leur sera donné une récompense s'il y a lieu.

Art. 15. Les contraventions seront constatées par des procès-verbaux qui nous seront adressés.

Art. 16. Il sera pris envers les contrevenants telle mesure de police administrative qu'il appartiendra, sans préjudice des poursuites à exercer contre eux devant les tribunaux.

Art. 17. La présente ordonnance sera imprimée, publiée et affichée.

Les sous-préfets des arrondissements de Saint-Denis et de Sceaux, les maires des communes rurales

du ressort de la préfecture de police, l'inspecteur général de police, les officiers de paix, l'architecte-commissaire de la petite voirie, l'inspecteur général de la
salubrité et les autres préposés de la préfecture de
police, sont chargés, chacun en ce qui le concerne,
de tenir la main à son exécution.

Le conseiller d'État, préfet de Police,

Baron PASQUIER.

INSTRUCTION ANNEXÉE A L'ORDONNANCE DU 20 FÉVRIER 1812

RELATIVEMENT AU CURAGE ET A LA RÉPARATIONS DES PUITS (1).

Lorsqu'il est nécessaire de curer un puits ou d'y descendre pour y faire quelques réparations, le premier soin que l'on doit avoir est de s'assurer de l'état de l'air qu'il renferme. Cet air peut être vicié par différentes causes, et donner lieu à des accidents très graves. Il faut donc commencer par desendre une lanterne allumée jusqu'à la surface de l'eau. Si elle ne s'éteint pas, on la retire, et par le moyen d'un poids attaché à une corde on agite fortement l'eau jusqu'à son fond; on redescend la lanterne; si à cette seconde épreuve la lumière ne s'éteint pas, les ouvriers peuvent commencer leurs travaux, en se munissant par précaution d'un petit appareil désinfectant de Guyton-Morveau : il est important que les ouvriers soient revêtus d'un bridage.

Si la lumière s'éteint, on remarquera la profondeur à laquelle elle cesse de brûler. On ne descendra pas dans le puits parce qu'on y serait asphyxié. Le gaz ou air méphytique qui ne permet ni la combustion, ni la respiration, peut être du gaz azote, du gaz acide carbonique, du gaz oxyde de carbone, de l'hydrogène sulfuré. Dans l'incertitude où l'on est sur sa nature, il faut, quel qu'il soit, renouveler l'air du puits, et pour cela le moyen le plus prompt et le plus certain est un ventilateur.

Pour l'établir, il faut avec des planches, du plâtre et de la glaise boucher hermétiquement l'ouverture du puits. Au milieu de cette espèce de couvercle pratiquer un trou d'un décimètre environ de large, sur lequel on placera un fourneau ou réchaud de terre, qui ne pourra recevoir d'air que celui du puits. On ajoutera près de la mardelle un tuyau de plomb ou fer-blanc qui descendra dans le puits jusqu'à un décimètre de la surface de l'eau. Cet appareil une fois établi on remplira le

(1) Voir plus haut, p. 312.

fourneau de braise ou de charbon allumé, et on le couvrira d'un dôme de terre cuite ou de tôle, surmonté d'un bout de tuyau de poêle, afin de donner au fourneau la propriété d'attirer beaucoup d'air. Quand le fourneau a été en activité une heure ou deux, suivant la profondeur du puits, on l'enlève et l'on descend dans le puits la lanterne. Si elle s'éteint encore à peu de distance de la surface de l'eau, c'est que le gaz méphytique s'y renouvelle.

Alors il faut mettre le puits à sec, attendre quelques jours, l'épuiser de nouveau et recommencer l'application du fourneau ventilateur, ou si l'on ne peut établir cet appareil y substituer un ou deux forts soufflets de forge que l'on adaptera au tuyau prolongé jusqu'à la surface de l'eau. Ces soufflets mis en action pendant un quart d'heure ou deux déplaceront l'air vicié du puits. Enfin on redescendra la lanterne et si elle s'éteint, il faut renoncer à l'usage du puits et le condamner.

Si, par un essai préliminaire fait par un homme de l'art, on a reconnu la nature du gaz délétère que l'on veut détruire, on peut employer les réactifs suivants :

Pour neutraliser l'acide carbonique, on verse dans le puits avec des arrosoirs, plusieurs seaux de lait de chaux, et l'on agite ensuite l'eau fortement.

Pour détruire le gaz hydrogène sulfuré ou carboné, on fait descendre au fond du puits par le moyen d'une corde, un vase ouvert contenant un mélange de manganèse et de muriate de soude arrosé d'acide sulfurique. Mais lorsque le gaz est de l'azote, il faut avoir recours au fourneau ventilateur ou au soufflet, et en vérifier l'effet par l'épreuve de la lanterne allumée.

Les membres composant le conseil de salubrité, près la préfecture de police,

> *Signé :* PARMENTIER, DEYEUX, C.-L. CADET DE
> GASSICOURT, J=J. LEROUX, HUZARD, DU-
> PUYTREN, PARISET et PETIT.

Pour copie conforme :

> *Le Secrétaire général,* PIIS.

CV. — *Extrait du Décret concernant le recouvrement des amendes* (1).

29 août 1813.

Art. 1er. Le recouvrement des amendes en matière de grande voirie, dont les receveurs généraux étaient chargés par l'art. 116 du Décret du 16 décembre 1811, sera fait, comme par le passé, par les préposés de l'enregistrement et des domaines.

(1) TRIPIER, *Codes français.*

CVI. — Ordonnance *de police concernant l'observation des dimanches et fêtes* (1).

7 juin 1814.

Nous, directeur général de la police du royaume,

Considérant que l'observation des jours consacrés aux solennités religieuses est une loi commune à tous les peuples policés, qui remonte au berceau du monde, et qui intéresse au même degré la religion et la politique ;

Que l'observation du dimanche s'est maintenue avec une pieuse sévérité dans toute la chrétienté, et qu'il y a été pourvu, pour la France en particulier, par différentes ordonnances de nos rois, des arrêts des cours souveraines, et, en dernier lieu, par le règlement du 8 novembre 1782 ;

Que ces lois et règlements n'ont point été abrogés ; qu'ils ont été seulement perdus de vue durant les troubles ; mais qu'ils ont été implicitement rappelés par les lois des 18 et 29 germinal an IX qui ont établi l'observation du dimanche et des fêtes réduites à un très petit nombre ;

Et qu'il est nécessaire aujourd'hui de rappeler explicitement ces mêmes règlements pour attester à tous les yeux le retour des Français à l'ancien respect de la religion et des mœurs, et à la pratique des vertus qui peuvent seules fonder pour les peuples une prospérité durable ;

Ordonnons ce qui suit :

(1) V. l'ord. du 25 nov. 1814. — G. Delessert, *Ordonnances de police*, t. I, n° 729.

Art. 1er. Les travaux seront interrompus les dimanches et les jours de fête.

En conséquence, il est défendu à tous maçons, charpentiers, couvreurs, terrassiers, menuisiers, serruriers et généralement à tous artisans et ouvriers de travailler à aucun ouvrage de leur profession, et à tous marchands de faire aucun commerce ni débit de marchandises les dimanches et les jours de fête. Il leur est ordonné de tenir leurs ateliers, boutiques et magasins exactement fermés, à peine de deux cents francs d'amende pour chaque contravention dont les maîtres seront responsables pour leurs garçons, ouvriers et domestiques.

Art. 2. Il est également défendu à tous porte-faix et hommes de journée de travailler de leur état les dimanches et les jours de fêtes.

Les charretiers et les voituriers ne pourront faire aucun chargement ni charrois, à peine d'une amende de cent francs, pour la sûreté de laquelle les chevaux et harnais, charrettes, voitures ou traîneaux seront mis en fourrière jusqu'à consignation.

Art. 3. Ne pourront, les particuliers, pendant ces mêmes jours, employer à des travaux aucuns artisans, ouvriers et gens de journée, à peine d'être personnellement responsables des amendes que ces ouvriers auraient encourues.

Art. 4. Il est également défendu à tous marchands de menue mercerie, quincaillerie, tabletterie, ferraille, etc., à tous revendeurs et revendeuses, marchands d'estampes, d'images ou de vieux livres et à tous les étalagistes, sans exception, de colporter leurs marchandises, ni de les exposer en vente, les dimanches et les jours de fête, à peine de saisie des marchandises et de cent francs d'amende.

Art. 5. Il est expressément ordonné aux marchands de vins, maîtres de café ou de lieux dits estaminets, marchands d'eau-de-vie, de bière ou de cidre, maîtres de paume et de billard de tenir leurs boutiques, cabarets ou établissements fermés les dimanches et les jours de fête, pendant le temps de l'office divin, depuis huit heures du matin jusqu'à midi; ils refuseront l'entrée à tous ceux qui se présenteraient chez eux, dans cet intervalle, pour y manger, boire ou jouer, à peine de trois cents francs d'amende.

Art. 6. Il est défendu à tous saltimbamques, faiseurs de tours, maîtres de curiosités, chanteurs ou joueurs d'instruments d'exercer leur métier dans leurs salles ou sur la voie publique, les dimanches et les jours de fête, avant cinq heures de l'après-midi, sous peine d'interdiction.

Art. 7. Nulle réunion pour la danse ou pour la musique n'aura lieu avant la même heure, dans aucun établissement ouvert au public, à peine de cinq cents francs d'amende contre le maître de l'établissement.

Art. 8. Pourront tenir leurs boutiques entr'ouvertes, les dimanches et les jours de fête, les pharmaciens et les herboristes, les épiciers, les boulangers, les bouchers, les charcutiers, les traiteurs et les pâtissiers; mais il leur est défendu d'exposer ou d'étaler leurs marchandises.

Art. 9. Les défenses prescrites par notre présente ordonnance ne sont pas applicables aux ouvriers employés par les cultivateurs aux travaux de la moisson et des récoltes, que l'état de la saison ou la crainte des intempéries rendraient urgents.

Art. 10. La même tolérance aura lieu pour des travaux que des particuliers seraient obligés de faire dans des cas de péril imminent; mais ils ne pourront les faire exécuter qu'après en avoir obtenu la permission d'un officier de police.

Art. 11. Les contraventions aux dispositions de la présente ordonnance seront constatées par des procès-verbaux.

Il sera pris envers les contrevenants telles mesures administratives qu'il appartiendra, sans préjudice des poursuites à exercer contre eux par-devant les tribunaux.

Art. 12. La présente ordonnance sera imprimée, publiée et affichée par tout le royaume.

Art. 13. MM. les préfets et sous-préfets, et, sous leurs ordres, les commissaires de police, les officiers de paix sont chargés de tenir la main à son exécution.

Le Directeur général de la police du royaume,

Comte BEUGNOT.

CVIÎ. — Ôrdônnancê *du Roi portant défenses d'établir des conduites d'eau ménagères en communication avec les égouts de Paris.*

30 septembre 1814.

(Voir plus loin : *Arrêté réglementaire du Préfet de la Seine du 2 juillet 1867 et les Décrets, Ordonnances et Arrêtés qu'il vise.*)

CVIII. — Ordonnance *du Roi contenant règlement sur les manufactures, établissements et ateliers qui répandent une odeur insalubre ou incommode* (1).

Au château des Tuileries, le 14 janvier 1815.

Louis, etc.,

Sur le rapport de notre ministre secrétaire d'État de l'intérieur;

Vu le décret du 15 octobre 1810 (2), qui divise en trois classes les établissements insalubres ou incommodes dont la formation ne peut avoir lieu qu'en vertu d'une permission de l'autorité administrative;

Le tableau de ces établissements qui y est annexé;

L'état supplémentaire arrêté par le Ministre de l'intérieur, le 22 novembre 1811 (3):

Les demandes adressées par plusieurs préfets, à l'effet de savoir si les permissions nécessaires pour la formation des établissements compris dans la troisième classe seront délivrées par les sous-préfets ou par les maires;

Notre conseil d'État entendu;

Nous avons ordonné et ordonnons ce qui suit:

Art. 1er. A compter de ce jour, la nomenclature jointe à la présente ordonnance servira seule de règle

1. H. Bunel, *Établissements insalubres, incommodes et dangereux*, déjà cité.
2. Voir plus haut, p. 300.
3. Ce tableau et cet état supplémentaire sont modifiés par la nomenclature jointe au Décret impérial du 31 décembre 1866

pour la formation des établissements répandant une
odeur insalubre ou incommode.

Art. 2. Le procès-verbal d'information de *commodo*
et *incommodo*, exigé par l'art. 7 du décret du 15 oc=
tobre 1810, pour la formation des établissements compris dans la seconde classe de la nomenclature, sera
pareillement exigible, en outre de l'affiche de demande,
pour la formation de ceux compris dans la première
classe.

Il n'est rien innové aux autres dispositions de ce
décret.

Art. 3. Les permissions nécessaires pour la for=
mation des établissements compris dans la troisième
classe seront délivrées, dans les départements, con=
formément aux art. 2 et 8 du décret du 15 octobre
1810, par les sous-préfets, après avoir pris préalable=
ment l'avis des maires et de la police locale.

Art. 4. Les attributions données aux préfets et
aux sous=préfets par le décret du 15 octobre 1810, relativement à la formation des établissements répan=
dant une odeur insalubre ou incommode, seron:
exercées par notre directeur général de la police dans
toute l'étendue du département de la Seine, et dans
les communes de Saint=Cloud, de Meudon et de Sèvres,
du département de Seine=et=Oise.

Art. 5. Les préfets sont autorisés à faire suspendre
la formation ou l'exercice des établissements nouveaux
qui, n'ayant pu être compris dans la nomenclature
précitée, seraient cependant de nature à y être placés.
Ils pourront accorder l'autorisation d'établissement
pour tous ceux qu'ils jugeront devoir appartenir aux
classes d la nomenclature, en remplissant les forma=
lités prescrites par le décret du 15 octobre 1810, sauf,

dans les deux cas, à rendre compte à notre directeur général des manufactures et du commerce.

Art. 6. Notre ministre secrétaire d'État de l'intérieur est chargé de l'exécution de la présente ordonnance, qui sera insérée au *Bulletin des lois*.

Donné en notre château des Tuileries, le 14 janvier de l'an de grâce 1816, et de notre règne le vingtième.

Signé : LOUIS.

CIX. — ORDONNANCE *de police concernant le percement, le curage, la réparation et l'entretien des puits* (1).

8 mars 1815.

Nous, directeur général de la police du royaume,

Vu les règlements de police des 18 novembre 1704 et 4 septembre 1716, les ordonnances des 20 janvier, 3 décembre 1727, 15 mai 1734 et 15 novembre 1781 ;

Vu les arrêtés du gouvernement des 12 messidor an VIII et 3 brumaire an IX,

Ordonnons ce qui suit :

§ 1er. *Percement des puits.* — Art. 1er. Aucun puits ne sera percé, aucune opération d'approfondissement de sondage, de réparations et autres ne seront entreprises dans Paris, sans une déclaration au département de la police.

L'entrepreneur y désignera l'endroit où on a le projet de faire les travaux.

Art. 2. Dans un mois, à compter de la publication de la présente ordonnance, les entrepreneurs, perceurs, cureurs, sondeurs et autres ouvriers travaillant à des puits, dans le département de la Seine, seront tenus de se faire inscrire à l'administration de la police de Paris.

Art. 3. En exécution de la loi du 22 germinal an XI, les ouvriers sondeurs de puits seront tenus d'avoir des livrets.

(1) V. plus haut, l'ord. du 20 février 1817 et, plus loin, l'ord. du 20 juillet 1838. — G. DELESSERT, *Ordonnances de police,* t. II, n° 770.

Les cureurs seront pourvus d'une médaille qui leur sera délivrée au département de la police.

Art. 4 Il est enjoint à tous entrepreneurs de puits de ne se servir que d'ouvriers porteurs de livrets.

Art. 5. Dans un mois, à compter de la publication de la présente ordonnance, les puits, quel que soit leur genre de construction, seront entourés de mardelles en maçonnerie ou avec des barres de fer.

A défaut de mardelle, les puits situés dans les marais seront défendus par une enceinte formée par un mur en maçonnerie ou en terre, d'un mètre de hauteur, à un mètre au moins de distance du puits.

Le tout à peine de l'amende déterminée par les règlements des 18 novembre 1701 et 3 décembre 1727, maintenus par l'article 484 du Code pénal.

§ II. *Curage.* — Art. 6. Il est défendu d'employer au curage d'un puits des ouvriers qui n'auraient pas de médaille.

Art. 7. Les cureurs ne pourront descendre dans les puits, pour quelque cause que ce soit, sans être ceints d'un bridage dont l'extrémité sera tenue par un ouvrier placé à l'extérieur.

Art. 8. Les puits abandonnés, ou qui, sans être abandonnés, pourraient être soupçonnés de méphitisme, ne seront curés qu'après les précautions prescrites par l'instruction annexée à la présente ordonnance (1).

On prendra les mêmes précautions lorsque les travaux auront été suspendus pendant vingt-quatre heures.

Art. 9. Si nonobstant les précautions indiquées par

(1) V. plus haut, l'Instruction annexée à l'ord. du 20 février 1812 et, plus loin, l'ord. du 20 juillet 1838.

l'instruction, un ouvrier était frappé du plomb, les travaux seraient suspendus.

Il est enjoint aux propriétaires, locataires et entrepreneurs d'en faire, sur-le-champ, la déclaration, à Paris, au commissaire de police, et, au maire, dans les communes rurales.

Art. 10. Lorsqu'un puits sera reconnu méphitisé, il sera par nous statué si les eaux peuvent être écoulées dans le ruisseau sans danger, où s'il est important pour la salubrité de les faire transporter à la voirie de Montfaucon; dans ce dernier cas, l'opération ne pourra être faite que par des ouvriers vidangeurs et dans des tinettes hermétiquement fermées.

§ III. *Réparation.* — Art. 11. Les maçons appelés pour travailler à la réparation ou à la reconstruction d'un puits dont l'eau aura été trouvée corrompue, ne pourront y travailler qu'avec les précautions ci-après.

Art. 12. Tout maçon chargé de la réparation d'un puits sera tenu, tant que durera l'extraction des pierres à réparer, d'avoir à l'extérieur du puits, autant d'ouvriers qu'il en emploiera à l'intérieur.

Art. 13. Chaque ouvrier travaillant à l'extraction des pierres d'un puits à réparer sera ceint d'un bridage dont l'attache sera tenue par un ouvrier placé à l'extérieur.

Art. 14. Si des ouvriers maçons sont frappés du plomb, pendant la démolition ou réparation d'un puits, les travaux seront suspendus, et déclaration en sera faite, dans le jour, à Paris, au commissaire de police, et, au maire, dans les communes rurales.

La démolition ou réparation ne pourra en être reprise qu'avec les précautions qui seront prescrites par l'autorité locale sur l'avis des gens de l'art.

§ IV. *Entretien.* — Art. 15. Il est enjoint aux propriétaires ou principaux locataires des maisons où il y a des puits de les entretenir en état de service et garnis de cordes, poulies et seaux, ou d'avoir soin que les pompes ou autres machines hydrauliques qui y seraient établies, soient constamment maintenues en bon état, de manière qu'on puisse s'en servir en cas d'incendie, sous les peines portées par les ordonnances de police des 20 janvier 1727, 15 mai 1734 et 15 novembre 1781.

§ V. *Dispositions générales.* — Art. 16. Les entrepreneurs sont responsables des contraventions aux dispositions de la présente ordonnance.

Art. 17. Les ouvriers qui trouveraient dans les puits, soit des objets qui pourraient faire soupçonner un délit, soit des effets quelconques, en feront la déclaration chez un commissaire de police, à Paris, et, au maire, dans les communes rurales.

Il leur sera donné une récompense s'il y a lieu.

Art. 18. Les contraventions seront constatées par des procès-verbaux qui nous seront adressés.

Art. 19. Il sera pris, envers les contrevenants, telles mesures de police administrative qu'il appartiendra, sans préjudice des poursuites à exercer contre eux devant les tribunaux.

Art. 20. La présente ordonnance sera imprimée et affichée.

Le directeur général de la police du royaume,
D'ANDRÉ.

CX. — ORDONNANCE *de police concernant les caisses, pots à fleurs et autres objets dont la chute peut causer des accidents* (1).

1er avril 1818.

Nous, ministre d'État, préfet de police,

Considérant que la sûreté publique est journellement compromise par les caisses, pots à fleurs et autres objets exposés sur les entablements, corniches, croisées, auvents et lieux élevés des maisons de Paris ; que beaucoup de particuliers établissent en saillie des préaux et jardins au moyen de faibles planches mal assujetties ;

Considérant que cet oubli des règlements a déjà eu des suites funestes, et que les accidents qui ont lieu tous les ans se renouvelleraient encore si l'autorité chargée de veiller à la sûreté publique ne faisait cesser un abus si dangereux ;

Vu l'édit du mois de décembre 1607, les ordonnances des 1er avril 1697 et 26 juillet 1777, la loi des 16 et 24 août 1790 et les articles 319, 320 et 471 du Code pénal ;

En vertu de l'arrêté du gouvernement du 12 messidor an VIII (1er juillet 1800),

Ordonnons ce qui suit :

Art. 1er. Il est défendu à tous propriétaires et locataires des maisons situées dans la ville de Paris, de déposer sur les toits, entablements, gouttières, ter=

(1) G. DELESSERT, *Ordonnances de police*, t. II, n° 892.

rasses, murs et autres lieux élevés des maisons, des caisses, pots à fleurs, vases et autres objets pouvant nuire par leur chute.

On ne pourra former des dépôts de cette espèce que sur les grands balcons et sur les appuis des croisées garnies de petits balcons en fer ou de barres de support en fer, avec grillage en fil de fer maillé.

Art. 2. Dans trois jours, à compter de la publication de la présente ordonnance, tous pots à fleurs, caisses, vases et autres objets exposés autrement que sur les grands balcons et appuis de croisées munies de petits balcons ou barres de fer garnies de grillages en fer maillé, seront retirés.

Tous préaux et jardinets, formés sur les toits ou sur les murs de face, seront détruits, ainsi que les bois et fers employés à les soutenir.

Art. 3. Les contraventions seront constatées par les commissaires de police, qui en dresseront des procès-verbaux qu'ils transmettront directement au tribunal de police municipale.

Il sera pris, en outre, les mesures nécessaires pour prévenir les accidents : à cet effet, les commissaires de police feront retirer et supprimer sur-le-champ les objets exposés en contravention.

Art. 4. Il n'est point dérogé aux dispositions des règlements, à l'égard des particuliers qui conserveraient des caisses et pots à fleurs, dans le cas prévu par le second paragraphe de l'article 1er, et qui, par négligence ou autrement, laisseraient couler de l'eau sur la voie publique en arrosant les fleurs.

Le Ministre d'État, préfet de Police,

Comte ANGLÈS.

CXI. — *Extrait de l'Ordonnance de police concernant la liberté et la sûreté de la voie publique* (1).

8 février 1819.

Vu les ordonnances des 14 décembre 1725 et 21 janvier 1786 ;

En vertu des articles 21 et 22 de l'arrêté du gouvernement du 12 messidor an VIII (1er juillet 1800),

Ordonnons ce qui suit :

Art. 1er. Il est défendu, sous quelque prétexte que ce soit, d'étaler ou de déposer en dehors des boutiques, magasins et ateliers, des meubles, voitures, caisses, tonneaux, ni aucune marchandise quelconque.

Art. 3. Les contraventions à la présente ordonnance seront constatées par des procès-verbaux ou rapports, pour être déférées aux tribunaux et poursuivies conformément aux articles 471 et 474 du Code pénal.

Art. 4. Notre ordonnance du 24 avril 1817, concernant les étalages mobiles sur la voie publique, continuera de recevoir son exécution.

(1) V. les ordonn. des 20 mai 1822, 8 août 1829 et l'arrêt du 30 janv. 1836. — G. DELESSERT, *Ordonnances de police*, t. II, n° 920.

CXII. — *Extrait de l'Ordonnance de police concernant les passages et galeries du Palais-Royal* (1).

16 août 1819.

Considérant : 1° que les galeries du Palais-Royal sont un passage livré au public;

Que cette destination est établie par les termes exprès des contrats de vente des maisons situées au pourtour des jardins; qu'en conséquence, les propriétaires et locataires de ces maisons sont, de droit, assujettis aux lois et règlements relatifs à la liberté et à la sûreté de la voie publique;

Qu'indépendamment de ces lois et règlements, ils sont, par leurs contrats, assujettis à des conditions particulières qui tendent au même but;

Que notamment il leur est interdit d'établir des devantures, étalages, tableaux et autres saillies qui excèdent l'arrière-corps des pilastres;

De ne faire aucun usage de l'autre face intérieure des galeries;

Que ces conditions se rattachent aux lois et règlements concernant la petite voirie;

Ordonnons ce qui suit :

Galeries de pierre autour du jardin.

Art. 1er. A l'avenir, et à compter du jour de la publication de la présente Ordonnance, il est défendu d'établir sous les péristyles et galeries de pierre au pourtour du jardin du Palais-Royal aucune devanture

_____

(1) A. DE ROYOU, *Traité pratique de la voirie à Paris*, in-8°, Paris, 1879.

de boutique en saillie sur l'arrière-corps des pilastres.

Art. 2. Les devantures de boutiques excédant l'arrière-corps des pilastres seront retranchées et réduites à l'alignement prescrit, lorsqu'il sera fait une réparation quelconque auxdites devantures ou lorsqu'il y aura changement de locataires.

Dans aucun cas, elles ne pourront subsister au delà de neuf années, à dater de la promulgation de la présente Ordonnance.

Art. 3. Dans un mois, à dater de la même promulgation, seront retirés tous étalages, tableaux, montres, enseignes et autres saillies mobiles excédant les devantures de boutiques, et qui gênent la circulation ou peuvent occasionner des accidents.

Seront également supprimés et enlevés, dans le même délai, tous objets quelconques appliqués contre les murs de face des galeries opposées aux boutiques et présentant les mêmes inconvénients.

Galerie vitrée, galerie de bois et passages aux abords du palais, du Théâtre-Français et du jardin.

Art. 4. Les propriétaires, principaux locataires et sous locataires des boutiques situées dans les galeries de bois, dans la galerie vitrée et dans tous les passages de deux mètres et demi de largeur pratiqués aux abords du palais, du Théâtre-Français et du jardin, ne pourront, en aucun cas, établir d'une manière fixe ni même mobile, des devantures, fermetures, étalages, enseignes, montres, tableaux ou autres objets faisant saillie de plus de seize centimètres en avant du corps de bâtiment dans lequel sont formées lesdites boutiques.

Il est défendu d'établir aucune devanture de boutique saillante, de former aucun étalage fixe ou mobile hors des boutiques situées dans ceux desdits passages qui ont moins de deux mètres et demi de largeur.

Art. 5. Les devantures de boutiques actuellement existantes dans les lieux indiqués au paragraphe 1ᵉʳ de l'article précédent, et faisant saillie de plus de seize centimètres, seront retranchées et réduites à cette saillie, lorsqu'il sera fait une réparation quelconque auxdites devantures ou lorsqu'il y aura changement de locataires.

Les devantures de boutiques actuellement existantes dans les passages indiqués au paragraphe 2 du même article, seront retranchées et retirées au niveau des murs de face, sans aucune saillie lorsqu'il sera fait une réparation quelconque auxdites devantures ou lorsqu'il y aura changement de locataires.

Dans aucun cas, les unes ni les autres ne pourront subsister au delà de neuf années.

CXIII. — ORDONNANCE *du Roi qui détermine le mode de construction des fosses d'aisances dans la Ville de Paris (a) (1).*

24 septembre 1819.

LOUIS, etc., etc.

Sur le rapport de notre ministre de l'intérieur ;
Avons ordonné et ordonnons ce qui suit :

SECTION PREMIÈRE. — DES CONSTRUCTIONS NEUVES.

Art. 1er. A l'avenir, dans aucun des bâtiments publics ou particuliers de notre bonne ville de Paris et de leurs dépendances, on ne pourra employer pour fosses d'aisances des puits, puisards, égouts, aque-ducs, ou carrières abandonnées, sans y faire les con-structions prescrites par le présent règlement.

Art. 2. Lorsque les fosses seront placées sous le sol des caves, ces caves devront avoir une communi-cation immédiate avec l'air extérieur.

Art. 3. Les caves sous lesquelles seront con-struites les fosses d'aisances devront être assez spa-cieuses pour contenir quatre travailleurs et leurs ustensiles, et avoir au moins deux mètres de hauteur sous voûte.

(1) Voir plus loin Ordonnance de police du 1er décembre 1853. — L'Ordonnance du 24 septembre 1819 est toujours applicable aux communes du département de la Seine ; Voir en outre, page 344, *note a* une *Circulaire à MM. les Agents du Ser-vice de la Voirie,* en date du 5 septembre 1871. — A DE ROYOU, *Traité pratique de la voirie à Paris.*

II 22

Art. 4. Les murs, la voûte et le fond des fosses seront entièrement construits en pierres meulières, maçonnées avec du mortier de chaux maigre et de sable de rivière bien lavé.

Les parois des fosses seront enduites de pareil mortier lissé à la truelle.

On ne pourra donner moins de trente à trente-cinq centimètres d'épaisseur aux voûtes, et moins de quarante-cinq à cinquante centimètres aux massifs et autres murs.

Art. 5. Il est défendu d'établir des compartiments ou divisions dans les fosses, d'y construire des piliers et d'y faire des chaînes ou des arcs en pierres apparentes.

Art. 6. Le fond des fosses d'aisances sera fait en forme de cuvette concave.

Tous les angles intérieurs seront effacés par arrondissements de vingt-cinq centimètres de rayon.

Art. 7. Autant que les localités le permettront, les fosses d'aisances seront construites sur un plan circulaire, elliptique ou rectangulaire.

On ne permettra point la construction des fosses à angles rentrants, hors le seul cas où la surface de la fosse serait au moins de quatre mètres carrés de chaque côté de l'angle ; et alors il serait pratiqué, de l'un et de l'autre côté, une ouverture d'extraction.

Art. 8. Les fosses, quelle que soit leur capacité, ne pourront avoir moins de deux mètres de hauteur sous clef.

Art. 9. Les fosses seront couvertes par une voûte en plein cintre, ou qui n'en différera que d'un tiers de rayon.

Art. 10. L'ouverture d'extraction des matières sera placée au milieu de la voûte, autant que les localités le permettront.

La cheminée de cette ouverture ne devra point excéder un mètre cinquante de hauteur, à moins que les localités n'exigent impérieusement une plus grande hauteur.

Art. 11. L'ouverture d'extraction correspondant à une cheminée de un mètre cinquante au plus, ne pourra avoir moins de un mètre en longueur sur soixante-cinq centimètres en largeur.

Lorsque cette ouverture correspondra à une cheminée excédant un mètre cinquante de hauteur, les dimensions ci-dessus spécifiées seront augmentées de manière que l'une de ces dimensions soit égale aux deux tiers de la hauteur de la cheminée.

Art. 12. Il sera placé en outre à la voûte, dans la partie la plus éloignée du tuyau de chute et de l'ouverture d'extraction, si elle n'est pas dans le milieu, un tampon mobile, dont le diamètre ne pourra être moindre de cinquante centimètres; ce tampon sera encastré dans un châssis en pierre, et garni dans son milieu d'un anneau en fer.

Art. 13. Néanmoins, ce tampon ne sera pas exigible pour les fosses dont la vidange se fera au niveau du rez-de-chaussée, et qui auront sur ce même sol des cabinets d'aisances avec trémie ou siége sans bonde, et pour celles qui auront une superficie moindre de six mètres dans le fond, et dont l'ouverture d'extraction sera dans le milieu.

Art. 14. Le tuyau de chute sera toujours vertical.

Son diamètre intérieur ne pourra avoir moins de vingt-cinq centimètres s'il est en terre cuite, et de vingt centimètres s'il est en fonte.

Art. 15. Il sera établi parallèlement au tuyau de chute un tuyau d'évent, lequel sera conduit jusqu'à la hauteur des souches de cheminées de la maison ou de celles des maisons contiguës, si elles sont plus élevées.

Le diamètre de ce tuyau d'évent sera de vingt-cinq centimètres au moins; s'il passe cette dimension, il dispensera du tampon mobile.

Art. 16. L'orifice intérieur des tuyaux de chute et d'évent ne pourra être descendu au-dessous des points les plus élevés de l'intrados de la voûte.

SECTION II. — DES RECONSTRUCTIONS DES FOSSES D'AISANCES DANS LES MAISONS EXISTANTES.

Art. 17. Les fosses actuellement pratiquées dans des puits, puisards, égouts anciens, aqueducs ou carrières abandonnées, seront comblées ou reconstruites à la première vidange.

Art. 18. Les fosses situées sous le sol des caves qui n'auront point de communication avec l'air extérieur, seront comblées à la première vidange, si l'on ne peut pas établir cette communication.

Art. 19. Les fosses actuellement existantes dont l'ouverture d'extraction, dans les deux cas déterminés, n'aurait pas ou ne pourrait pas avoir les dimensions prescrites par le même article, et dont la vidange ne peut avoir lieu que par des soupiraux ou des tuyaux, seront comblées à la première vidange.

Art. 20. Les fosses à compartiments ou étranglements seront comblées ou reconstruites à la première vidange, si l'on ne peut pas faire disparaître ces étranglements ou compartiments, et qu'ils soient reconnus dangereux.

Art. 21. Toutes les fosses des maisons existantes, qui seront reconstruites, le seront suivant le mode prescrit par la 1re section du présent règlement.

Néanmoins le tuyau d'évent ne pourra être exigé que il y a lieu à reconstruire un des murs en élévation au-dessus de ceux de la fosse, ou si ce tuyau peut se placer intérieurement ou extérieurement, sans altérer la décoration des maisons.

SECTION III. — DES RÉPARATIONS DES FOSSES D'AISANCES.

Art. 22. Dans toutes les fosses existantes, et lors de la première vidange, l'ouverture d'extraction sera agrandie, si elle n'a pas les dimensions prescrites par l'article 11 de la présente ordonnance.

Art. 23. Dans toutes les fosses dont la voûte aura besoin de réparations, il sera établi un tampon mobile à moins qu'elles ne se trouvent dans les cas d'exception prévus par l'article 13.

Art. 24. Les piliers isolés, établis dans les fosses, seront supprimés à la première vidange, ou l'intervalle entre les piliers et les murs sera rempli en maçonnerie, toutes les fois que le passage entre ces piliers et les murs aura moins de soixante-dix centimètres de largeur.

Art. 25. Les étranglements existants dans les fosses, et qui ne laisseraient pas un passage de soixante-dix centimètres au moins de largeur, seront élargis à la première vidange, autant qu'il sera possible.

Art. 26. Lorsque le tuyau de chute ne communiquera avec la fosse que par un couloir ayant moins d'un mètre de largeur, le fond de ce couloir sera établi en glacis jusqu'au fond de la fosse, sous une inclinaison de quarante-cinq degrés au moins.

Art. 27. Toute fosse qui laissera filtrer ses eaux par les murs ou par le fond, sera réparée.

Art. 28. Les réparations consistant à faire des re-jointoiements, à élargir l'ouverture d'extraction, placer un tampon mobile, rétablir des tuyaux de chute ou d'évent, reprendre la voûte et les murs, boucher ou élargir des étranglements, réparer le fond des fosses, supprimer des piliers, pourront être faites suivant les procédés employés à la construction première de la fosse.

Art. 29. Les réparations consistant dans la reconstruction entière d'un mur de la voûte ou du massif du fond des fosses d'aisances, ne pourront être faites que suivant le mode indiqué ci-dessus pour les constructions neuves.

Art. 30. Les propriétaires des maisons dont les fosses seront supprimées en vertu de la présente Ordonnance, seront tenus d'en faire construire de nouvelles, conformément aux dispositions prescrites par les articles de la 1re section.

Art. 31. Ne seront pas astreints aux constructions ci-dessus déterminées, les propriétaires qui, en supprimant leurs anciennes fosses, y substitueront les appareils connus sous le nom « de fosses mobiles inodores », ou tous autres appareils que l'administration publique aurait reconnus par la suite pouvoir être employés concurremment avec ceux-ci.

Art. 32. En cas de contravention aux dispositions de la présente Ordonnance, ou d'opposition de la part des propriétaires aux mesures prescrites par l'administration, il sera procédé, dans les formes voulues, devant le tribunal de police ou le tribunal civil, suivant la nature de l'affaire.

Art. 33. Le Décret du 10 mars 1809, concernant les fosses d'aisances dans Paris, est et demeure annulé.

Art. 34. Notre ministre secrétaire d'État de l'Intérieur, et notre Garde des sceaux, ministre de la justice, sont chargés de l'exécution de la présente Ordonnance.

Donné en notre château des Tuileries, le 24 septembre, l'an de grâce 1819, et de notre règne le vingt-cinquième.

LOUIS.

———————

ORDONNANCE DU ROI DU 24 SEPTEMBRE 1819

RELATIVE AUX FOSSES D'AISANCES (1).

Note a.

Circulaire à MM. les Agents du Service de la Voirie (2).

Paris, 5 septembre 1871.

Par une note, en date du 22 juin 1864, M. le Directeur de la Voirie, en appelant l'attention de MM. les commissaires-voyers d'arrondissement et commissaires-voyers-adjoints sur la surveillance qui leur incombait tant au point de vue de la construction des fosses neuves qu'au point de vue de la réparation des anciennes fosses, les invitait à prendre note de la décision suivante :

« Toutes les fois que la cheminée d'extraction donnant accès « à une fosse ne serait pas pratiquée immédiatement au-dessus « de cette fosse, le couloir destiné à mettre la cheminée en « communication avec la fosse aurait une dimension d'au « moins 1ᵐ,60 de largeur sur 1ᵐ de longueur et la pierre d'ex- « traction serait posée en long dans le sens de la génératrice « rectiligne de la voûte. »

Le Bureau et les Agents chargés spécialement du service se sont demandé si, en raison de cette instruction, ils avaient le droit d'*imposer* la disposition ci-dessus décrite et de poursuivre les contrevenants aux prescriptions qui pourraient être adressées à cet égard.

La question a été soumise à la Commission de voirie qui, dans sa séance en date du 20 juillet dernier, a reconnu que l'instruction dont il s'agit n'avait aucun caractère légal et ne pouvait, dès lors, faire l'objet d'*injonctions* administratives.

Toutefois, la Commission invite MM. les Agents voyers à

(1) Voir plus haut, p. 337.
(2) PRÉFECTURE DE LA SEINE (DIVISION DES TRAVAUX DE PARIS).

recommander l'usage de cette disposition, excellente en elle-même au point de vue, tant de la facilité qu'elle donne pour l'opération de la vidange, que de la salubrité de l'habitation.

Néanmoins, la Commission croit devoir conseiller une légère modification aux dimensions qu'on avait jugé à propos de donner à ces sortes de couloirs.

L'expérience a, en effet, démontré qu'en cas d'asphyxie d'un des travailleurs lors de la vidange, la trop grande largeur donnée au couloir était une difficulté pour le sauvetage.

La largeur de 1m,60 pourrait donc, dans la plupart des cas. être réduite à 1m, ce qui permettrait aux ouvriers de trouver plus facilement des points d'appui contre les parois, et aiderait ainsi à la sortie de l'homme en danger.

En recommandant cette modification, la Commission n'entend pas la conseiller d'une manière absolue; c'est à MM. les Agents à apprécier les conditions et circonstances particulières qui peuvent se présenter.

L'Inspecteur général des Ponts et Chaussées,
Directeur des Travaux de Paris,
Président de la Commission de la Voirie,

A. ALPHAND.

CXIV. — ORDONNANCE *de police concernant les fosses d'aisances* (1)

23 octobre 1819.

(*Cette Ordonnance est rapportée et remplacée par l'Ordonnance de police du 23 octobre 1850.*) — Voir plus loin.

CXV. — *Extrait de l'Ordonnance relative à l'adminis-*
tration des hospices et bureaux de bienfaisance (1).

31 octobre 1821.

Art. 13. Doivent être soumis à l'approbation de nôtre ministre secrétaire d'État de l'intérieur, les budgets
qui excèdent cent mille francs pour les divers établissements régis par une même commission d'hospices. — A quelque somme que s'élèvent les budgets
des bureaux de bienfaisance, ils sont définitivement
réglés par les préfets.

Art. 14. Il continuera à être procédé conformément
aux règles actuellement en vigueur pour les acquisitions, ventes, échanges, baux amphythéotiques, em-
prunts et pensions, et conformément à l'article 4 de
notre ordonnance du 8 août dernier, pour les constructions et reconstructions dont la dépense devra s'élever
à plus de vingt mille francs.

Art. 15. Toutes autres délibérations concernant l'administration des biens, les constructions, reconstructions et autres objets, et lorsque la dépense à laquelle
elles donneront lieu devra être faite au moyen des revenus ordinaires de ces établissements, ou des subven-
tions annuelles qui leur sont allouées sur les budgets
des communes, seront exécutées sur la seule approbation des préfets, qui, néanmoins, devront en rendre
immédiatement compte à notre ministre secrétaire
d'État de l'intérieur.

(1) Roger et Sorel, *Codes et Lois usuelles.*

Art. 16. Les commissions des hospices et les bureaux de bienfaisance pourront ordonner, sans autorisation préalable, les réparations et autres travaux dont
la dépense n'excédera pas deux mille francs.

XVI. — *Extrait de l'Ordonnance sur le numérotage des maisons* (1).

23 avril 1823.

Vu le décret du 15 pluviôse an XIII (4 février 1805) sur le numérotage des maisons de Paris, et les observations du préfet de la Seine sur son mode d'exécution ;

Considérant que le numérotage des maisons dans les villes et les communes du royaume est à la fois un moyen d'ordre et de police et un avantage personnel pour tous les habitants ;

Que s'il est juste que le premier établissement des numéros soit payé sur les fonds communaux, ainsi que leur renouvellement lorsqu'il y a lieu d'en changer la série, il n'est pas moins convenable que l'entretien et la restauration des numéros demeurent à la charge des propriétaires, soit à raison de l'avantage qu'ils en retirent par la facilité des relations, soit parce que la dégradation des numéros n'est qu'une suite de la dégradation de la propriété ou des changements qu'elle subit par le fait du propriétaire ;

Notre conseil d'État entendu, etc.

Art. 1er. Les dispositions des art. 9 et 11 du décret du 4 février 1805, relatif au numérotage de la ville de Paris, sont déclarées applicables à toutes les villes ou communes du royaume où la même opération sera jugée nécessaire.

_____

(1) Société centrale des architectes, *Manuel des lois du bâtiment* (1re édit.).

CXVII. — *Extrait de l'Ordonnance de police concernant les galeries des rues de Castiglione et de Rivoli* (1).

15 octobre 1823.

Considérant : 1° Que les galeries des rues Castiglione et de Rivoli sont un passage livré au public;

Que cette destination est établie par les termes exprès des contrats de vente des terrains sur lesquels on a construit les maisons riveraines desdites rues;

Qu'en conséquence, les propriétaires locataires de ces maisons sont, de droit, assujettis aux lois et règlements relatifs à la sûreté et à la liberté de la voie publique;

Qu'indépendamment de ces lois et règlements, ils sont assujettis, par leurs contrats, à des conditions particulières qui tendent au même but;

Que notamment il leur est interdit de mettre aucune peinture, écriteau ou enseigne sur les façades ou portiques des maisons, et qu'ils sont tenus de laisser libre et publique, dans tous les temps de l'année et à perpétuité, la galerie, sans pouvoir, sous aucun prétexte, en interrompre la libre circulation ni ériger de plancher à la hauteur de ceux de l'entre-sol;

2° Qu'au mépris des règlements de police, concernant la liberté et la sûreté de la voie publique, et des conditions énoncées au contrat de vente, des propriétaires ou locataires des boutiques situées sous les galeries, se sont permis et se permettent d'établir des étalages, montres, tableaux et autres objets

(1) A. DE ROYOU, *Traité pratique de la voirie à Paris.*

en saillie, et que d'autres occupant les logements supérieurs ont également établi des tableaux et autres
objets en saillie des murs de face donnant immédiatement sur les rues Castiglione et de Rivoli;

Vu la loi du 16-24 août 1790, titre XI, paragraphe 1er;

L'article 471, paragraphes 3, 4, 5 et 6 du Code
pénal;

Les ordonnances de police du 20 août 1811 et du
16 août 1819, concernant les galeries du Palais-Royal
et les passages livrés au public sur des propriétés particulières;

En vertu de l'Arrêté du Gouvernement du 12 messidor an VIII (1er juillet 1800);

Art. 1er. Il est défendu d'établir, sous les galeries
des rues Castiglione et de Rivoli, des devantures de
boutiques, tableaux, montres, enseignes, étalages ou
autres objets en saillie du nu des murs de face intérieurs des galeries, et d'appliquer contre les murs de
face des galeries opposées aux boutiques aucun objet
quelconque pouvant gêner ou restreindre la liberté de
la circulation ou occasionner des accidents.

Il est pareillement défendu d'établir aucun objet en
saillie du nu des murs de face extérieurs donnant immédiatement sur les rues Castiglione et de Rivoli.

Dans huit jours, à partir de la promulgation de la
présente Ordonnance, seront supprimés et enlevés
toute espèce d'objets en saillie établis contrairement
aux dispositions de l'article précédent.

Il est défendu de faire, sous les galeries dont il
s'agit, aucun dépôt de marchandises, d'y faire travailler, si ce n'est aux réparations des bâtiments, d'y
placer des tables, chaises ou tous autres objets pouvant gêner la circulation.

CXVIII. — ORDONNANCE *du Roi portant règlement sur les saillies, auvents et constructions semblables à permettre dans la ville de Paris* (1).

24 décembre 1823.

Louis, etc.

Vu l'ordonnance du bureau des finances de Paris, du 14 décembre 1725, portant détermination des saillies à permettre dans cette ville;

Vu les lettres patentes du 22 octobre 1733, concernant le droit de voirie;

Vu les lettres patentes du 31 décembre 1781, ordonnant l'exécution de différents règlements relatifs à la voirie de Paris;

Vu le décret du 29 octobre 1808. etc.

TITRE Iᵉʳ. *Dispositions générales.* — Art. 1ᵉʳ. Il ne pourra, à l'avenir, être établi, sur les murs de face des maisons de notre bonne ville de Paris, aucune saillie autre que celles déterminées par la présente ordonnance.

Art. 2. Toute saillie sera comptée à partir du nu du mur au-dessus de la retraite.

TITRE II. *Dimensions des saillies.* — Art. 3. Aucune saillie ne pourra excéder les dimensions suivantes :

(1) SOCIÉTÉ CENTRALE DES ARCHITECTES, *Manuel des lois du bâtiment* (1ʳᵉ édit.).

Saillies fixes.

Pilastres et colonnes en pierre.	Dans les rues au-dessous de huit mètres de largeur.	0.03
	Dans les rues de huit à dix mètres de largeur.	0.04
	Dans les rues de douze mètres de largeur et au-dessus.	0.10

Lorsque les pilastres et les colonnes auront une épaisseur plus considérable que les saillies permises, l'excédant sera en arrière de l'alignement de la propriété, et le nu du mur de face formera un arrière-corps à l'égard de cet alignement; toutefois, les jambes étrières ou boutisses devront toujours être placées sur l'alignement.

Dans ce cas, l'élévation des assises de retrait sera réglée à partir du sol,

Dans les rues de dix mètres de largeur et au-dessous, à.	0.80
Dans celles de dix à douze mètres de largeur, à.	1.00
Dans celles de douze mètres et au-dessus, à. . .	1.15
Grands balcons. . . . . ·	0.80
Herses, chardons, artichaux et fraises.	0.80
Auvents de boutiques.	0.80
Petits auvents au-dessus des croisées.	0,25
Bornes dans les rues au-dessous de dix mètres de largeur.	0.50
Bornes dans les rues de dix mètres et au-dessus.	0.80
Bornes de pierre aux côtés des portes des maisons. . . ·	0.60
Corniches en menuiserie sur boutique.	0.50

Abat-jour de croisée, dans la partie la plus
élevée. 0.33
Moulinets de boulanger et poulies. 0.50
Petits balcons, y compris l'appui des croisées. . 0.22
Seuils, socles. 0.22
Colonnes isolées en menuiserie. 0.16
Colonnes engagées en menuiserie. . . . . . . , 0.16
Pilastres en menuiserie. 0.16
Barreaux et grilles de boutiques. 0.16
Appui de boutique. 0.16
Tuyaux de descente ou d'évier. 0.16
Cuvettes. 0.16
Devanture de boutique, toute espèce d'ornements
compris. 0.16
Tableaux, enseignes, bustes, reliefs, montres,
attributs, y compris les bordures, supports et
points d'appui. 0.16
Jalousies. 0.16
Persiennes ou contrevents. 0.11
Appuis de croisée. 0.08
Barres de support. 0.08

(Les parements de décorations au-dessus du rez-de-
chaussée n'auront que l'épaisseur des bois appliqués
au mur.)

SECTION II.

Saillies mobiles.

Lanternes ou transparents avec potence. . . . 0.75
Lanternes ou transparents en forme d'applique. 0.22
Tableaux, écussons, enseignes, montres, étalages, attributs, y compris les supports, bordures, crochets et points d'appui. 0.16
Appuis de boutique, y compris les barres et
crochets. 0.16

Volets, contrevents, ou fermeture de boutique. 0.16

Art. 4. Les saillies déterminées par l'article précédent pourront être restreintes suivant les localités.

TITRE III. *Dispositions relatives à chaque espèce de saillie.*

SECTION PREMIÈRE.

Barrières au-devant des maisons.

Art. 5. Il est défendu d'établir des barrières fixes au-devant des maisons et de leurs dépendances, quelles qu'elles puissent être, tant dans les rues et places que sur les boulevards, à moins qu'elles ne soient reconnues nécessaires à la propreté et qu'elles ne gênent point la circulation.

La saillie de ces barrières ne pourra, dans aucun cas, excéder un mètre et demi.

Art. 6. Les propriétaires auxquels il aura été accordé la permission d'établir des barrières, seront obligés de les maintenir en bon état.

SECTION II.

Bancs, Pas, Marches, Perrons, Bornes.

Art. 7. Il ne sera permis de placer des bancs au-devant des maisons que dans les rues de dix mètres de largeur et au-dessus. Ces bancs seront en pierre, ne dépasseront pas l'alignement de la base des bornes, et seront établis dans toute leur longueur sur maçonnerie pleine et chanfreinée.

Art. 8. Il est défendu de construire des perrons en saillie sur la voie publique.

Les perrons actuellement existants seront suppri-

més, autant que faire se pourra, lorsqu'ils auront besoin de réparation.

Il ne sera accordé de permission que pour les pas et
marches, lorsque les localités l'exigeront. Ces pas et
marches ne pourront dépasser l'alignement de la base
des bornes. En cas d'insuffisance de cette saillie, le
propriétaire rachètera la différence de niveau en se
retirant sur lui-même. Néanmoins, les propriétaires
des maisons riveraines des boulevards intérieurs de
Paris, pourront être autorisés à construire des perrons
au-devant desdites maisons, s'il est reconnu qu'ils
soient absolument nécessaires, et que les localités ne
permettent pas aux propriétaires de se retirer sur eux-
mêmes. Ces perrons, quelle qu'en soit la forme, ne
pourront, sous aucun prétexte, excéder un mètre de
saillie, tout compris, ni approcher à plus d'un mètre
de distance de la ligne extérieure des arbres de la
contre-allée.

Art. 9. Il est permis d'établir des bornes aux angles
saillants des maisons formant encoignure de rue;
mais lorsque ces encoignures seront disposées en pan
coupé de soixante centimètres au moins et d'un mètre
au plus de largeur, une seule borne sera placée au milieu du pan coupé.

SECTION III.

Grands balcons.

Art. 10. Les permissions d'établir de grands balcons ne seront accordées que dans les rues de dix
mètres de largeur et au-dessus, ainsi que dans les
places et carrefours, et ce, d'après une enquête *de
commodo et incommodo.*

S'il n'y a point d'opposition, les permissions sont délivrées. En cas d'opposition, il sera statué par le conseil de préfecture, sauf recours au conseil d'État.

Dans aucun cas, les grands balcons ne pourront être établis à moins de six mètres du sol de la voie publique.

Le préfet de police sera toujours consulté sur l'établissement des grands et petits balcons.

SECTION IV.

Constructions provisoires, Échoppes.

Art. 11. Il pourra être permis de masquer par des constructions provisoires ou des appentis tout renfoncement entre deux maisons, pourvu qu'il n'ait pas au delà de huit mètres de longueur, et que sa profondeur soit au moins d'un mètre. Ces constructions ne devront, dans aucun cas, excéder la hauteur du rez-de-chaussée, et elles seront supprimées dès qu'une des maisons attenantes subira retranchement.

Il est permis de masquer par des constructions légères, en forme de pan coupé, les angles de toute espèce de retranchement au-dessus de huit mètres de longueur, mais sous la même condition que ci-dessus pour leur établissement et leur suppression.

Le préfet de police sera toujours consulté sur les demandes formées à cet effet.

Art. 12. Il est expressément défendu d'établir des échoppes en bois ailleurs que dans les angles et renfoncements hors de l'alignement des rues et places.

Toutes les échoppes existantes qui ne sont point conformes aux dispositions ci-dessus, seront supprimées lorsque les détenteurs actuels cesseront de les

occuper, à moins que l'autorité ne juge nécessaire
d'en ordonner plus tôt la suppression.

SECTION V.

Auvents et Corniches de boutique.

Art. 13. Il est défendu de construire des auvents et
corniches en plâtre au-dessus des boutiques. Il ne
pourra en être établi qu'en bois, avec la faculté de les
revêtir entièrement de métal; toute autre manière de
les couvrir est prohibée.

Les auvents et corniches en plâtre actuellement établis au-dessus des boutiques ne pourront être réparés.
Ils seront démolis lorsqu'ils auront besoin de réparation, et ne seront rétablis qu'en bois.

SECTION VI.

Enseignes.

Art. 14. Aucuns tableaux, enseignes, montres, étalages et attributs quelconques, ne seront suspendus,
attachés ni appliqués, soit aux balcons, soit aux auvents. Leurs dimensions seront déterminées, au besoin,
par le préfet de police, suivant les localités.

Il pourra néanmoins être placé sous les auvents des
tableaux ou plafonds en bois, pourvu qu'ils soient posés dans une direction inclinée.

Tout étalage formé de pièces d'étoffe disposées en
draperies et guirlandes, et formant saillie, est interdit
au rez-de-chaussée. Il ne pourra descendre qu'à trois
mètres du sol de la voie publique.

Tout crochet destiné à soutenir des viandes en éta-

lage, devra être placé de manière que les viandes ne
puissent excéder le nu des murs de face, ni faire aucune saillie sur la voie publique.

SECTION VII.

Tuyaux de poêle et de cheminée.

Art. 15. A l'avenir, et pour toutes les maisons de
construction nouvelle, aucun tuyau de poêle ne pourra
déboucher sur la voie publique.

Dans l'année de la publication de la présente ordonnance, les tuyaux de poêle crêtés et autres, qui dé-
bouchent actuellement sur la voie publique, seront
supprimés, s'il est reconnu qu'il puissent avoir une
issue intérieure. Dans le cas où la suppression ne pourrait avoir lieu, ces mêmes tuyaux seraient élevés jusqu'à l'entablement, avec les précautions nécessaires
pour assurer leur solidité et empêcher l'eau rousse de
tomber sur les passants.

Art. 16. Les tuyaux de cheminée en maçonnerie et
en saillie sur la voie publique seront démolis et supprimés, lorsqu'ils seront en mauvais état, ou que l'on
fera de grosses réparations dans les bâtiments auxquels ils sont adossés.

Les tuyaux de cheminée en tôle, en poterie et en
grès, ne pourront être conservés extérieurement sous
aucun prétexte.

SECTION VIII.

Bannes.

Art. 17. La permission d'établir des bannes ne sera
donnée que sous la condition de les placer à trois mè-

tres au moins au-dessus du sol, dans sa partie la plus basse, de manière à ne pas gêner la circulation. Leurs supports seront horizontaux. Elles n'auront de joues qu'autant que les localités le permettront, et les dimensions en seront déterminées par l'autorité.

Les bannes devront être en toile ou en coutil, et ne pourront, dans aucun cas, être établies sur châssis.

La saillie des bannes ne pourra excéder un mètre cinquante centimètres.

Dans l'année de la publication de la présente ordonnance, toutes les bannes qui ne seront pas conformes aux conditions exigées plus haut seront changées, réduites ou supprimées.

SECTION IX.

Perches.

Art. 48. Les perches et étendoirs des blanchisseuses, teinturiers, dégraisseurs, couverturiers, etc., ne pourront être établies que dans des rues écartées et peu fréquentées, et après une enquête *de commodo et incommodo*, sur laquelle il sera statué comme il a été dit en l'article 10 ci-dessus.

SECTION X.

Éviers.

Art. 19. Les éviers pour l'écoulement des eaux ménagères seront permis, sous la condition expresse que leur orifice extérieur ne s'élèvera pas à plus d'un décimètre au-dessus du pavé de la rue.

SECTION XI.

Cuvettes.

Art. 20. A l'avenir et dans toutes les maisons de construction nouvelle, il ne pourra être établi en saillie sur la voie publique aucune espèce de cuvettes pour l'écoulement des eaux ménagères des étages supérieurs.

Dans les maisons actuellement existantes, les cuvettes placées en saillie seront supprimées lorsqu'elles auront besoin de réparation, s'il est reconnu qu'elles peuvent être établies à l'intérieur. Dans le cas contraire, elles seront disposées, autant que faire se pourra, de manière à recevoir les eaux intérieurement et garnies de hausses pour prévenir le déversement des eaux et de toute éclaboussure au-dessous.

SECTION XII.

Construction en encorbellement.

Art. 21. A l'avenir, il ne sera permis aucune construction en encorbellement; et la suppression de celles qui existent aura lieu toutes les fois qu'elles seront dans le cas d'être réparées.

SECTION XIII.

Corniches ou Entablements.

Art. 22. Les entablements et corniches en plâtre, au-dessus de seize centimètres de saillie, seront prohibés dans toutes les constructions en bois.

Il ne sera permis d'établir des corniches ou entablements de plus de seize centimètres en saillie, qu'aux maisons construites en pierre ou moellon, sous la condition que ces corniches seront en pierre de taille ou en bois, et que la saillie n'excédera, dans aucun cas, l'épaisseur du mur à sa sommité.

On pourra permettre des corniches ou entablements en bois sur les pans de bois.

Les entablements ou corniches des maisons actuellement existantes, qui auront besoin d'être reconstruites en tout ou en partie, seront réduits à la saillie de seize centimètres, s'ils sont en plâtre, et ne pourront excéder en saillie l'épaisseur du mur à sa sommité, s'ils sont en pierre ou bois.

SECTION XIV.

Gouttières saillantes.

Art. 23. Les gouttières saillantes seront supprimées en totalité dans le délai d'une année à partir de la publication de la présente ordonnance.

Il ne sera perçu aucun droit de petite voirie pour les tuyaux de descente qui seront établis en remplacement des gouttières saillantes supprimées dans ce délai.

SECTION XV.

Devantures de boutique.

Art. 24. Les devantures de boutique, montres, bustes, tableaux, enseignes et attributs fixes, dont la saillie excède celle qui est permise par l'article 3 de la présente ordonnance, seront réduits à cette saillie, lorsqu'il y sera fait quelques réparations.

Dans aucun cas, les objets ci-dessus désignés, qui sont susceptibles d'être réduits, ne pourront subsister; savoir : les devantures de boutique, au delà de neuf années, et les autres objets, au delà de trois années, à compter de la publication de la présente ordonnance.

Les établissements du même genre qui sont mobiles, seront réduits dans l'année.

Seront supprimées dans le même délai toutes les saillies fixes placées au-devant d'autres saillies.

Art. 25. Il n'est point dérogé aux dispositions des anciens règlements concernant les saillies, ni au décret du 13 août 1810, concernant les auvents des spectacles et de l'esplanade des boulevards, en tout ce qui n'est pas contraire à la présente ordonnance.

CXIX. — ORDONNANCE *de police concernant les saillies sur la voie publique dans la ville de Paris* (1).

9 juin 1824.

Nous, Conseiller d'État, préfet de police,

Vu, 1° l'ordonnance royale du 24 décembre 1823, concernant les saillies sur la voie publique dans la ville de Paris;

2° La loi des 16-24 août 1790, titre XI, article 3, § 1er;

3° L'article 47, du Code pénal, § 4, 5, 6 et 7;

4° Les règlements généraux relatifs à la petite voirie;

5° L'article 21 de l'arrêté du gouvernement du 12 messidor an VIII (1er juillet 1800);

Attendu qu'il importe pour l'exécution de l'ordonnance du 24 décembre, de prescrire les formalités particulières auxquelles doit donner lieu sa publication;

Ordonnons ce qui suit :

SECTION 1re. — Art. 1er. L'ordonnance du roi du 24 décembre dernier portant règlement sur les saillies, auvents et constructions semblable à permettre dans la ville de Paris, sera imprimée et affichée.

SECTION II. *Saillies à établir.* — Art. 2. Il est défendu à tous propriétaires, locataires, entrepreneurs et autres, d'établir, ni de faire établir aucun objet en saillie

____

(1) V. l'ord. du 14 sept. 1833 et les arrêtés des 18 fév. 1837 et 11 oct. 1839. — G. DELESSERT, *Ordonnances de police*, t. II, n° 1128.

sur la voie publique, sans en avoir obtenu la permission du préfet de police, pour ce qui concerne la petite
voirie.

Art. 3. Les permissions seront délivrées, sur les demandes des parties intéressées, après que les droits de
petite voirie auront été acquittés.

L'espèce, le nombre et les dimensions des objets à
établir devront, autant que faire se pourra, être indiqués dans les demandes. On sera tenu d'y joindre les
plans qui seront jugés nécessaires.

Art. 4. Il est défendu d'excéder les limites et les dimensions fixées par les permissions, et d'établir d'autres objets que ceux qui y seront spécifiés.

Il est enjoint, en outre, de remplir exactement les
conditions particulières qui seront exprimées dans les
permissions.

Art. 5. Les emplacements affectés à l'affiche des lois
et actes de l'autorité publique ne devront être couverts
par aucune espèce de saillie.

Art. 6. Il est défendu de dégrader ni masquer les inscriptions indicatives des rues et les numéros des maisons.

Dans le cas où l'exécution des ouvrages nécessiterait
momentanément la dépose des inscriptions de rues, il
ne pourra y être procédé qu'avec l'autorisation de M. le
préfet de la Seine.

Les numéros des maisons qui auront été effacés ou
dégradés à l'occasion des mêmes ouvrages, seront rétablis, en se conformant aux règlements sur la matière.

Art. 7. Il est également défendu de dégrader ni déplacer les tentures et boîtes des réverbères de l'illumination publique, ni de rien entreprendre qui puisse
empêcher ou gêner le service de l'allumage.

Si l'établisssement des saillies nécessitait le déplacement desdites tentures ou boîtes, ce déplacement ne pourra être fait que par l'entrepreneur général de l'illumination et d'après l'autorisation du préfet de police.

Art. 8. Toute saillie qui ne reposerait pas sur le sol sera fixée et retenue de manière à prévenir toute espèce d'accident.

Art. 9. Il sera procédé à la vérification et au récolement des saillies par les commissaires de police des quartiers respectifs, ou par l'architecte commissaire et les architectes inspecteurs de la petite voirie, qui dresseront à ce sujet des procès-verbaux ou rapports qu'ils nous transmettront.

Section III. *Saillies établies.* — Art. 10. Toute saillie établie en vertu d'autorisation ne pourra être renouvelée ni réparée, sans la permission du préfet de police, en ce qui concerne la petite voirie.

Les permissions seront délivrées, ainsi qu'il est dit à l'article 3 de la présente ordonnance, et à la charge de se conformer aux dispositions des articles 4, 5, 6, 7 et 8, ce qui sera constaté de la manière prescrite en l'article 9.

Art. 11. Les propriétaires seront tenus de faire enlever toutes les saillies actuellement existantes qui masquent les inscriptions des rues et les numéros des maisons.

Le remplacement de ces saillies sur d'autres points ne pourra avoir lieu sans une autorisation du préfet de police.

Art. 12. Toute saillie, actuellement existante et non autorisée, sera supprimée, si mieux n'aiment les propriétaires ou locataires se pourvoir de la permission nécessaire pour la conserver.

Les permissions ne seront accordées que suivant les formalités, et aux mêmes charges et conditions que celles indiquées en la deuxième section de la présente ordonnance.

Art. 13. Il est défendu de repeindre, ni faire repeindre aucune saillie, sans déclaration préalable au commissaire de police du quartier. A défaut de déclaration, les saillies repeintes seront considérées comme saillies nouvelles, s'il n'y a preuve contraire, et comme telles, sujettes au droit.

SECTION IV. *Dispositions particulières concernant certaines saillies. Perches.* ━ Art. 14. Les perches dont l'établissement sera autorisé seront supprimées sans délai, dans le cas où les impétrants changeraient de domicile ou renonceraient à la profession qui exigeait l'usage de cette saillie.

Il est défendu de déposer sur les perches des linges, étoffes et autres matières tellement mouillées que les eaux puissent tomber dans la rue.

Lanternes ou transparents. ━ Art. 15. A l'avenir, les lanternes ou transparents ne pourront être suspendus à des potences au moyen de cordes et poulies; ils seront accrochés aux potences par des anneaux et crochets en fer, ou supportés par des tringles en fer contenues dans des coulisses et arrêtées avec serrure ou cadenas.

Les transparents actuellement munis de cordes et poulies seront établis conformément aux dispositions ci-dessus, lorsqu'ils seront renouvelés.

Art. 16. Les transparents ne seront mis en place que le soir, et seront retirés aux heures où ils cessent d'éclairer.

Art. 17. Il est défendu de suspendre, pendant le

jour, aux cordes des transparents, des pierres, plombs
ou autres matières pouvant, par leur chute, blesser les
passants.

Bannes. — Art. 18. Les bannes ne seront mises en
place qu'au moment où le soleil donnera sur les boutiques qu'elles sont destinées à abriter. Elles seront
ôtées aussitôt que les boutiques ne seront plus exposées aux rayons du soleil.

Néanmoins les bannes placées au-devant des boutiques sur les quais, places et boulevards intérieurs,
pourront être conservées dans le cours de la journée,
s'il est reconnu qu'elles ne gênent point la circulation.

Étalages. — Art. 19. Les crochets, tringles, planches
et toute saillie servant aux étalages'de viandes, formés par les marchands bouchers, charcutiers et tri-
piers, seront enlevés dans le délai d'un mois à compter
de la date de la présente ordonnance.

Art. 20. Les étalages formés de tonneaux, caisses,
tables, bancs, châssis, étagères, meubles et autres objets
journellement déposés sur le sol de la voie publique
au-devant des boutiques, sont expressément interdits.

Décrottoirs. — Art. 21. Il est défendu d'établir en
saillie, sur la voie publique, des décrottoirs au-devant
des maisons et boutiques.

Ceux actuellement existants seront supprimés dans
le délai de huit jours.

SECTION V. *Dispositions générales.* — Art. 22. Le pavé
de la voie publique dégradé ou dérangé à l'occasion des
établissements, réparations, changements ou suppressions de saillies, sera rétabli aux frais des propriétaires,
locataires ou entrepreneurs, par l'un des entrepreneurs
du pavé de Paris, et non par d'autres, sous la direction
de l'ingénieur en chef chargé de cette partie.

Art. 23. Les permissions de petite voirie seront délivrées sans que les impétrants puissent en induire aucun droit de concession de propriété, ni de servitude sur la voie publique, mais à la charge au contraire de supprimer ou réduire les saillies au premier ordre de l'autorité, sans pouvoir prétendre aucune indemnité, ni la restitution des sommes payées pour droit de petite voirie.

Art. 24. Les saillies autorisées devront être établies, dans l'année, à compter de la date des permissions. Dans le cas contraire, les permissions seront périmées et annulées, et l'on sera tenu d'en prendre de nouvelles.

Art. 25. Les contraventions aux dispositions de l'ordonnance royale et de la présente ordonnance seront constatées par des procès-verbaux ou des rapports qui nous seront transmis pour être pris telles mesures qu'il appartiendra.

Art. 26. Les propriétaires, les locataires et les entrepreneurs, sont responsables, chacun pour ce qui les concerne, des contraventions au présent règlement.

Art. 27. Les ordonnances de police contenant des dispositions relatives aux saillies sous les galeries du Palais-Royal, des rues de Castiglione et de Rivoli, sous les piliers des halles et dans tous les passages ouverts au public sur des propriétés particulières, continueront d'être observées.

Art. 28. Les commissaires de police, le chef de la police centrale, les officiers de paix, l'architecte commissaire et les architectes inspecteurs de la petite voirie et les préposés de la préfecture de police sont chargés de surveiller et assurer l'exécution de la présente ordonnance.

Le Conseiller d'État, préfet de police,
G. DELAVAU.

CXX. — Instruction *du Préfet de police concernant les établissements, réparations et suppressions des saillies* (1).

18 juin 1824.

Messieurs, l'autorité de la police réclamait depuis longtemps l'intervention de l'autorité supérieure pour faire cesser, par une mesure générale, le désordre qui s'est introduit dans l'établissement des saillies.

Le roi, prenant en considération les motifs d'intérêt public exposés à l'appui de la réclamation, a rendu, le 24 décembre dernier, une ordonnance dont je vous transmets des exemplaires. Elle est suivie d'une ordonnance de police contenant les dispositions qui m'ont paru nécessaires pour l'exécution de ce nouveau règlement.

On est dans l'usage d'établir, réparer et renouveler les saillies, sans attendre la délivrance des permissions; souvent même on ne la demande pas.

C'est un abus qu'il importe de réprimer sur-le-champ dans l'intérêt du bon ordre, d'une part, pour que les particuliers puissent connaître et observer les conditions imposées, et, d'une autre, dans celui de la Ville, pour assurer les droits de perception de la petite voirie. Vous y parviendrez en arrêtant les travaux et en dressant des procès-verbaux de contravention.

Mais il ne suffit pas d'empêcher que l'on établisse des saillies sans être muni de permission; il faut s'assurer que les conditions imposées par les permissions

(1) Société centrale des architectes, *Manuel des lois du bâtiment* (1re édit.).

sont fidèlement remplies, en procédant au récolement
et à la vérification des ouvrages.

Je ne puis trop vous recommander d'apporter le
plus grand soin à cette opération, et de me transmettre exactement les procès-verbaux que vous devrez en
dresser. Vous sentirez que, sans cela, il serait impos-
sible de poursuivre et de réprimer les abus, et que l'ordonnance du roi deviendrait illusoire.

S'il se présentait des circonstances où les vérifications vous parussent exiger le secours d'un homme de
l'art, vous voudrez bien m'en informer; je donnerai
des ordres en conséquence aux architectes de mon administration.

Il est défendu par l'art. 13 de l'ordonnance de police
de repeindre les saillies, sans en avoir fait la déclaration aux commissaires de police des quartiers respectifs. Le but de cette disposition étant d'empêcher que
l'on ne cache, au moyen de la peinture, des réparations faites sans permission, il sera nécessaire qu'a-
près avoir reçu les déclarations, vous reconnaissiez immédiatement l'état des objets que l'on se propose de
repeindre.

Après vous avoir donné des instructions générales
au sujet de la surveillance et des soins qu'exigent l'établissement et la réparation de toutes les saillies, j'ap-
pellerai votre attention sur plusieurs saillies qui, pour
divers motifs, ont été l'objet de dispositions spéciales.

Ces saillies sont les décrottoirs, les étalages de
viandes, les bannes, les perches, les échoppes et les
tuyaux de poêle et de cheminée.

Décrottoirs. Les décrottoirs sont fort dangereux : ils
n'ont jamais été autorisés et ils ne peuvent l'être.
Aussi, l'ordonnance de police, art. 13, en prescrit-elle
la suppression dans le délai de huit jours.

Vous vérifierez, à l'expiration de ce délai, si l'on a satisfait à cette disposition. Dans le cas où vous trouveriez des particuliers qui n'auraient pas obéi, vous les sommerez de le faire, dans un délai de trois jours, et vous aurez soin de m'adresser les procès-verbaux de non-exécution avec les originaux des sommations.

Les étalages de viandes sont formellement interdits par le quatrième paragraphe de l'art. 14 de l'ordonnance royale, et la suppression en est prescrite dans le délai d'un mois par l'art. 19 de l'ordonnance de police.

Vous suivrez à l'égard des particuliers qui, au mépris des dispositions ci-dessus, conserveraient leurs étalages et les objets qui y sont relatifs, la marche ci-dessus indiquée contre ceux qui n'auraient pas supprimé les décrottoirs.

Bannes. Il existe un très grand nombre de bannes, les unes établies sans permission, mais presque toutes sans les précautions convenables, ce qui les rend incommodes et dangereuses.

Celles qui ne sont point autorisées, devant être supprimées sur-le-champ, vous voudrez bien en faire la recherche, et sommer ceux qui ne pourraient point vous justifier d'autorisation de les supprimer ou de se pourvoir de permission.

Quant à celles autorisées, bien qu'elles puissent ne pas être entièrement établies suivant les dispositions de l'art. 17 de l'ordonnance royale, vous les laisserez exister dans leur état actuel, jusqu'à la fin de l'année, à moins qu'elles ne présentent des inconvénients graves pour la liberté et la sûreté de la circulation; car alors vous devrez sommer de les supprimer ou de les établir de manière à faire cesser les inconvénients.

Dans le cas où, pour les unes et les autres, on n'au-

rait point déféré aux sommations, vous le constaterez
par des procès-verbaux que vous me transmettrez avec
les originaux des sommations.

Perches. L'établissement des perches pouvait être
autorisé, aux termes du décret du 27 octobre 1818;
cependant, il n'a été délivré de permission pour aucune. L'autorité de la police les a seulement tolérées,
en attendant que l'autorité supérieure prît des mesures,
soit pour proscrire entièrement cette espèce de saillie,
soit pour restreindre la faculté d'en faire usage.

L'ordonnance royale ayant déterminé par l'art. 18 à
quelles conditions les perches pouvaient être permises,
il est d'autant plus important de faire jouir le public
des avantages de cette disposition, que les perches, indépendamment du hideux spectacle qu'elles présentent par les objets qui y sont suspendus, comprome-
tent la sûreté de la circulation.

Je vous invite en conséquence, et conformément à
l'art. 12 de l'ordonnance de police, à faire sommation
à ceux qui ont des perches ou des cerceaux de les supprimer dans le délai d'un mois.

Vous voudrez bien me faire parvenir, avec les originaux des sommations, les procès-verbaux constatant
que l'on n'a point satisfait.

Gouttières. Il est enjoint, par l'art. 23 de l'ordonnance royale, de supprimer, dans le délai d'une année,
les gouttières en saillie sur la voie publique.

Ce délai n'étant pas très long pour procéder à l'exécution d'une mesure qui exige l'emploi d'une classe
d'ouvriers dont le nombre n'est pas considérable, je
n'ai rien à vous prescrire afin de presser cette exécution.

Je me bornerai à vous demander l'état des monuments et édifices publics qui ont des gouttières, afin

que je puisse en requérir la suppression des administrations de qui dépendent ces constructions.

Échoppes. Il existe peu d'échoppes établies en vertu d'une permission de petite voirie, conformément au décret du 27 octobre 1808. La plupart ont été construites, soit par tolérance de l'autorité, soit sans aucune espèce d'autorisation, ou en abusant de permissions délivrées pour étalages mobiles.

Avant de rétablir l'ordre en cette partie, je vous prie de vérifier dans vos quartiers respectifs quelles sont les échoppes existantes, de vous informer par qui elles sont occupées, à qui elles appartiennent, si on en paye un loyer, quel en est le prix et à qui on le paye. Vous dresserez un état contenant, outre ces renseignements, la demeure des propriétaires et locataires de ces échoppes.

Cuvettes. Je n'ai autre chose à vous recommander, pour l'établissement des cuvettes, que de veiller à ce que, conformément à l'art. 20 de l'ordonnance royale, il n'en soit point établi dans les constructions nouvelles, et à ce que celles existantes ne soient point réparées sans permission.

Tuyaux de poêle et cheminées. Les tuyaux de poêle et cheminées en saillie, étant défendus à l'avenir pour les maisons de construction nouvelle, vous veillerez, ainsi que pour les cuvettes, à ce que l'on se conforme à la disposition du premier paragraphe de l'art. 15 de l'ordonnance royale.

Quant à ceux actuellement existants, si l'on ne peut vous représenter les permissions en vertu desquelles ils ont été établis, vous ferez sommation de les supprimer dans le délai de trois mois, si mieux on n'aime se pourvoir de l'autorisation nécessaire pour les conserver, et vous en justifier.

A l'expiration de ce délai, vous me transmettrez, avec les originaux des sommations, les procès-verbaux de non-exécution.

Je vous ai fait connaître, Messieurs, les objets qui méritaient particulièrement votre attention, et je vous ai indiqué la marche que vous aviez à tenir, afin d'assurer l'exécution de l'ordonnance royale. Le désordre auquel il s'agit de remédier est grand, et, pour le faire cesser, il faut beaucoup de zèle et de persévérance. Je vous invite, en conséquence, à redoubler d'efforts, et à ne négliger aucun moyen qui puisse contribuer au succès d'une mesure aussi utile.

Recevez, etc.

CXXI. — *Extrait de la Loi relative aux chemins vicinaux* (1).

28 juillet 1824.

Art. 1ᵉʳ. Les chemins reconnus, par un arrêté du préfet sur une délibération du Conseil municipal, pour être nécessaires à la communication des communes, sont à la charge de celles sur le territoire desquelles ils sont établis, sauf le cas prévu par l'article 9.

Art. 6. Si des travaux indispensables exigent qu'il soit ajouté par des contributions extraordinaires au produit des prestations, il y sera pourvu, conformément aux lois, par des ordonnances royales.

Art. 10. Les acquisitions, aliénations et échanges ayant pour objet les chemins communaux, seront autorisés par arrêtés des préfets en conseil de préfecture, après délibération des conseils municipaux intéressés, et après enquête *de commodo et incommodo*, lorsque la valeur des terrains à acquérir, à vendre ou à échanger, n'excédera pas trois mille francs. — Seront aussi autorisés par les préfets, dans les mêmes formes, les travaux d'ouverture ou d'élargissement desdits chemins, et l'extraction des matériaux nécessaires à leur établissement, qui pourront donner lieu à des expropriations pour cause d'utilité publique, en vertu de la loi du 8 mars 1810, lorsque l'indemnité due aux propriétaires pour les terrains ou pour les matériaux n'excédera pas la même somme de trois mille francs.

(1) ROGER et SOREL, *Codes et Lois usuelles*.

CXXII. — Loi *concernant la propriété des arbres plantés sur le sol des routes royales et départementales, et le curage et l'entretien des fossés qui bordent ces routes* (1).

12 mai 1825.

Art. 1er. Seront reconnus appartenir aux particuliers les arbres actuellement existants sur le sol des routes royales et départementales, et que ces particuliers justifieraient avoir légitimement acquis à titre onéreux, ou avoir plantés à leurs frais, en exécution des anciens règlements. — Toutefois ces arbres ne pourront être abattus que lorsqu'ils donneront des signes de dépérissement, et sur une permission de l'administration. — La permission sera également nécessaire pour en opérer l'élagage. — Les contestations qui pourront s'élever entre l'administration et les particuliers, relativement à la propriété des arbres plantés sur le sol des routes, seront portées devant les tribunaux ordinaires. — Les droits de l'État y seront défendus à la diligence de l'administration des domaines.

Art. 2. A dater du 1er janvier 1827, le curage et l'entretien des fossés qui font partie des routes royales et départementales seront opérés par les soins de l'administration publique et sur les fonds affectés au maintien de la viabilité desdites routes.

(1) ROGER et SOREL, *Codes et Lois nouvelles.*

CXXIII. — *Extrait de l'Ordonnance pour l'exécution du Code forestier* (1).

1ᵉʳ août 1827.

TITRE II. DES BOIS ET FORÊTS QUI FONT PARTIE DU DOMAINE DE L'ÉTAT. *Section I. De la délimitation et du bornage.* — Art. 57. Toutes demandes en délimitation et bornage entre les forêts de l'État et les propriétés riveraines seront adressées au préfet du département.

Art. 58. Si les demandes ont pour objet des délimitations partielles, il sera procédé dans les formes ordinaires. — Dans le cas où, les parties étant d'accord pour opérer la délimitation et le bornage, il y aurait lieu à nommer des experts, le préfet, après avoir pris l'avis du conservateur des forêts et du directeur des domaines, nommera un agent forestier pour opérer comme expert dans l'intérêt de l'État.

Art. 59. Lorsque en exécution de l'article 10 du Code il s'agira d'effectuer la délimitation générale d'une forêt, le préfet nommera, ainsi qu'il est prescrit par l'article précédent, les agents forestiers et les arpenteurs qui devront procéder dans l'intérêt de l'État, et indiquera le jour fixé pour le commencement des opérations et le point de départ.

Art. 60. Les maires des communes où devra être affiché l'arrêté destiné à annoncer les opérations relatives à la délimitation générale, seront tenus d'adresser au préfet des certificats constatant que cet arrêté a été publié et affiché dans ces communes.

(1) ROGER et SOREL, *Codes et lois usuelles.*

Art. 61. Le procès-verbal de délimitation sera rédigé par les experts suivant l'ordre dans lequel l'opération aura été faite. Il sera divisé en autant d'articles qu'il y aura de propriétaires riverains, et chacun de ces articles sera clos séparément et signé par les parties intéressées. — Si les propriétaires riverains ne peuvent pas signer ou refusent de le faire, si même ils ne se présentent ni en personne ni par un fondé de pouvoirs, il en sera fait mention. — En cas de difficultés sur la fixation des limites, les réquisitions, dires et observations contradictoires seront consignés au procès-verbal. — Toutes les fois que, par un motif quelconque, les lignes de pourtour d'une forêt, telles qu'elles existent actuellement, devront être rectifiées de manière à déterminer l'abandon d'une portion du sol forestier, le procès-verbal devra énoncer les motifs de cette rectification, quand même il n'y aurait à ce sujet aucune contestation entre les experts.

Art. 62. Dans le délai fixé qar l'article 11 du Code forestier, notre ministre des finances nous rendra compte des motifs qui pourront déterminer l'approbation ou le refus d'homologation du procès-verbal de délimitation, et il y sera statué par nous sur son rapport. — A cet effet, aussitôt que ce procès-verbal aura été déposé au secrétariat de la préfecture, le préfet en fera faire une copie entière, qu'il adressera sans délai à notre ministre des finances.

Art. 63. Les intéressés pourront requérir des extraits dûment certifiés du procès-verbal de délimitation, en ce qui concernera leurs propriétés. — Les frais d'expédition de ces extraits seront à la charge des requérants, et réglés à raison de soixante-quinze centimes par rôle d'écriture, conformément à l'article 37 de la loi du 25 juin 1794 (7 messidor an II).

Art. 64. Les réclamations que les propriétaires pourront former, soit pendant les opérations, soit dans le délai d'un an, devront être adressées au préfet du département, qui les communiquera au conservateur des forêts et au directeur des domaines, pour avoir leurs observations.

Art. 65. Les maires justifieront, dans la forme prescrite par l'article 60, de la publication de l'arrêté pris par le préfet pour faire connaître notre résolution relativement au procès-verbal de délimitation. Il en sera de même pour l'arrêté par lequel le préfet appellera les riverains au bornage, conformément à l'article 12 du Code forestier.

Art. 66. Les frais de délimitation et de bornage seront établis par articles séparés pour chaque propriétaire riverain, et supportés en commun entre l'administration et lui. — L'état en sera dressé par le conservateur des forêts et visé par le préfet. Il sera remis au receveur des domaines, qui poursuivra par voie de contrainte le payement des sommes à la charge des riverains, sauf l'opposition, sur laquelle il sera statué par les tribunaux, conformément aux lois.

TITRE III. DES BOIS ET FORÊTS QUI FONT PARTIE DU DOMAINE DE LA COURONNE (1). — Art. 124. Toutes les dispositions de la présente ordonnance concernant les forêts de l'État seront applicables aux bois et forêts de la Couronne, sauf les exceptions qui résultent du titre IV du Code forestier.

TITRE IV. DES BOIS ET FORÊTS QUI SONT POSSÉDÉS PAR LES PRINCES A TITRE D'APANAGE, ET PAR DES PAR-

(1) Les biens de la couronne ont fait retour à l'État. (Décret du 6 septembre 1870.)

TICULIERS A TITRE DE MAJORATS REVERSIBLES A L'ÉTAT.
— Art. 125. Toutes les dispositions des 1ʳᵉ et 2ᵉ sec-
tions du titre II de la présente ordonnance relativement à la délimitation, au bornage et à l'aménagement
des forêts de l'État, à l'exception de l'article 68, sont
applicables aux bois et forêts qui sont possédés par les
princes à titre d'apanage, ou par des particuliers à
titre de majorats réversibles à l'État.

Art. 126. Les possesseurs auront droit d'intervenir
comme parties intéressées dans tous débats et actions
relativement à la propriété.

TITRE V. DES BOIS DES COMMUNES ET DES ÉTABLIS-
SEMENTS PUBLICS. — Art. 128. L'administration forestière dressera incessamment un état général des bois
appartenant à des communes ou établissements publics, et qui doivent être soumis au régime forestier,
aux termes des art. 1ᵉʳ et 90 du Code, comme étant
susceptibles d'aménagement ou d'une exploitation régulière. — S'il y a contestation à ce sujet de la part
des communes ou établissements propriétaires, la vérification de l'état des bois sera faite par les agents
forestiers, contradictoirement avec les maires ou administrateurs. — Le procès-verbal de cette vérification sera envoyé par le conservateur au préfet, qui
fera délibérer les conseils municipaux des communes
ou les administrateurs des établissements propriétaires, et transmettra le tout, avec son avis, à notre
ministre des finances, sur le rapport duquel il sera
statué par nous.

Art. 129. Lorsqu'il y aura lieu d'opérer la délimitation des bois des communes et des établissements
publics, il sera procédé de la manière prescrite par
la 1ʳᵉ section du titre II de la présente ordonnance

pour la délimitation et le bornage des forêts de l'État, sauf les modifications des articles suivants.

Art. 130. Dans les cas prévus par les art. 58 et 59, le préfet, avant de nommer les agents forestiers chargés d'opérer comme experts dans l'intérêt des communes ou des établissements propriétaires, prendra l'avis des conservateurs des forêts et celui des maires et administrateurs.

Art. 131. Le maire de la commune, ou l'un des administrateurs de l'établissement propriétaire, aura droit d'assister à toutes les opérations, conjointement avec l'agent forestier nommé par le préfet. Ses dires, observations et oppositions seront exactement consignés au procès-verbal. — Le conseil municipal ou les administrateurs seront appelés à délibérer sur les résultats du procès-verbal avant qu'il soit soumis à notre homologation.

Art. 132. Lorsqu'il s'élèvera des contestations ou des oppositions, les communes ou établissements propriétaires seront autorisés à intenter action ou à défendre, s'il y a lieu, et les actions seront suivies par les maires ou administrateurs. (Voy. sup., v° COMMUNES, L. 18 juillet 1837, art. 19 et 49.).

Art. 133. L'état des frais de délimitation et de bornage, dressé par le conservateur et visé par le préfet, sera remis au receveur de la commune ou de l'établissement propriétaire, qui percevra le montant des sommes mises à la charge des riverains, et, en cas de refus, en poursuivra le payement par toutes les voies de droit au profit et pour le compte de ceux à qui ces frais seront dus. (Voy. Ord. 23 mars 1845.)

TITRE VI. DES BOIS INDIVIS QUI SONT SOUMIS AU RÉGIME FORESTIER. — Art. 147. En exécution des ar-

ticles 1er et 113 du Code forestier, toutes les dispositions de la présente ordonnance relatives aux forêts
de l'État sont applicables aux bois dans lesquels l'État
a des droits de propriété indivis, soit avec des communes ou des établissements publics, soit avec des
particuliers. = Ces dispositions sont également applicables aux bois indivis entre le domaine de la Couronne et les particuliers, sauf les modifications qui
résultent du titre IV du Code forestier et du titre III de
la présente ordonnance. = Quant aux bois indivis
entre des communes ou des établissements publics et
les particuliers, ils seront régis conformément aux
dispositions du titre VI du Code forestier et du titre V
de la présente ordonnance.

Art. 148. Lorsqu'il y aura lieu d'effectuer des travaux extraordinaires pour l'amélioration des bois
indivis, le conservateur communiquera aux copro-
priétaires les propositions et projets de travaux.

TITRE IX. POLICE ET CONSERVATION DES BOIS ET
FORÊTS QUI SONT RÉGIS PAR L'ADMINISTRATION FORESTIÈRE.
= Art. 169. Dans les bois et forêts qui sont régis par
l'administration forestière, l'extraction de productions
quelconques du sol forestier ne pourra avoir lieu
qu'en vertu d'une autorisation formelle délivrée par
le directeur général des forêts, s'il s'agit des bois de
l'État; et s'il s'agit de ceux des communes et des établissements publics, par les maires ou administrateurs
des communes ou établissements propriétaires, sauf
l'approbation du directeur général des forêts, qui, dans
tous les cas, réglera les conditions et le mode d'extraction. = Quant au prix, il sera fixé, pour les bois
de l'État, par le directeur général des forêts; et pour
les bois des communes et des établissements publics,

par le préfet, sur les propositions des maires ou administrateurs. (Voy. Ord. 4 déc. 1844.)

Art. 170. Lorsque les extractions de matériaux auront pour objet des travaux publics, les ingénieurs des ponts et chaussées, avant de dresser le cahier des charges des travaux, désigneront à l'agent forestier supérieur de l'arrondissement les lieux où les extractions devront être faites. — Les agents forestiers, de concert avec les ingénieurs ou conducteurs des ponts et chaussées, procèderont à la reconnaissance des lieux, détermineront les limites du terrain où l'extraction pourra être effectuée, le nombre, l'espèce et les dimensions des arbres dont elle pourra nécessiter l'abatage, et désigneront les chemins à suivre pour le transport des matériaux. En cas de contestation sur ces divers objets, il sera statué par le préfet.

Art. 171. Les diverses clauses et conditions qui devront, en conséquence des dispositions de l'article précédent, être imposées aux entrepreneurs, tant pour le mode d'extraction que pour le rétablissement des lieux en bon état, seront rédigées par les agents forestiers et remises par eux au préfet, qui les fera insérer au cahier des charges des travaux.

Art. 172. L'évaluation des indemnités dues à raison de l'occupation ou de la fouille des terrains, et des dégâts causés par l'extraction, sera faite conformément aux articles 55 et 56 de la loi du 16 septembre 1807. L'agent forestier supérieur remplira les fonctions d'expert dans l'intérêt de l'État; et les experts dans l'intérêt des communes ou des établissements publics seront nommés par les maires ou les administrateurs.

Art. 173. Les agents forestiers et les ingénieurs et conducteurs des ponts et chaussées sont expressément chargés de veiller à ce que les entrepreneurs n'emploient pas les matériaux provenant des extractions à d'autres travaux que ceux pour lesquels elles auront été autorisées. — Les agents forestiers exerceront contre les contrevenants toutes poursuites de droit.

Art. 174. Les arbres et portions de bois qu'il serait indispensable d'abattre pour effectuer les extractions seront vendus comme menus marchés, sur l'autorisation du conservateur.

Art. 175. Les réclamations qui pourront s'élever relativement à l'exécution des travaux d'extraction et à l'évaluation des indemnités seront soumises aux conseils de préfecture, conformément à l'article 4 de la loi du 17 février 1800 (28 pluviôse an VIII).

CXXIV. — ORDONNANCE *de police pour la sûreté et la liberté de la circulation sur la voie publique* (1).

8 août 1829.

Nous, Préfet de police,

Considérant qu'un grand nombre d'individus com=promettent journellement la liberté et la sûreté de la circulation, en travaillant indûment et sans précaution sur la voie publique ; en y faisant charger, décharger et stationner des voitures, lorsque l'intérieur des mai=sons, ateliers et magasins présente des facilités à cet effet ; en y déposant ou laissant, sans nécessité, des matériaux, meubles, marchandises et autres objets ; en exposant au=devant des édifices des choses pouvant nuire par leur chute ; en contrevenant enfin aux règlements qui défendent d'embarrasser la voie publique ;

Considérant que depuis plusieurs années la circula=tion a pris une activité toujours croissante, et qu'il est urgent de réprimer des abus qui occasionneraient les plus graves accidents ;

Vu les ordonnances du bureau des finances des 29 mai 1754 et 2 août 1774 ;

L'ordonnance du prévôt des marchands du 8 avril 1766 ;

L'ordonnance de police du 28 janvier 1786 ;

La loi des 16-24 août 1790 ;

L'arrêté du ministre de l'intérieur du 6 septembre 1806, concernant la police des Champs=Élysées ;

_____

(1) SOCIÉTÉ CENTRALE DES ARCHITECTES, *Manuel des lois du bâtiment* (1re édit.).

L'ordonnance du roi du 24 décembre 1823;

Les articles 257, 471 et 484 du Code pénal;

En vertu des arrêtés du gouvernement du 12 messidor an VIII (1er juillet 1800) et 3 brumaire an IX (25 octobre 1800);

Ordonnons ce qui suit :

CHAPITRE PREMIER. — CONSTRUCTIONS, RÉPARATIONS ET DÉMOLITION DES BATIMENTS RIVERAINS DE LA VOIE PUBLIQUE. — DÉPOTS DE MATÉRIAUX.

Section première. Constructions et réparations. — Art. 1er. Il est défendu de procéder à aucune construction ou réparation des murs de face ou clôture des bâtiments et terrains riverains de la voie publique, sans avoir justifié au commissaire de police du quartier où se feront les travaux, de la permission qui aura dû être délivrée à cet effet par l'autorité compétente.

Art. 2. Dans le cas de construction ou de réparation, on ne devra commencer les travaux qu'après avoir établi, à la saillie déterminée par la permission, une barrière en charpente et planches ayant au moins trois mètres de hauteur.

Dans le cas de simple réparation, on pourra en être dispensé, s'il y a lieu, par le préfet de police.

Art. 3. Les portes pratiquées dans les barrières devront, autant qu'il sera possible, ouvrir en dedans. Si l'on est forcé de les faire ouvrir en dehors, on sera tenu de les appliquer contre les barrières.

Elles seront garnies de serrures ou cadenas pour être fermées, chaque jour, au moment de la cessation des travaux.

Art. 4. Les échafauds servant aux constructions seront établis avec solidité et disposés de manière à prévenir la chute des matériaux ou gravois sur la voie publique.

Ils devront monter de fond, et, si les localités ne le permettent pas, ils seront établis en bascule à 4 mètres au moins du sol de la rue.

Il est défendu de les faire porter sur des écoperches ou boulins arc-boutés au pied des murs de face dans la hauteur du rez-de-chaussée.

Art. 5. Les barrières et les échafauds montant de fond, au-devant desquels il n'existera pas de barrières, seront éclairés aux frais et par les soins des propriétaires et des entrepreneurs.

L'éclairage sera fait au moyen d'un nombre suffisant d'appliques, dont une à chaque angle des extrémités, pour éclairer les parties en retour.

Les heures d'allumage et d'extinction de ces appliques seront celles prescrites pour les réverbères permanents de l'illumination publique.

Art. 6. Les travaux seront entrepris immédiatement après l'établissement des échafauds et barrières et devront être continués sans interruption, à l'exception des dimanches et jours fériés.

Dans le cas où l'interruption durerait plus de huit jours, les propriétaires et entrepreneurs seront tenus de supprimer les échafauds, et de reporter les barrières à l'alignement des maisons voisines, ou de se pourvoir d'une autorisation du Préfet de police, pour les conserver.

Art. 7. Il est défendu aux entrepreneurs, maçons, couvreurs, fumistes et autres, de jeter sur la voie publique les recoupes, plâtras, tuiles, ardoises et autres résidus des ouvrages.

Art. 8. Tous entrepreneurs, maçons, couvreurs, fu-

mistes, badigeonneurs, plombiers, menuisiers et autres
exécutant ou faisant exécuter aux maisons et bâtiments
riverains de la voie publique, des ouvrages pouvant
faire craindre des accidents ou susceptibles d'incom=
moder les passants, sont tenus, s'il n'y a point de bar=
rières au-devant des maisons et bâtiments, de faire
stationner dans la rue, pendant l'exécution des travaux,
un ou deux ouvriers âgés de dix-huit ans au moins,
munis d'une règle de 2 mètres de longueur, pour
avertir les passants.

Art. 9. Dans les quarante-huit heures qui suivront la
suppression des échafauds et barrières, les propriétaires
et entrepreneurs feront réparer à leurs frais les dégradations du pavé résultant de la pose des barrières et
échafauds, et seront tenus provisoirement de faire et
entretenir les blocages et de prendre les mesures convenables pour prévenir les accidents.

Ils requerront l'entrepreneur du pavé de la ville, pour
procéder auxdites réparations, lorsque le pavé sera
d'échantillon et à l'entretien de la ville.

Art. 10. Il est défendu de battre du plâtre sur la voie
publique et de l'y faire pulvériser par les chevaux et
voitures.

Section II. Démolition. — Art. 11. Il est défendu de
procéder à la démolition d'aucun édifice donnant sur la
voie publique, sans l'autorisation du Préfet de police.

Art. 12. Avant de commencer une démolition le propriétaire et l'entrepreneur feront établir les barrières
et échafauds qui seront jugés nécessaires, et prendront
toutes autres mesures que l'administration leur pres-
crira dans l'intérêt de la sûreté publique.

Il sera pourvu, pendant la nuit, à l'éclairage des
échafauds et barrières, ainsi qu'il est dit à l'article 5.

Art. 13. La démolition devra s'opérer au marteau, sans abatage, et en faisant tomber les matériaux dans l'intérieur des bâtiments.

Art. 14. Dans le cas où le barrage de la rue serait indispensable, le propriétaire et l'entrepreneur ne devront point l'effectuer sans l'autorisation du Préfet de police.

Les commissaires de police pourront toutefois, s'il y a urgence, accorder provisoirement les autorisations, à la charge d'en prévenir immédiatement le Préfet de police.

Art. 15. Les matériaux de toute espèce provenant de la démolition ne seront déposés sur la voie publique qu'au fur et à mesure de leur enlèvement, et ne devront, sous aucun prétexte, y rester en dépôt pendant la nuit.

Art. 16. Les barrières établies au-devant des démolitions seront supprimées dans les vingt-quatre heures qui suivront l'achèvement des travaux.

Les remblais et nivellements seront faits, dans le même délai, à la charge par les propriétaires et entrepreneurs de prendre les mesures de précaution prescrites par l'article 9.

Section III. Dépôts de matériaux. — Art. 17. Il est défendu de former sur la voie publique des chantiers ou ateliers pour l'approvisionnement et la taille des matériaux.

Les chefs des administrations publiques, propriétaires, ingénieurs, architectes, entrepreneurs et tous autres construisant ou faisant construire, devront former leurs chantiers et ateliers dans des terrains particuliers dont ils seront tenus de se pourvoir.

Il pourra toutefois être accordé des autorisations

pour déposer sur la voie publique des matériaux des=
tinés à des constructions d'aqueducs, égouts, trottoirs
et autres établissements à faire sur le sol même de la
voie publique.

Art. 18. Les matériaux transportés sur le lieu des
constructions seront rentrés dans l'intérieur des emplacements où l'on construit, au fur et à mesure du
déchargement, sans qu'on puisse en laisser en dépôt
sur la voie publique, pendant la nuit.

Art. 19. Cependant, si par suite de circonstances im-
prévues, des matériaux devaient rester, pendant la
nuit, sur la voie publique, les propriétaires et entrepreneurs seront tenus d'en donner avis aux commissaires
de police des quartiers respectifs, de pourvoir à l'éclairage des matériaux, et de prendre toutes les mesures
de précaution nécessaires.

Art. 20. Il est défendu à tous carriers, voituriers et
autres, de décharger ni faire décharger sur la voie publique, après la retraite des ouvriers, aucune voiture
de pierres de taille ou moellons.

Art. 21. Tous chantiers et ateliers actuellement existants sur la voie publique, en vertu de nos autorisa=
tions, seront supprimés à l'expiration des délais fixés
par les permissions, et même plus tôt, s'il est possible.

Ceux pour la durée desquels il n'a point été fixé
d'autre terme que l'achèvement des constructions auxquelles ils sont destinés seront supprimés immédia=
tement après l'emploi des matériaux qui y sont dé=
posés.

, Les uns et les autres ne pourront toutefois être
conservés au delà du 1ᵉʳ octobre prochain. A cet effet,
il est défendu d'y faire déposer de nouveaux maté=
riaux.

Art. 22. Tous chantiers et ateliers formés sur la voie

publique, sans autorisation, seront supprimés dans les vingt-quatre heures.

Art. 23. Il est enjoint à tous ceux dont les chantiers et ateliers seront supprimés, en exécution des articles précédents, de faire enlever avec les matériaux les recoupes, gravois et immondices résultant des dépôts, et de faire réparer les dégradations de pavés existant sur les emplacements de ces mêmes dépôts. Si les emplacements ne sont point pavés, les enfoncements seront réparés et le sol rétabli en bon état.

Art. 24. Il est défendu de scier ni tailler la pierre sur la voie publique.

La même défense est faite aux scieurs de long, pour le sciage du bois.

CHAPITRE II. — ENTRETIEN : 1° DU PAVÉ DE PARIS ; 2° DU PAVÉ A LA CHARGE DES PARTICULIERS. — RUES NON PAVÉES.

Section première. Pavé de Paris. — Art. 25. Les entrepreneurs du pavé de Paris seront tenus de prévenir, au moins vingt-quatre heures d'avance, les commissaires de police des quartiers respectifs, du jour où ils commenceront des travaux de relevé à bout dans une rue.

Art. 26. Ils ne pourront former leurs approvisionnements de matériaux, que le jour même où les ouvrages commenceront.

Les pavés seront rangés et le sable retroussé, de manière à occuper le moins de place possible.

Art. 27. Ils seront tenus de faire éclairer pendant la nuit, par quelques appliques, leurs matériaux et leurs chantiers de travail, de veiller à l'entretien de l'éclairage et de prendre les précautions nécessaires dans l'intérêt de la sûreté publique.

Art. 28. Il leur est défenu de barrer les rues et portions de rues autres que celles dont le pavé sera relevé à bout et dont la largeur n'excédera pas dix mètres.

Toutefois, si des circonstances nécessitaient le barrage des rues ou portions des rues ayant plus de dix mètres de largeur, l'autorisation de les barrer pourra leur être accordée, sur la demande que l'ingénieur en chef du pavé de Paris en fera au Préfet de police.

Art. 29. Lorsqu'il sera fait un relevé à bout dans les halles et marchés, aux abords des salles de spectacles ou d'autres lieux très fréquentés désignés dans l'état qui en sera dressé annuellement par l'ingénieur en chef du pavé de Paris, et approuvé par le Préfet de police, il ne devra être entrepris que la quantité d'ouvrage qui pourra être terminée dans la journée. Dans le cas où il aurait été levé plus de pavé qu'il n'en était besoin, il sera bloqué, en sorte que la voie publique se trouve entièrement libre et sûre avant la retraite des ouvriers.

Cette mesure s'étendra à tous les relevés à bout sans distinction, la veille des dimanches et jours fériés.

Art. 30. Les entrepreneurs réserveront, dans les rues ou portions de rues barrées, un espace suffisant pour la circulation des gens de pied. Ils établiront, au besoin, de planches solides et commodes pour la facilité du passage.

Ils prendront en outre des mesures convenables, pour interdire aux voitures du public tout accès dans les rues ou portions de rues barrées. Ils placeront, à cet effet, des chevalets mobiles, qui, en servant d'avertissement au public, laisseront la facilité de faire sortir et entrer les voitures des personnes demeurant dans l'enceinte du barrage.

Les mêmes précautions seront prises pour les rues latérales aboutissant aux rues barrées.

Il est défendu aux entrepreneurs de substituer des tas de pavés aux chevalets mobiles.

Art. 31. Dans les rues qui ne seront point barrées, les entrepreneurs disposeront leurs ateliers de telle sorte qu'ils soient séparés les uns des autres par un intervalle de quinze mètres au moins, et que chaque atelier ne travaille que sur moitié de la largeur de la rue, afin de laisser l'autre moitié à la circulation des voitures.

Art. 32. Les chantiers des travaux seront complètement débarrassés de tous matériaux, décombres, pavés de réforme, retailles, vieilles formes et autres résidus des ouvrages, dans les vingt-quatre heures qui suivront l'achèvement des travaux, pour les relevés à bout et pavages neufs, et au fur et à mesure de l'exécution des ouvrages pour les réparations simples et raccordements.

Art. 33. Il est expressément défendu de troubler les paveurs dans leurs ateliers et de déplacer ou arracher les appliques, chevalets, pieux et barrières établis pour la sûreté de leurs ouvrages.

Section II. Pavé à la charge des particuliers. — Art. 34. Il est enjoint aux propriétaires des maisons et terrains bordant les rues, ou portions de rues pavées et dont l'entretien est à leur charge, de faire réparer, chacun au-devant de sa propriété, les dégradations de pavé, et d'entretenir constamment en bon état le pavé desdites rues.

Art. 35. Ces propriétaires et leurs entrepreneurs seront tenus, pour les approvisionnements de matériaux destinés aux réparations, pour l'exécution des ouvrages et l'enlèvement des résidus, de se conformer aux dispositions prescrites en la section précédente aux entrepreneurs du pavé de Paris.

Art. 36. Il leur est défendu de barrer ni faire barrer les rues pour l'exécution des travaux, sans y être autorisés par le Préfet de police

Section III. Rues et portions de rues non pavées. — Art. 37. Il est enjoint à tous propriétaires de maisons et terrains situés le long des rues ou portions de rue, non pavées, de faire combler, chacun au droit de soi, les excavations, enfoncements et ornières, enlever les dépôts de fumier, gravois, ordures et immondices, et de faire, en un mot, toutes les dispositions convenables pour que la liberté, la sûreté de la circulation et la salubrité ne soient point compromises.

Ils sont tenus d'entretenir constamment en bon état le sol desdites rues, et de conserver ou rétablir les pentes nécessaires pour procurer aux eaux un écoulement facile.

Les rues non pavées qui deviendront impraticables pour les voitures seront barrées de manière que tous accidents soient prévenus.

CHAPITRE III. — TROTTOIRS.

Section première. Construction des trottoirs. — Art. 38. On ne pourra construire aucun trottoir, sur la voie publique, sans en avoir obtenu la permission de l'autorité compétente.

Art. 39. Les entrepreneurs chargés de ces constructions seront tenus de prévenir, au moins vingt-quatre heures d'avance, les commissaires de police des quartiers respectifs, du jour où ils commenceront les travaux, et de leur représenter les autorisations dont ils auront dû se pourvoir.

Art. 40. La construction de deux trottoirs sur les deux côtés d'une rue ne pourra être simultanément entreprise, à moins que les ateliers ne soient séparés par un intervalle d'au moins cinquante mètres.

Art. 41. Avant de commencer les travaux, les entrepreneurs feront établir une barrière à chaque extrémité des ateliers, afin d'en interdire l'accès au public.

Art. 42. Les matériaux destinés aux constructions seront apportés au fur et à mesure des besoins, et seront rangés sur les emplacements destinés aux trottoirs, sans que la largeur en soit excédée.

Art. 43. Les pavés arrachés, qui ne devront point servir aux raccordements, seront enlevés et transportés dans le jour, hors de la voie publique, à la diligence des entrepreneurs de la construction des trottoirs.

Art. 44. Il sera pris les mesures nécessaires pour que les eaux ménagères s'écoulent sous les trottoirs, au moyen de gargouilles pratiquées à cet effet.

Art. 45. Lorsqu'un trottoir sera coupé par un passage de porte cochère, ou qu'il ne sera point prolongé au-devant des maisons voisines, il sera établi des pentes douces aux points d'interruption pour rendre moins sensible la différence entre le sol du trottoir et celui de la rue.

Art. 46. Les propriétaires et entrepreneurs feront éclairer, à leurs frais, les ateliers pendant la nuit, en se conformant aux conditions prescrites par l'art. 5.

Art. 47. Aussitôt que la construction d'un trottoir

sera terminée, il sera procédé immédiatement au raccordement du pavé par l'entrepreneur du pavé de Paris,
sur l'avertissement qui lui en sera donné, à l'avance,
par l'entrepreneur du trottoir.

Art. 48. Les barrières, matériaux, terres, gravois et
autres résidus des ouvrages seront immédiatement enlevés aux frais et par les soins du propriétaire ou de
l'entrepreneur du trottoir.

Il est défendu de livrer le trottoir à la circulation
avant d'avoir pourvu au recouvrement des gargouilles,
et d'avoir pris les mesures convenables pour la sûreté
et la commodité du passage.

Section II. Entretien des trottoirs. — Art. 49. Les
dégradations des trottoirs seront réparées aux frais
de qui de droit, à la diligence de l'ingénieur en chef
du pavé de Paris, dans les vingt-quatre heures de la
réquisition qui lui en aura été adressée par le Préfet de
police.

Art. 50. Les entrepreneurs qui procéderont aux réparations seront tenus, lorsque les ouvrages ne pourront
être faits dans la journée où ils auront été entrepris, de prévenir les commissaires de police des quartiers respectifs, pour les mettre à portée de prescrire
les mesures nécessaires, relativement au dépôt des
matériaux, à l'éclairage pendant la nuit, et à toutes
autres précautions que pourra réclamer la sûreté publique.

Art. 51. Les propriétaires, principaux locataires et
locataires feront balayer, nettoyer et laver les trottoirs
au=devant de leurs maisons, au moins une fois par
jour, aux heures fixées par le règlement concernant le
balayage des rues.

Section III. Saillies au-devant des maisons bordées de trottoirs. — Art. 52. Quiconque fera construire un trottoir au-devant de sa propriété sera tenu de faire supprimer, au moment même de la construction, les bornes, pas, marches et bancs en saillie sur le trottoir, et de faire réduire les seuils des devantures de boutiques à l'alignement desdites devantures.

Il sera permis toutefois, par mesure de tolérance, de conserver les marches que l'administration reconnaîtra ne pouvoir être rentrées dans l'intérieur de la propriété, mais à la charge d'en arrondir les extrémités, ou de les tailler en pans coupés.

Art. 53. Les propriétaires qui ont fait construire des trottoirs, sans avoir pris les mesures prescrites par l'article précédent, seront tenus de s'y conformer dans le délai d'un mois.

Art. 54. Il leur est également enjoint, dans le cas où les eaux ménagères de leurs maisons s'écouleraient sur le sol de ces trottoirs, de faire cesser cet inconvénient, dans le même délai, en se conformant aux dispositions de l'art. 44.

Art. 55. Les hauteurs fixées par l'ordonnance royale du 24 décembre 1823, pour les bannes, stores, écussons, enseignes, lanternes et autres saillies, seront mesurées à partir du sol des trottoirs.

CHAPITRE IV. — FOUILLES ET TRANCHÉES SUR LA VOIE PUBLIQUE. — ENTRETIEN DES CONDUITES DES EAUX DE LA VILLE ET DES CONDUITES D'EAU ET DE GAZ APPARTENANT AUX PARTICULIERS.

Section première. Fouilles et tranchées. — Art. 56. Il est défendu à qui que ce soit de faire aucune fouille ni tranchée dans le sol de la voie publique, sans une autorisation spéciale du Préfet de police.

Section II. Entretien des conduites des eaux de la ville et de celles appartenant à des particuliers. — Art. 57. Les entrepreneurs chargés de l'entretien des conduites des eaux de la ville, les propriétaires des conduites particulières d'eau et de gaz, et leurs entrepreneurs, seront tenus, dans le cas de rupture des conduites, et chacun pour ce qui le concerne, de mettre des ouvriers en nombre suffisant, pour que les réparations en soient effectuées dans les vingt-quatre heures des avertissements qu'ils auront reçus des commissaires de police, agents d'administration et même de tous particuliers.

Ils seront tenus provisoirement d'arrêter et faire arrêter sur-le-champ le service desdites conduites, et de pourvoir à la sûreté de la voie publique, soit en comblant les excavations, soit en les entourant de barrières, et les éclairant pendant la nuit, et en y posant, au besoin, des gardes.

Art. 58. Ils ne seront point astreints à se munir d'une permission du Préfet de police, conformément à l'art. 56, lorsque les travaux, ayant pour objet des établissements, renouvellements ou réparations de conduites, pourront être terminés dans les quarante-huit heures, et qu'il n'y aura pas lieu au barrage des rues. Mais ils devront donner avis aux commissaires de police, du commencement de ces travaux.

Art. 59. Ils feront les dispositions convenables pour que moitié au moins de la largeur des rues où ils travailleront soit réservée à la circulation, et qu'il ne puisse y arriver d'accident.

Art. 60. Les fouilles et tranchées seront remblayées, autant que faire se pourra, au fur et à mesure de l'exécution des ouvrages.

Art. 61. Les terres de remblais seront pilonnées avec soin, pour prévenir les affaissements, et le pavé sera bloqué de telle sorte qu'il se maintienne partout à la hauteur du pavé environnant.

Les terres et gravois qui ne pourront être employés dans les remblais seront enlevés immédiatement après le blocage du pavé.

Art. 62. Les propriétaires et entrepreneurs feront raccorder le pavé dans les quarante-huit heures qui suivront la réparation des conduites, en se conformant aux dispositions de l'art. 9.

Ils seront tenus néanmoins d'entretenir les blocages en bon état et de pourvoir à la sûreté publique, jusqu'à ce que les raccordements aient été effectués.

CHAPITRE V. — CHARGEMENT ET DÉCHARGEMENT DES VOITURES DE MARCHANDISES ET DENRÉES. — DÉCHARGEMENT ET SCIAGE DU BOIS DE CHAUFFAGE. — DÉPÔTS DE MEUBLES, MARCHANDISES. — TRAVAUX ET JEUX SUR LA VOIE PUBLIQUE.

Section première. Chargement et déchargement des voitures de marchandises, denrées, etc. — Art. 63. Tous entrepreneurs, négociants, marchands et autres, qui auront à recevoir ou à expédier des marchandises, meubles, denrées ou autres objets, feront entrer les voitures de transport dans les cours ou sous les passages de portes cochères des maisons qu'ils habitent, magasins ou ateliers, à l'effet d'y opérer le chargement ou le déchargement desdites voitures.

Art. 64. A défaut de cours ou de passages de portes cochères, ou bien si les cours et passages de portes cochères ne présentent point les facilités convenables, on pourra effectuer le chargement et le déchargement sur la voie publique; en y mettant la célérité nécessaire. Dans ce cas, les voitures devront être rangées de manière à ne gêner la circulation que le moins possible.

Art. 65. Les exceptions mentionnées au précédent article ne s'étendent point aux entrepreneurs de diligences, de messageries, de roulage, aux entrepreneurs de charpente, aux marchands de bois, aux marchands en gros, ni à tous autres particuliers tenant de grandes fabriques, de grands ateliers ou faisant un commerce qui nécessite de grands magasins. Ils seront tenus, en raison de l'importance de leurs établissements, de se pourvoir de locaux assez spacieux pour opérer et faire opérer hors de la voie publique les chargements et déchargements de leurs voitures et de celles qui leur sont destinées.

Section II. Déchargement et sciage du bois de chauffage.
Art. 66. Le bois destiné au chauffage des habitations ne sera déchargé sur la voie publique que dans la circonstance prévue par l'art. 64.

Art. 67. Lorsque dans les rues de sept mètres de largeur et au-dessus, le déchargement du bois pourra se faire sur la voie publique conformément à l'art. 64, il y sera procédé de manière à ne point interrompre le passage des voitures.

Dans les rues au-dessous de sept mètres de largeur il sera toujours réservé un passage libre pour les gens de pied.

Il est défendu de décharger simultanément deux voi-

II 26

tures de bois destinées à des habitations situées l'une en face de l'autre. Celle arrivée la dernière sera rangée à la suite de la première, et attendra que celle-ci soit déchargée et le bois rentré.

Art. 68. Il est défendu de scier ni faire scier du bois sur la voie publique.

Cependant, lorsque l'on ne fera venir qu'une voie de bois à la fois, le sciage sera toléré. Dans ce cas, les scieurs se placeront le plus près possible des maisons, afin de ne point accroître les embarras de la voie publique.

Le bois sera rentré au fur et à mesure du sciage.

Art. 69. Il est expressément défendu de décharger ni scier du bois sur les trottoirs.

On ne pourra en fendre ni sur les trottoirs ni sur aucune autre partie de la voie publique.

Section III. Dépôt de meubles, marchandises, voitures, etc. — Art. 70. Il est défendu de déposer sans nécessité et de laisser sans autorisation sur la voie publique des meubles, caisses, tonneaux et autres objets.

Art. 71. Les voitures de toute espèce, suspendues et non suspendues, chariots, charrettes, haquets, etc., devront être remisées, pendant la nuit, dans des emplacements hors de la voie publique.

Sont exceptées les voitures des porteurs d'eau qui, pour raison de sûreté publique, continueront à être remisées dans des emplacements désignés par les commissaires de police, sous la condition expresse, pour ceux auxquels elles appartiennent, de tenir les tonneaux pleins d'eau.

Art. 72. Les voitures, meubles, marchandises et tous autres objets laissés pendant la nuit sur la voie publique par impossibilité notoire de les rentrer dans l'intérieur des propriétés, seront éclairés aux frais et par les soins de ceux auxquels ils appartiennent, ou auxquels ils auront été confiés, en se conformant à ce qui est prescrit par l'art. 19.

Section IV. Travaux, jeux, écriteaux. — Art. 73. Il est défendu aux maréchaux-ferrants, layetiers-emballeurs, serruriers, tonneliers et autres, de travailler ni faire travailler sur la voie publique.

Art. 74. Il est également défendu aux marchands épiciers, limonadiers et autres, de brûler ni faire brûler sur la voie publique du café et autres denrées.

Il est accordé un délai de trois mois à ceux qui n'ont point de cour, pour faire, dans leurs habitations, les dispositions convenables à cette opération, ou pour se procurer des emplacements particuliers.

Art. 75. Les jeux de palet, de tonneau, de siam, de quilles, de volant et tous autres susceptibles de gêner la circulation et d'occasionner des accidents, sont interdits sur la voie publique.

Art. 76. Les écriteaux servant à faire connaître au public les maisons, appartements, chambres, magasins et autres objets à vendre ou à louer, ne pourront être suspendus au-devant des murs de face des maisons riveraines de la voie publique et devront être attachés et appliqués contre les murs.

Art. 77. Il est défendu de brûler de la paille sur la voie publique et d'y tirer des armes à feu, des pétards, fusées et autres pièces d'artifice.

CHAPITRE VI. — BOULEVARDS ET PROMENADES PUBLIQUES
NON CLOSES.

Art. 78. Il est défendu de parcourir à cheval ou en
voiture, même avec des voitures traînées à bras, les
contre-allées des boulevards intérieurs et extérieurs
de la capitale, et généralement toutes les parties
des promenades publiques non closes réservées aux
piétons.

Art. 79. Il est permis de traverser les contre-allées
à cheval ou en voiture, pour entrer dans les propriétés
riveraines, si le sol de la traversée est disposé à cet
effet, conformément aux permissions dont les propriétaires auront dû se pourvoir auprès de l'autorité
compétente.

Les chevaux et voitures ne pourront, sous aucun
prétexte, stationner dans les contre-allées.

Art. 80. Il ne sera déposé sur les chaussées ni dans
les contre-allées aucune espèce de matériaux, lors
même qu'ils seraient destinés à des travaux de construction ou de réparations à exécuter dans les propriétés riveraines.

Le transport des matériaux à travers les contre-allées qui n'auront point été disposées pour le passage
des voitures, ne pourra se faire à l'aide de voitures,
camions ou brouettes, sans qu'on ait pris les mesures
de précaution indiquées dans les permissions dont les
propriétaires ou entrepreneurs seront tenus de se
pourvoir.

Art. 81. Il est défendu de faire écouler les eaux
ménagères sur les contre-allées et quinconces des
boulevards, tant intérieurs qu'extérieurs, et de toutes

promenades publiques, à moins d'une autorisation spéciale.

Art. 82. Il est défendu de jeter des pierres ou bâtons dans les arbres, d'y suspendre des écriteaux, enseignes, lanternes et autres objets, d'y tendre des cordes pour faire sécher le linge, des étoffes ou autres choses, d'y attacher des animaux, enfin de rien faire qui soit susceptible de nuire à la liberté et à la sûreté de la circulation, et à la conservation des plantations.

Art. 83. On ne pourra combler, sans autorisation, les fossés et cuvettes bordant les contre-allées.

Défenses sont faites d'y jeter du fumier, des débris de jardinage, ordures, immondices et autres matières, et d'y faire écouler les eaux ménagères.

Art. 84. Il est défendu d'arracher ni de dégrader les barrières, poteaux, dalles, bornes et généralement tous objets quelconques établis pour la sûreté, l'utilité, la décoration et l'agrément des boulevards et promenades.

Art. 85. Nul ne pourra établir, sans permission, des échoppes, baraques, ni faire aucune construction fixe ou mobile dans les contre-allées ou quinconces des boulevards ou promenades.

- Les échoppes, baraques et autres constructions existant en vertu d'autorisations ne pourront être augmentées ni même réparées sans une permission spéciale.

Celles pour lesquelles il n'a point été délivré de permission seront supprimées dans le délai d'un mois.

CHAPITRE VII. — DISPOSITIONS GÉNÉRALES.

Art. 86. Au moyen des dispositions ci-dessus, l'ordonnance de police du 20 mai 1822, contenant les mesures de précaution à prendre pour garantir la sûreté de la circulation est rapportée.

Art. 87. Il est défendu de dégrader, détruire ou enlever les barrières, pieux, réverbères, échafauds, appliques ou lampions, et tous objets généralement quelconques établis par l'autorité ou par des particuliers, en exécution de la présente ordonnance.

Art. 88. Les contraventions seront constatées par des procès-verbaux ou rapports, et poursuivies conformément aux lois et règlements, sans préjudice de la responsabilité civile.

Art. 89. Toutes les fois que la liberté et la sûreté de la voie publique seront compromises, soit par refus de satisfaire aux obligations imposées, soit par négligence, les commissaires de police prendront administrativement, aux frais des contrevenants, les mesures nécessaires à prévenir les accidents.

Art. 90. Dans le cas où des matériaux et autres objets resteraient déposés sur la voie publique, contrairement à la présente ordonnance, ils seront immédiatement enlevés à la diligence des commissaires de police, et transportés provisoirement aux lieux à ce destinés.

Si les propriétaires sont connus, sommation leur sera faite de retirer lesdits objets dans le délai fixé par la sommation, tous frais faits par l'administration préalablement payés.

Si les propriétaires sont inconnus, ou s'il n'a pas

été déféré aux sommations, les objets seront dès lors considérés comme abandonnés, et seront vendus à la conservation des droits de qui il appartiendra.

Art. 94. La présente ordonnance sera imprimée et affichée.

Le commissaire en chef de la police municipale, les commissaires de police, les officiers de paix, l'architecte-commissaire de la petite voirie, les inspecteurs généraux de la salubrité et de l'illumination, sont chargés, chacun en ce qui le concerne, d'en surveiller l'exécution.

Elle sera adressée à M. le colonel commandant de la gendarmerie royale de Paris, pour le mettre à portée de concourir à son exécution.

Il en sera envoyé des exemplaires à MM. les sous-préfets des arrondissements de Sceaux et de Saint-Denis, pour qu'ils les fassent afficher dans l'intérêt de ceux de leurs administrés qu'elle concerne.

Le Préfet de police,

DÉBELLEYME.

CXXV. — ORDONNANCE *portant que le prix des acquisi-*
tions immobilières faites par les communes pourra, s'il
n'excède pas cent francs, être payé sans que les forma-
lités pour la radiation et la purge légale des hypothèques
aient été accomplies (1).

31 août 1830.

Article unique. Le prix des acquisitions immobilières faites avec autorisation légale par les communes,
pour cause d'utilité publique régulièrement constatée,
s'il n'excède pas la somme de cent francs, pourra être
payé sans que les formalités prescrites pour la radiation et la purge légale des hypothèques aient été préalablement accomplies, et sans que, dans aucun cas,
cette faculté puisse porter atteinte aux droits, actions
et privilèges des tiers créanciers, quand il en existera.

(1) ROGER et SOREL. *Codes et Lois usuelles.*

CXXVI. — Autorisation *du Ministre de l'intérieur per-
mettant l'établissement des balcons dans les rues de
30 pieds à Paris* (1).

6 octobre 1830.

Monsieur le Préfet, Vous m'avez soumis le 8 septembre la question que fait naître, relativement à la construction des balcons sur la voie publique, l'article 10
de l'ordonnance du 24 décembre 1823 sur les saillies
dans la ville de Paris.

Cet article porte qu'il ne sera permis d'établir des
balcons que dans les rues d'une largeur de 10 mètres
et au-dessus. Et la largeur de 30 pieds fixée par la déclaration du 10 avril 1783 comme *minimum* pour toutes
les rues de Paris présentant avec celle de 10 mètres
une légère différence en moins, il s'en suit que si l'on
s'attachait à la lettre de l'ordonnance de 1823, on ne
devrait pas permettre de construire des balcons dans
les rues de 30 pieds, et qu'une différence qui tient
uniquement à l'expression de la largeur en mesure ancienne ou décimale changerait, selon les cas, la posi-
sition et les droits des propriétaires riverains, ce qui
ne serait pas moins contraire à l'équité qu'aux intentions des rédacteurs de l'ordonnance de 1823.

Dans la vue de concilier les deux règlements sur ce
point, vous proposez un moyen terme qui consisterait
à fixer la saillie des balcons à 75 centimètres au lieu
de 80, dans les rues qui n'ont que 30 pieds (9^m,74^c) de
largeur.

(1) Préfecture de la seine (Direction de la Voirie de Paris.)

Comme l'application rigoureuse de l'ordonnance de 1823 aurait pour objet d'interdire absolument la contruction des balcons dans ces rues; que par conséquent une décision interprétative qui rendrait, même avec quelque restriction, aux propriétaires riverains le droit que cette ordonnance semble leur retirer serait favorable aux intérêts des tiers, et ne semblerait dès lors susceptible de rencontrer aucune opposition fondée, j'adopte votre proposition, et je vous autorise à permettre dans les rues de 30 pieds de largeur l'établissement de balcons sur 0,75 centimètres de saillie.

Recevez, monsieur le préfet, l'assurance de ma considération distinguée.

Le Ministre, secrétaire d'État de l'Intérieur,

Signé : GUIZOT.

GXXVII. — *Loi relative à l'expropriation et à l'occupation temporaire, en cas d'urgence, des propriétés privées nécessaires aux travaux des fortifications* (1).

30 mars 1831.

Art. 1er. Lorsqu'il y aura lieu d'occuper tout ou partie d'une ou de plusieurs propriétés particulières pour y faire des travaux de fortifications dont l'urgence ne permettra pas d'accomplir les formalités de la loi du 8 mars 1810, il sera procédé de la manière suivante. — L. 3 mai 1841.

Art. 2. L'ordonnance royale qui autorisera les travaux et déclarera l'utilité publique, déclarera en même temps qu'*il y a urgence*.

Art. 3. Dans les vingt-quatre heures de la réception de l'ordonnance du roi, le préfet du département où les travaux de fortifications devront être exécutés, transmettra ampliation de ladite ordonnance au procureur du roi près le tribunal de l'arrondissement où seront situées les propriétés qu'il s'agira d'occuper, et au maire de la commune de leur situation. — Sur le vu de cette ordonnance, le procureur du roi requerra de suite, et le tribunal ordonnera immédiatement, que l'un des juges se transportera sur les lieux avec un expert que le tribunal nommera d'office. — Le maire fera sans délai publier l'ordonnance royale par affiche, tant à la principale porte de l'église du lieu qu'à celle de la maison commune, et par tous autres moyens possibles. Les publications et affiches seront certifiées par ce magistrat.

(1) TRIPIER, *Codes français.*

Art. 4. Dans les vingt-quatre heures, le juge-commissaire rendra, pour fixer le jour et l'heure de sa descente sur les lieux, une ordonnance qui sera signifiée, à la requête du procureur du roi, au maire de la commune où le transport devra s'effectuer, et à l'expert nommé par le tribunal. — Le transport s'effectuera dans les dix jours de cette ordonnance, et seulement huit jours après la signification dont il vient d'être parlé. — Le maire, sur les indications qui lui seront données par l'agent militaire chargé de la direction des travaux, convoquera, au moins cinq jours à l'avance, pour le jour et l'heure indiqués par le juge-commissaire. — 1° Les propriétaires intéressés, et, s'ils ne résident pas sur les lieux, leurs agents, mandataires ou ayants cause; — 2° Les usufruitiers, ou autres personnes intéressées, telles que fermiers locataires, ou occupants à quelque titre que ce soit. — Les personnes ainsi convoquées pourront se faire assister par un expert ou arpenteur.

Art. 5. Un agent de l'administration des domaines et un expert ingénieur, architecte ou arpenteur, désignés l'un et l'autre par le préfet, se transporteront sur les lieux au jour et à l'heure indiqués pour se réunir au juge-commissaire, au maire ou à l'adjoint, à l'agent militaire et à l'expert désigné par le tribunal. — Le juge-commissaire recevra le serment préalable des experts sur les lieux, et il en sera fait mention au procès-verbal. — L'agent militaire déterminera, en présence de tous, par des pieux et piquets, le périmètre du terrain dont l'exécution des travaux nécessitera l'occupation.

Art. 6. Cette opération achevée, l'expert désigné par le préfet procédera immédiatement et sans interruption, de concert avec l'agent de l'administration du domaine, à la levée du plan parcellaire, pour indiquer dans le plan général de circonscription les limites et la superficie des propriétés particulières.

Art. 7. L'expert nommé par le tribunal dressera un procès-verbal qui comprendra.⸺1° La désignation des lieux, des cultures, plantations, clôtures, bâtiments et autres accessoires des fonds : cet état descriptif devra être assez détaillé pour pouvoir servir de base à l'appréciation de la valeur foncière, et, en cas de besoin, de la valeur locative, ainsi que des dommages et intérêts résultant des changements ou dégâts qui pourront avoir lieu ultérieurement; ⸺ 2° L'estimation de la valeur foncière et locative de chaque parcelle de ces dépendances, ainsi que de l'indemnité qui pourra être due pour frais de déménagement, pertes de récoltes, détérioration d'objets mobiliers, ou tous autres dommages. ⸺ Ces diverses opérations auront lieu contradictoirement avec l'agent de l'administration des domaines et l'expert nommé par le préfet, avec les parties intéressées si elles sont présentes, ou avec l'expert qu'elles auront désigné. Si elles sont absentes et qu'elles n'aient point nommé d'expert, ou si elles n'ont point le libre exercice de leurs droits, un expert sera désigné d'office par le juge-commissaire pour les représenter.

Art. 8. L'expert nommé par le tribunal devra, dans son procès-verbal, ⸺ 1° Indiquer la nature et la contenance de chaque propriété, la nature des constructions, l'usage auquel elles sont destinées, les motifs des évaluations diverses, et le temps qu'il paraît nécessaire d'accorder aux occupants pour évacuer les lieux; ⸺ Transcrire l'avis de chacun des autres experts, et les observations et réquisitions, telles qu'elles lui seront faites, de l'agent militaire, du maire, de l'agent du domaine, et des parties intéressées ou de leurs représentants. Chacun signera ses dires, ou mention sera faite de la cause qui l'en empêche.

Art. 9. Lorsque les propriétaires, ayant le libre exercice de leurs droits, consentiront à la cession qui leur sera demandée et aux conditions qui leur seront offertes par l'administration, il sera passé entre eux et le préfet un acte de vente qui sera rédigé dans la forme des actes d'administration et dont la minute restera déposée aux archives de la préfecture.

Art. 10. Dans le cas contraire, sur le vu de la minute du procès-verbal dressé par l'expert, et de celui du juge-commissaire qui aura assisté à toutes les opérations, le tribunal, dans une audience tenue aussitôt après le retour de ce magistrat, déterminera, en procédant comme en matière sommaire, sans retard et sans frais, — 1° L'indemnité de déménagement à payer aux détenteurs avant l'occupation ; — 2° L'indemnité approximative et provisionnelle de dépossession qui devra être consignée, sauf règlement ultérieur et définitif préalablement à la prise de possession. — Le même jugement autorisera le préfet à se mettre en possession, à la charge, — 1° De payer sans délai l'indemnité de déménagement, soit au propriétaire, soit au locataire ; — 2° De signifier avec le jugement l'acte de consignation de l'indemnité provisionnelle de dépossession. — Ledit jugement déterminera le délai dans lequel, à compter de l'accomplissement de ces formalités, les détenteurs seront tenus d'abandonner les lieux. — Ce délai ne pourra excéder cinq jours pour les propriétés non bâties, et dix jours pour les propriétés bâties. — Le jugement sera exécutoire nonobstant appel ou opposition.

Art. 11. L'acceptation de l'indemnité approximative et provisionnelle de dépossession ne fera aucun préjudice à la fixation de l'indemnité définitive. — Si l'indemnité provisionnelle n'excède pas cent francs, le payement en sera effectué sans production d'un certificat d'affranchissement d'hypothèque et sans formalité de purge hypothécaire. — Si l'indemnité excède cette somme, le gouvernement fera, dans les trois mois de la date du jugement dont il est parlé dans l'article précédent, transcrire ledit jugement, et purgera les hypothèques légales. A l'expiration de ce délai, l'indemnité provisionnelle sera exigible de plein droit, lors même que les formalités ci-dessus n'auraient pas été remplies, à moins qu'il n'y ait des inscriptions ou des saisies-arrêts ou oppositions : dans ce cas, il sera procédé selon les règles ordinaires et sans préjudice de l'article 26 de la loi du 8 mars 1810. — L. 3 mai 1841.

Art. 12. Aussitôt après la prise de possession, le tribunal procédera au règlement définitif de l'indemnité de dépossession, dans les formes prescrites par les articles 16 et suivants de la loi du 8 mars 1810. Si l'indemnité définitive excède l'indemnité provisionnelle, cet excédant sera payé conformément à l'article précédent. — L. 3 mai 1841.

Art. 13. L'occupation temporaire prescrite par ordonnance royale ne pourra avoir lieu que pour des propriétés non bâties. — L'indemnité annuelle représentative de la valeur locative de ces propriétés et du dommage résultant du fait de la dépossession, sera réglée à l'amiable ou par autorité de justice, et payée par moitié de six mois en six mois, au propriétaire et au fermier, le cas échéant. — Lors de la remise des terains qui n'auront été occupés que temporairement, l'indemnité due pour les détériorations causées par les travaux, ou pour la différence entre l'état des lieux au

moment de la remise et l'état constaté par le procès-
verbal descriptif, sera payée sur règlement amiable ou
judiciaire, soit au propriétaire, soit au fermier ou exploitant, et selon leurs droits respectifs.

Art. 14. Si, dans le cours de la troisième année d'occupation provisoire, le propriétaire ou son ayant droit
n'est pas remis en possession, ce propriétaire pourra
exiger et l'État sera tenu de payer l'indemnité pour la
cession de l'immeuble, qui deviendra dès lors propriété
publique. — L'indemnité foncière sera réglée, non sur
l'état de la propriété à cette époque, mais sur son état
au moment de l'occupation, tel qu'il aura été constaté
par le procès-verbal descriptif. — Tout dommage
causé au fermier ou exploitant par cette dépossession
définitive lui sera payé après règlement amiable ou
judiciaire.

Art. 15. Dans tous les cas où l'occupation provisoire
ou définitive donnerait lieu à des travaux pour lesquels
un crédit n'aurait pas été ouvert au budget de l'État, la
dépense restera soumise à l'exécution de l'article 152
de la loi du 25 mars 1817.

CXXVIII. — ORDONNANCE *de police concernant les ché-*
neaux et gouttières destinés à recevoir les eaux pluviales
sous l'égout des toits (1).

30 novembre 1831.

Nous, Préfet de police,

Considérant qu'un grand nombre de maisons riveraines de la voie publique sont dépourvues de chéneaux ou de gouttières et de tuyaux de descente, destinés
à recevoir et à conduire jusqu'au pavé de la rue les
eaux pluviales provenant de leurs toitures; que ces
eaux, en tombant directement sur le sol, incommodent les passants, dégradent le pavé et enlèvent à la
circulation des piétons une partie de la largeur des
rues, et notamment des trottoirs;

Considérant qu'il importe de remédier à un état de
choses si contraire à la commodité de la circulation;

Considérant d'ailleurs que si l'établissement de chéneaux, gouttières et tuyaux de conduite des eaux pluviales, doit occasionner quelques dépenses aux propriétaires des maisons qui en sont dépourvues, ces
dépenses, réclamées dans un intérêt public, tourne-
ront au profit de leur intérêt particulier, en prévenant
les dégradations notables qu'éprouvent les murs, les
devantures de boutique et autres parties de la façade
des maisons, par la chute des eaux pluviales qui
s'écoulent des toits et rejaillissent sur les auvents;

Vu la loi des 16-24 août 1790, titre XI, art. 3, et
l'art. 471 du Code pénal;

(1) V. les arr. des 1er avril et 1er août 1832. — G. DELESSERT,
Ordonnances de police, t. II, n° 1428.

II   27

En vertu de l'art. 22 de l'arrêté du Gouvernement du 12 messidor an VIII (1er juillet 1800),

Ordonnons ce qui suit :

Art. 1er. Dans le délai de quatre mois à partir de la publication de la présente ordonnance (1), les propriétaires des maisons bordant la voie publique, et dont les eaux pluviales des toits y tombent directement, seront tenus de faire établir des chéneaux ou des gouttières sous l'égout de ces toits, afin d'en recevoir les eaux qui seront conduites jusqu'au niveau du pavé de la rue au moyen de tuyaux de descente appliqués le long des murs de face, avec 16 centimètres au plus de saillie, (art. 3, titre XI, de la loi des 16-24 août 1790).

Les gouttières ne pourront être qu'en cuivre, zinc ou tôle étamée, et soutenues par des corbeaux en fer.

Les tuyaux de descente ne pourront être établis qu'en fonte, cuivre, zinc, plomb ou tôle étamée, et retenus par des colliers en fer à scellement.

Une cuiller en pierre devra être placée sous le dauphin de ces tuyaux.

Art. 2. Il ne sera perçu aucun droit de petite voirie pour les chéneaux, gouttières, tuyaux de conduite ou cuiller destinés à l'écoulement des eaux pluviales, et qui seront établis dans le délai fixé par l'article précédent, conformément à la délibération du conseil municipal de la ville de Paris, en date du 25 de ce mois.

Art. 3. Lors de la construction des nouveaux trottoirs, il sera pris les mesures nécessaires pour que les eaux pluviales s'écoulent sous ces trottoirs au moyen de gargouilles pratiquées à cet effet.

_____

(1) L'ordonnance de police du 1er août 1832 (Voir DELESSERT, t. III, nº 1440) a prorogé ce délai jusqu'au 1er décembre 1832.

Art. 4. Les propriétaires qui ont fait construire des trottoirs sans avoir pris la mesure prescrite par l'article précédent, seront tenus de s'y conformer dans le délai de quatre mois.

Art. 5. Les contraventions seront constatées par des procès-verbaux ou rapports, et poursuivies conformément aux lois et règlements.

Art. 6. La présente ordonnance sera imprimée, publiée et affichée.

Le commissaire, chef de la police municipale, les commissaires de police, les officiers de paix, l'architecte commissaire et les architectes inspecteurs de la petite voirie et les préposés de la préfecture de police, sont chargés de surveiller et assurer l'exécution de la présente ordonnance.

Le préfet de police,

GISQUET.

Approuvé :

Le pair de France, ministre du commerce et des travaux publics,

COMTE D'ARGOUT.

CXXIX. — *Extrait de l'Ordonnance de police concernant
la réduction des devantures de boutique et autres objets
de petite voirie excédant la saillie légale* (1).

14 septembre 1833.

Nous, conseiller d'État, préfet de police, etc.;

Vu l'art. 24 de l'ordonnance du roi, du 24 décembre
1823 (2), qui limite à neuf années la durée des devantures de boutique qui excèdent la saillie légale;

2° L'ordonnance de police du 9 juin 1824, rendue
pour la publication et l'exécution de ladite ordonnance
royale;

3° L'art. 21 de l'arrêté du gouvernement du 12 messidor an VIII (1er juillet 1800);

Considérant que le délai de neuf années, fixé par
l'art. 24 de l'ordonnance du roi précitée, pour la réduction des devantures de boutique qui excédaient la
saillie légale de 16 centimètres (6 pouces) est expiré
depuis le 9 juin dernier; que non seulement la réduction de saillie de la plupart de ces devantures de boutique n'a point été effectuée, mais qu'un grand
nombre de montres, étalages, crochets, bustes, reliefs,
tableaux, enseignes et attributs qui, depuis longtemps,
auraient dû être réduits à la saillie légale, excèdent
encore cette saillie;

Considérant que l'excès de saillie de tous ces objets
résulte de ce qu'ils ont été établis sans autorisation

_____

(1) V. les arr. des 18 fév. 1837 et 11 oct. 1839. — G. DELES-
SERT, *Ordonnances de police*, t. III, n° 1488.

(2) Voir plus haut, p. 352 et suiv.

ou contrairement aux dispositions des permissions délivrées, et qu'il importe de réprimer un abus qui présente des inconvénients pour la liberté et la sûreté de la circulation,

Ordonnons ce qui suit :

Art. 1ᵉʳ. Les dispositions de l'ordonnance du roi, du 24 décembre 1823, portant règlement sur les saillies, auvents et constructions semblables, à permettre dans la ville de Paris, relative à la réduction des devantures de boutique et autres objets de petite voirie, excédant la saillie légale, seront imprimées en tête de la présente ordonnance pour être publiées et affichées de nouveau.

Art. 2. Devront être réduits immédiatement à 16 centimètres (6 pouces) au plus de saillie, à partir du nu du mur au-dessus de la retraite, les devantures de boutique, ainsi que les montres, étalages, bustes, reliefs, crochets, tableaux, enseignes et attributs fixes ou mobiles qui excèderaient cette saillie, dans les rues de 10 mètres de largeur et au-dessus.

Dans les rues au-dessous de 10 mètres, la saillie desdits objets sera réduite proportionnellement à la largeur de la rue où ils seront établis.

Art. 3. Il est défendu de faire déposer et reposer aucun des objets de la petite voirie excédant la saillie légale, sans déclaration préalable à la préfecture de police. A défaut de déclaration, les saillies reculées seront considérées comme saillies nouvelles, s'il n'y a preuve contraire, et, comme telles, sujettes au droit.

Art. 4. Les contraventions aux dispositions de la présente ordonnance seront constatées par des procès-verbaux ou rapports qui nous seront transmis, pour être pris telle mesure qu'il appartiendra.

CXXX. — Loi *relative aux baux des biens ruraux des communes, hospices et autres établissements publics* (1).

25 mai 1835.

Art. unique. Les communes, hospices et tous autres établissements publics pourront affermer leurs biens ruraux pour dix-huit années, sans autres formalités que celles prescrites pour les baux de neuf années.

(1) TRIPIER, *Codes français*.

CXXXI. = ORDONNANCE *concernant les établissements de* *charcuterie dans la Ville de Paris* (1).

19 décembre 1835.

NOUS, CONSEILLER D'ÉTAT, PRÉFET DE POLICE,

Considérant que, pour prévenir l'altération des vian=
des employées et préparées par les charcutiers, il est
indispensable que les lieux affectés à l'exercice de cette
profession soient suffisamment étendus, ventilés et
entretenus dans un état constant de propreté;

Considérant que les feuilles de plomb dont sont revêtus les saloirs, pressoirs et autres ustensiles à l'usage
des charcutiers, peuvent imprégner les viandes qui se
trouvent en contact avec elles, de sels métalliques dont
l'action délétère n'est pas contestée, et que les vases
de cuivre employés presque généralement par les
charcutiers pour la préparation des viandes, présentent des dangers plus graves encore;

Vu l'avis du Conseil de salubrité;

Vu les lois des 16-24 août 1790 et 2-17 mars 1791;
ensemble l'arrêté du gouvernement du 12 messidor
an VIII (1er juillet 1800);

ORDONNONS ce qui suit:

Art. 1er. A compter de la publication de la présente
ordonnance, aucun établissement de charcutier né
sera autorisé dans la ville de Paris, qu'après qu'il aura
été constaté par les personnes que nous commettrons
à cet effet, que les diverses localités où l'on se propose
de le former, réunissent toutes les conditions de sûreté

(1) PRÉFECTURE DE LA SEINE (DIRECTION DES TRAVAUX DE PARIS).

publique et de salubrité prescrités dans l'intruction ci-
après annexée (1).

Art. 2. Il est défendu de faire usage dans les établissements de charcutiers, de saloirs, pressoirs et autres
ustensiles qui seraient revêtus de feuilles de plomb
ou de tout autre métal. Les saloirs et pressoirs seront
construits en pierre, en bois ou en grès.

Art. 3. L'usage des vases et ustensiles de cuivre,
même étamé, est expressément défendu dans tous
les établissements de charcutiers. Ces vases et ustensiles seront remplacés par des vases en fonte ou en fer
battu.

Art. 4. Il est défendu aux charcutiers de se servir de
vases en poterie vernissée. Ces vases seront remplacés
par des vases en grès ou par toute autre poterie dont
la couverte ne contient pas de substances métalliques.

Art. 5. Il est défendu aux charcutiers d'employer
dans leurs salaisons et préparations de viandes, des
sels de morue, de *varech* et de salpêtriers.

Art. 6. Les charcutiers ne pourront laisser séjourner
les eaux de lavage dans les cuvettes destinées à les recevoir. Ces cuvettes devront être vidées et lavées tous
les jours.

Art. 7. Il est défendu aux charcutiers de verser, avec
les eaux de lavage, qu'ils devront diriger sur l'égout le
plus voisin, des débris de viande ou de toute autre nature. Ces débris seront réunis et jetés chaque jour dans
les tombereaux du nettoiement, au moment de leur
passage.

Art. 8. Les dispositions de l'article 1er ne seront
applicables aux établissements dûment autorisés qui
existent actuellement, que lorsqu'ils seront transférés

(1) Voir plus loin, *note a,* p. 426.

dans d'autres lieux ou lorsqu'ils changeront de titulaires.

Les dispositions des articles 2, 3 et 4 ne seront obligatoires pour ces mêmes établissements que six mois après la publication de la présente ordonnance.

Art. 9. Les contraventions aux dispositions de la présente ordonnance seront constatées par des procès-verbaux ou rapports qui nous seront adressés pour être transmis au tribunal compétent.

Art. 10. La présente ordonnance sera imprimée et affichée.

Le chef de la police municipale, l'architecte-commissaire de la petite voirie, les commissaires de police, l'inspecteur général des halles et marchés, et les préposés de la Préfecture de police, sont chargés, chacun en ce qui le concerne, d'en surveiller l'exécution.

Le conseiller d'État, Préfet de Police,

GISQUET.

INSTRUCTION ANNEXÉE A L'ORDONNANCE

DU 19 DÉCEMBRE 1835 (1).

– *Note a.*

Des boutiques. – Les boutiques affectées à la vente des marchandises fraîches et préparées, devront être appropriées convenablement à cette destination.

L'intervalle entre le sol et le plancher sera au moins de trois mètres:

Le sol sera entièrement revêtu de dalles ou de carreaux, le plancher sera plafonné.

Pour renouveler l'air dans la boutique pendant la nuit, il sera pratiqué immédiatement sous le plafond, du côté de la rue, une ouverture de deux décimètres en carré (environ six pouces en carré); une autre ouverture de même dimension sera pratiquée au bas de la porte d'entrée ou du mur de face; ces deux ouvertures seront grillées.

Des cuisines et laboratoires. – Les cuisines et les laboratoires devront être de dimensions telles que les diverses préparations de charcuterie y puissent être faites avec propreté et salubrité.

Les cuisines et les laboratoires auront au moins trois mètres d'élévation; ils seront plafonnés. Le sol et les parois, jusqu'à là hauteur d'un mètre cinquante centimètres, seront convenablement revêtus de matériaux imperméables, pour faciliter les lavages et prévenir toute adhérence ou infiltration de matières animales.

Les pentes du sol seront réglées de manière que les eaux de lavage puissent s'écouler rapidement jusqu'à l'égout le plus voisin.

Un courant d'air sera établi dans les cuisines et les laboratoires; les uns et les autres devront être suffisamment éclairés par la lumière du jour.

(1) Voir plus haut, p. 423.

Des fourneaux et chaudières. — Les fourneaux et chaudières devront toujours être disposés de telle sorte qu'aucune émanation ne puisse se répandre dans l'établissement ou au dehors.

Les chaudières destinées à la cuisson des grosses pièces de charcuterie et à la fonte des graisses, devront être engagées dans des fourneaux en maçonnerie.

Réservoirs à défaut de puits ou de concession d'eau. — A défaut de puits ou d'une concession d'eau pour le service de l'établissement, il y sera suppléé par un réservoir de la contenance d'un demi-mètre cube, qui devra être rempli tous les jours.

Il ne pourra être établi de *soupentes* dans les boutiques, les cuisines et les laboratoires qui, sous aucun prétexte, ne pourront servir de chambres à coucher.

Des caves et autres lieux destinés aux salaisons. — Les caves destinées aux salaisons devront être d'une dimension proportionnée aux besoins de l'établissement; elles devront être saines et bien aérées, ne point renfermer de pierres d'extraction pour la vidange des fosses d'aisances, ni être traversées par des tuyaux aboutissant à ces mêmes fosses.

Les caves devront avoir au moins deux mètres soixante-sept centimètres d'élévation sous clef; il y sera pratiqué, s'il n'en existe pas, des ouvertures de capacité suffisante pour y entretenir une ventilation continuelle.

Le sol des caves sera convenablement revêtu, pour faciliter les lavages et prévenir toute adhérence ou infiltration de matières animales.

Les pentes du sol des caves seront disposées de manière à faciliter l'écoulement des eaux de lavage dans les cuvettes destinées à les recevoir.

Si, à défaut de caves, le local destiné aux salaisons est situé au rez-de-chaussée, le sol sera disposé de manière à ce que les eaux de lavage puissent être dirigées sur l'égout le plus voisin.

Le Conseiller d'État, préfet de police,
GISQUET.

CXXXII. — ORDONNANCE *de police concernant la rivière de Bièvre* (1).

27 mai 1837.

Nous, conseiller d'État, préfet de police,

Vu le rapport du directeur de la salubrité, en date du 26 courant, dans lequel il expose les inconvénients qui résulteraient, pour la rivière de Bièvre, du rétablissement des ponts, vannes ou grilles qui ont été enlevés à l'occasion du débordement des eaux de cette rivière, dans l'état où ils se trouvaient précédemment, et avant que l'autorité ait fait examiner la possibilité de leur reconstruction ;

Vu l'arrêté du conseil d'État du roi, du 26 février 1732 ;

L'arrêté du gouvernement du 25 vendémiaire an IX (17 octobre 1800),

Et l'ordonnance de police du 19 messidor an IX (8 juillet 1801), approuvée par le ministre de l'intérieur le 12 thermidor (31 juillet) suivant,

Ordonnons ce qui suit :

Art. 1er. Il est défendu aux propriétaires de maisons ou terrains riverains de la Bièvre, de faire ou de rétablir, sur ladite rivière ou sur ses bords, dans la distance de trois mètres trente centimètres, aucune construction de bâtiment, hangar, etc., pont, vanne, barrage, grille ou autre ouvrage pouvant intéresser le cours de l'eau ou obstruer les berges, sans avoir obtenu de nous une nouvelle autorisation.

Art. 2. Toutes constructions ainsi faites ou tous ob-

(1) DELESSERT, *Ordonnances de police*, t. III, n° 1611.

jets ainsi placés seront immédiatement détruits ou enlevés, sans préjudice des poursuites à exercer par-devant les tribunaux compétents.

Art. 3. MM. les maires des communes riveraines de la Bièvre, M. le directeur de la salubrité, chargé de la surveillance de cette rivière, ainsi que les gardes pré-posés à son inspection, sont chargés de veiller exacte-ment à l'exécution des dispositions qui précèdent.

Le conseiller d'État, préfet de police,
G. DELESSERT.

CXXXIII. — ORDONNANCE *de police concernant les travaux exécutés sur la voie publique et dans les propriétés qui en sont riveraines* (1).

29 mai 1837.

Nous, conseiller d'État, préfet de police ;

Considérant que la multiplicité des travaux exécutés sur la voie publique donne lieu à des inconvénients qui excitent des plaintes fondées ;

Que l'ordonnance de police du 8 août 1829 a bien rappelé les principales dispositions des anciens règlements concernant les travaux effectués sur la voie publique, mais que l'expérience de plusieurs années a fait reconnaître qu'il était nécessaire de rendre ces dispositions plus complètes et plus efficaces ;

Vu la loi des 16-24 août 1790,

L'ordonnance de police du 8 août 1829,

Le cahier des charges imposées aux entrepreneurs des travaux du service municipal dans l'intérieur de la ville de Paris ;

En vertu de l'arrêté du gouvernement du 12 messidor an VIII (1er juillet 1800),

Ordonnons ce qui suit :

CHAPITRE Ier. *Travaux sur la voie publique.* — Art. 1er. Aucun entrepreneur ne pourra exécuter des travaux sur la voie publique sans notre autorisation.

On continuera à suivre, pour obtenir cette autorisation, les formalités prescrites par l'ordonnance de police du 8 août 1829.

Nonobstant cette autorisation, on ne pourra com-

(1) G. DELESSERT, *Ordonnances de police*, t. III, n° 1612.

mencer les travaux qu'après en avoir prévenu, vingt-
quatre heures au moins à l'avance, le commissaire de
police du quartier, qui s'entendra avec l'ingénieur
chargé de la direction des travaux, pour donner les
ordres nécessaires relativement à ce qui peut intéresser la liberté de la circulation et de la sûreté publique.

Art. 2. Les entrepreneurs seront tenus de se conformer exactement aux dispositions que l'ingénieur et
le commissaire de police du quartier leur prescriront,
de concert et sur place, pour la limite des fouilles ou
tranchées, le passage réservé aux piétons et aux voitures, s'il y a possibilité, le lieu de dépôt des équipages et des matériaux, les endroits où devront être
établis les bassins à mortier, des passerelles et des
ponts à voitures, l'éclairage pendant la nuit, et pour
toutes les autres mesures de précaution nécessaires à
l'effet de prévenir les encombrements et les accidents.

Section Ire. Travaux d'égouts. — Art. 3. Avant l'ouverture des travaux, les parties de la voie publique
exclusivement réservées pour la circulation seront déterminées sur place, et celles qui seront abandonnées
aux travaux seront enceintes par des barrières en charpente à hauteur d'appui avec courant de lisses.

Art. 4. L'enlèvement des terres sera fait autant que
possible, à mesure des fouilles, de manière qu'il n'en
reste pas sur le bord des tranchées, à la fin de la journée, et que les environs soient débarrassés des terres
qui tomberaient des voitures de transport.

Art. 5. Les matériaux seront, au fur et à mesure de
la décharge qui en sera faite, rangés de manière à ne
point nuire à l'écoulement des eaux pluviales et ménagères.

Il sera placé, au-dessus de tout dépôt, un écriteau peint en noir, sur fond blanc, et indicatif des nom et demeure de l'entrepreneur à qui les matériaux appartiendront.

Art. 6. Sous aucun prétexte, il ne pourra être formé de chantier pour la taille des pierres sur la voie publique.

Le commissaire de police du quartier fera enlever d'office les pierres de taille et pavés qui y auraient été déposés, ainsi que les pierres meulières, bassins à mortier et équipages placés à des endroits autres que ceux désignés à cet effet, ou qui resteraient sur place après l'achèvement des travaux auxquels ils étaient destinés. Les matériaux ainsi enlevés seront portés aux décharges publiques ou à la fourrière.

Section II. Travaux pour établissement de conduites des eaux et du gaz. — Art. 7. La longueur des tranchées ne devra jamais excéder celle qui sera spécialement prescrite par l'arrêté d'autorisation des travaux.

Les tranchées ouvertes sur un seul point de la voie publique seront continuées successivement dans une longueur égale à celle des parties remblayées.

Art. 8. Les terres provenant des fouilles seront retenues avec des plats-bords solidement fixés, de manière qu'elles ne puissent se répandre ni sur les trottoirs, ni sur le pavé réservé pour la circulation des voitures, et que l'écoulement des eaux reste toujours libre.

Section III. Dispositions communes à ces divers travaux. — Art. 9. Il est expressément défendu de rouler des brouettes sur les dallages des trottoirs ou d'y faire passer les roues des voitures et d'y déposer des outils, équipages ou matériaux.

Tous les trottoirs dont l'enlèvement provisoire n'aura pas été autorisé, devront constamment rester libres pour la circulation des piétons.

Art. 10. Dans le cas où il serait indispensable d'interdire momentanément la circulation aux voitures sur certains points de la voie publique, on devra placer à l'entrée des rues aboutissant aux travaux, des poteaux supportant, à la hauteur de trois mètres au moins, une inscription, dont les caractères seront peints en noir sur un fond blanc, et qui sera ainsi conçue : *Rue barrée aux voitures avec permission de l'autorité.* Ces poteaux devront être éclairés le soir au moyen d'une ou plusieurs appliques.

Art. 11. Dans le cas où, en faisant des tranchées, on découvrirait des berceaux de caves, des fosses, des puits ou des égouts abandonnés, on sera tenu de déclarer immédiatement à la préfecture de police l'existence de ces caves, fosses, puits ou égouts, pour nous mettre à portée de les faire visiter ou de prescrire les mesures nécessaires.

Les résidus retirés des fouilles, qui seraient susceptibles de compromettre la salubrité publique, seront enlevés et transportés aux voiries dans des voitures couvertes et qui ne laissent rien répandre sur le sol.

Art. 12. Les monnaies, médailles, armes, objets d'art ou d'antiquité et tous autres effets trouvés dans les fouilles seront remis immédiatement au commissaire de police du quartier qui devra constater cette remise, sans préjudice, s'il y a lieu, des droits attribués par la loi à l'auteur de la découverte.

Les débris humains seront soigneusement recueillis par l'entrepreneur, pour être transportés au lieu de repos, à la diligence du commissaire de police du quartier.

Art. 13. Les ateliers, les dépôts de meulières, de tuyaux de fonte et d'équipages, les bassins à mortier, ainsi que tous les points de la voie publique qui, par suite des ouvrages, pourraient présenter du danger pour la circulation, seront éclairés, pendant la nuit, avec des appliques placées et entretenues aux frais et par les soins de l'entrepreneur, en nombre suffisant qui sera indiqué par le commissaire de police.

Art. 14. L'entrepreneur sera tenu de placer sur les ateliers le nombre de gardiens nécessaires pour veiller, le jour et la nuit, au maintien du bon ordre.

Il fera déposer aux heures prescrites par les règlements, dans les endroits accessibles aux voitures du nettoiement, les ordures ménagères provenant des maisons riveraines des parties barrées de la voie publique.

Art. 15. Chaque année, les travaux ne pourront être entrepris avant le 1er mars. Ils devront être terminés, le pavé rétabli et la voie publique débarrassée de tous décombres et immondices, avant le 15 du mois de novembre.

Art. 16. Le commissaire de police fera combler immédiatement toutes tranchées qui seraient ouvertes sur son quartier, sans notre autorisation préalable.

Sur sa réquisition, le pavé sera rétabli dans les vingt-quatre heures, par l'ingénieur en chef du pavé de Paris, tant sur les tranchées remblayées d'office, aux frais de qui de droit, que sur toute tranchée comblée par suite de l'achèvement de travaux d'égouts ou d'établissement de conduite.

CHAPITRE II. *Travaux dans les propriétés riveraines de la voie publique.* — Art. 17. Toutes les fois que l'autorité le jugera convenable, il sera établi au-devant de la barrière posée au droit des bâtiments en démolition ou en construction, et à la hauteur ordinaire des trottoirs, un plancher en bois solidement assemblé, d'un mètre au moins de largeur, et soutenu par une bordure en charpente solidement fixée, ayant seize centimètres au moins de relief au-dessus du pavé.

Ce plancher devra se raccorder avec les trottoirs adjacents, s'il y en a, ou être prolongé jusqu'au mur de face des maisons voisines. Il sera entretenu en bon état et propre, par l'entrepreneur qui aura obtenu la permission de poser la barrière, et ne sera enlevé qu'avec ladite barrière.

Art. 18. La barrière et le trottoir en bois ne devront jamais gêner le libre écoulement des eaux de la rue.

La barrière sera, à ses extrémités, disposée en pans coupés de 45 degrés.

Art. 19. Aussitôt que les remblais seront achevés, s'il ne s'agit que de démolition, ou que le nouveau bâtiment sera couvert, la barrière sera enlevée.

Art. 20. A moins de circonstances particulières, il ne sera point établi de barrières devant les maisons en réparation.

On sera tenu, pour ces réparations, de faire usage d'échafauds volants ou en bascule, sans points d'appui directs sur la voie publique, et de un mètre vingt-cinq centimètres au plus de saillie sur le mur de face, de telle sorte que la circulation puisse continuer sur le trottoir ou au pied de la maison.

Pour prévenir la chute des matériaux ou autres objets sur la voie publique, le premier plancher au-dessus du rez-de-chaussée sera, pendant toute la durée des travaux, garni de planches jointives et avec rebords.

Si l'échafaud doit avoir plus de deux étages, on sera

tenu de garnir de planches l'étage d'échafaud au-dessous de celui sur lequel les ouvriers travailleront.

Art. 21. Lorsque des circonstances particulières exigeront des points d'appui directs, ces points d'appui
seront des sapines de toute la hauteur de la façade à
réparer, afin d'éviter les entes de boulins les uns sur
les autres.

Art. 22. Lors des démolitions qui pourront faire
craindre des accidents sur la voie publique, indépendamment des ouvriers munis d'une règle, que l'on est
tenu de faire stationner pour avertir et éloigner les
passants, la circulation au pied du bâtiment sera encore défendue par une enceinte de cordes portées sur
poteaux, qui comprendra toute la partie de la voie publique sur laquelle les matériaux pourraient tomber.
Chaque soir, ces cordes et les poteaux seront enlevés
et les trous dans le pavé bouchés avec soin.

Art. 23. Les voitures destinées aux approvisionnements ou à l'enlèvement des terres ou gravois, entre-
ront dans l'intérieur de la propriété, toutes les fois
qu'il y aura possibilité. Dans le cas contraire, elles se
placeront toujours parallèlement à la maison et jamais
en travers de la rue.

Art. 24. Aussitôt le déchargement des voitures sur
la voie publique, des ouvriers en nombre suffisant seront employés à rentrer, sans interruption, les matériaux dans l'enceinte de la barrière ou dans la maison.

Le sciage et la taille des pierres sur la voie publique
sont expressément défendus.

Art. 25. L'entrepreneur de maçonnerie est spécialement tenu de maintenir la propreté de la voie publique, dans toute l'étendue de la façade en réparation
ou en construction, pendant toute la durée des travaux et l'existence de la barrière ou des échafauds.

HAPITRE III. *Dispositions générales.* — Art. 26. Les
co traventions aux dispositions de la présente ordonnance seront constatées par des rapports ou procès-
verbaux qui nous seront transmis pour être déférés aux
tribunaux, et, provisoirement, il sera pourvu d'office,
aux frais de qui il appartiendra, à l'exécution desdites
dispositions prescrites dans l'intérêt de la sûreté de la
circulation.

Art. 27. Toutes les dépenses occasionnées pour l'enlèvement et le transport des matériaux, les remblais,
les pavages provisoires exécutés d'office et les salaires
d'ouvriers, seront constatés par procès-verbal dressé
par le commissaire de police du quartier, et à la charge
de qui de droit.

Art. 28. La présente ordonnance sera imprimée et
affichée.

Les ingénieurs en chef, directeurs de l'assainissement et du pavé de Paris, les commissaires de police,
le chef de la police municipale, l'architecte commissaire de la petite voirie, le directeur de la salubrité,
les officiers de paix et autres préposés de l'administration, sont chargés d'en surveiller et assurer l'exécution.

Elle sera adressée à M. le colonel commandant de la
garde municipale de la ville de Paris, pour le mettre à
même de concourir à son exécution.

Le conseiller d'État, préfet de police,
G. DELESSERT.

CXXXIV. ORDONNANCE *concernant les établissements dangereux, insalubres ou incommodés* (1).

Paris, 30 novembre 1837.

Nous, CONSEILLER D'ÉTAT, PRÉFET DE POLICE,

Vu : 1° Les art. 2 et 23 de l'arrêté du gouvernement du 12 messidor an VIII, et l'art. 1er de celui du 2 brumaire an IX ;

2° Le décret du 15 octobre 1810 et l'ordonnance royale du 14 janvier 1815 ;

3° Les ordonnances royales des 29 juillet 1818, 25 juin et 29 octobre 1823, 20 août 1824, 9 février 1825, 5 novembre 1826, 7 mai et 20 septembre 1828, 23 septembre 1829, 25 mars 1830, 31 mai 1833, 5 juillet 1834, 30 octobre 1836 et 27 janvier 1837, portant classification des diverses industries comprises dans le tableau annexé à la présente ordonnance (2) :

ORDONNONS ce qui suit :

Art 1er. Le décret du 15 octobre 1810 et l'ordonnance royale du 14 janvier 1815 précités seront de nouveau publiés et affichés dans le ressort de notre préfecture.

Art. 2. Toute personne qui voudra établir, dans le ressort de notre préfecture, des manufactures ou ateliers compris dans l'une des trois classes de la nomenclature annexée à la présente ordonnance, devra nous adresser une demande en autorisation, conformément

(1) H. BUNEL, *Établissements insalubres.*

(2) Voir ce tableau tel qu'il a été modifié par le Décret impérial du 31 décembre 1866.

aux art. 3, 7 et 8 du décret du 15 octobre 1810 et à
l'art. 4 de l'ordonnance du 14 janvier 1815 précités.

Art. 3. Aucune demande en autorisation d'éta=
blissements classés ne sera instruite, s'il n'y est joint
un plan en double expédition, dessiné sur une échelle
de cinq millimètres par mètre, et indiquant les détails
de l'exploitation, c'est-à-dire la désignation des
fours, fourneaux, machines ou chaudières à vapeur,
foyers de toute espèce, réservoirs, ateliers, cours, puisards etc., qui devront servir à la fabrique. Ce plan
devra indiquer les tenants et aboutissants aux ateliers.

Lorsque la demande aura pour objet l'autorisation
d'ouvrir un établissement compris dans la première
classe, il devra être produit par le pétitionnaire, indépendamment du plan ci=dessus indiqué, un second
plan, également en double expédition, dressé sur une
échelle de vingt=cinq millimètres pour cent mètres, et
qui donnera l'indication de toutes les habitations situées dans un rayon de huit cents mètres au moins.

Art. 4. Il ne pourra être fait aucun changement
dans un établissement classé et autorisé, sans une au
torisation nouvelle.

Tout établissement dans lequel on aura fait des
changements à l'état des lieux désignés sur le plan
joint à la demande et dans l'autorisation pourra être
fermé.

Art. 5. Tout propriétaire d'établissements classés
qui n'est pas pourvu de l'autorisation exigée par le
décret du 15 octobre 1810 précité devra, dans le délai
d'un mois à compter du jour de la publication de la
présente ordonnance, nous adresser la demande
pour obtenir, s'il y a lieu, la permission qui lui est
nécessaire.

Art. 6. Les sous-préfets des arrondissements de Saint-Denis et de Sceaux, les maires des communes rurales du ressort de la Préfecture de police, le chef de la police municipale, l'architecte-commissaire de la petite voirie, l'ingénieur en chef des mines du département de la Seine, l'inspecteur des établissements classés, et les préposés de la Préfecture de police, sont chargés, chacun en ce qui le concerne, de tenir la main à l'exécution de la présente ordonnance.

Le conseiller d'État, préfet de police,

G. DELESSERT.

CXXXV. — INSTRUCTION *du Préfet de police relative aux établissements dangereux, insalubres ou incommodes*(1).

20 février 1838.

Le décret du 15 octobre 1810, et l'ordonnance royale du 14 janvier 1815, concernant les établissements dangereux, insalubres ou incommodes, ont déterminé les formalités à remplir avant la mise en activité des ateliers et des fabriques qui en font partie ; et il résulte des termes de ces règlements, comme de l'esprit de chacune des dispositions qu'ils contiennent, que les fabriques de cette nature ne peuvent être formées qu'après une autorisation légale obtenue dans la forme prescrite pour chacune des trois classes de la nomenclature qui en a été rédigée.

Établissements qui se forment sans autorisation. — Cependant, Messieurs, on voit tous les jours surgir, dans le ressort de la Préfecture, des fabriques dont l'ouverture n'a pas même été déclarée à l'autorité par ceux qui les exploitent. Bien plus, ces établissements s'agrandissent, et prennent souvent une extension considérable, sans que l'autorité locale en dénonce l'existence à mon administration. Ce sont presque toujours, en pareil cas, les réclamations des propriétaires ou habitants voisins de ces exploitations qui me signalent les nombreux inconvénients ; et c'est lorsque de graves intérêts pécuniers peuvent se trouver compromis par l'interdiction des opérations commencées

(1) SOCIÉTÉ CENTRALE DES ARCHITECTES, *Manuel des lois du bâtiment* (1re édit.).

sans son consentement, que l'Administration est quelquefois obligée de s'opposer au maintien d'une usine qui ne se trouve pas dans les conditions voulues pour qu'on puisse l'autoriser.

Pour arrêter le cours de si graves abus, vous comprendrez combien il est nécessaire de s'opposer à l'installation de tout atelier pour l'exploitation d'une industrie classée, qui serait établi sans l'autorisation voulue par les règlements. L'avis imprimé que vous trouverez ci-joint contient toutes les observations propres à éclairer les industriels sur l'intérêt qu'ils ont à ne pas commencer leur exploitation, ni même les travaux de construction de leur établissement, avant d'avoir obtenu cette permission. Il importe donc que, lors des tournées que vous faites dans vos communes, votre vigilance se porte sur les établissements nouveaux qui pourraient être ainsi formés sans permission ; qu'aussitôt que la formation d'un de ces établissements vous est connue, vous rappeliez à son propriétaire les règlements auxquels il est soumis, en remettant un des exemplaires de l'avis ci-joint, et que vous m'en informiez immédiatement.

Il ne pourra plus ignorer, dès lors, que les dépenses qu'il ferait pour construire sa fabrique et commencer ses travaux d'exploitation peuvent tourner en pure perte, et que les opinions qui sont exprimées en sa présence par les différents délégués chargés de visiter le local dont il a fait choix ne doivent rien faire préjuger sur la décision à intervenir.

Les observations qui précèdent acquièrent plus d'importance encore quand il s'agit d'établissements de nature à compromettre la sûreté publique, tels, par exemple, que les appareils à vapeur, les ateliers d'artificier, les fabriques de poudre fulminante, les usines

à gaz, etc. Les accidents auxquels donneraient lieu ces
établissements feraient nécessairement peser sur vous
une grave responsabilité, puisque vous avez les moyens
de me signaler ceux qui ne sont pas autorisés ou qui
ne sont pas établis conformément aux prescriptions de
l'autorisation.

Lorsque la suppression d'un de ces établissements
ou de tout autre vous paraîtra nécessaire, vous devrez
donc l'ordonner par une sommation, et y apposer
même, au besoin, les scellés, en ayant soin, toutefois,
de me rendre compte immédiatement de cette mesure
et des motifs qui vous auront déterminés à la prendre.

Plans. = En remettant l'avis dont il a été parlé
plus haut, il conviendra de faire observer à MM. les
industriels que la demande en autorisation de leurs
établissements doit être accompagnée d'un plan, en
double expédition, du local choisi par eux, et sur
lequel il est essentiel d'indiquer la place assignée aux
divers appareils dont leurs opérations exigeront l'emploi. Ce plan, dressé sur une échelle de cinq millimètres par mètre, devra, en outre, indiquer les tenants
et aboutissants.

S'il s'agit d'un établissement compris dans la pre=
mière classe, on devra, outre ce plan, m'en adresser
un autre également en double expédition, sur une
échelle de vingt=cinq millimètres pour cent mètres, et
sur lequel l'établissement projeté figurera au centre
d'une circonférence d'environ mille six cents mètres
de diamètre, avec toutes les indications topographiques
que comportera cette vaste superficie de terrain, afin
que l'Administration soit à même de juger la position
du local destiné à servir de siège à l'établissement, par
rapport aux habitations qui l'environnent. Ces détails,

au surplus, tendent à vous mettre à même de donner
à vos administrés des renseignements en harmonie
avec ceux qu'ils pourront se procurer dans mes bureaux
pour produire des plans réguliers.

L'instruction des affaires auxquelles ces plans se
rattachent étant d'ailleurs subordonnée à leur production, il importe de faire observer aux demandeurs
qu'il dépend d'eux de hâter la décision de l'autorité,
en différant, le moins possible, l'envoi des plans qu'ils
doivent fournir.

Enquête. — L'enquête *de commodo et incommodo*, dans
les affaires de ce genre, est l'acte le plus essentiel de
l'instruction. Il importe que nul propriétaire, principal
locataire ou habitant voisin, ne puisse réclamer contre
l'omission de sa déclaration au procès-verbal constatant le résultat de cette enquête. Aussi faut-il que
toutes les déclarations soient suivies des signatures de
leurs auteurs. De plus, ces déclarations doivent être
communiquées par vous aux demandeurs, pour les
mettre à même de répondre aux objections que sou-
lève leur projet d'établissement. Du reste, la nature et
l'importance de l'industrie mise en question vous
feront apprécier quelle devra être l'étendue de vos
informations; mais il ne faut pas perdre de vue que
l'objet de l'acte dont il s'agit est de mettre l'autorité
à portée de connaître, non seulement les inconvénients,
mais encore les avantages que l'on peut attendre de
l'exercice d'une exploitation quelconque; qu'ainsi, les
motifs d'adhésion, comme ceux d'opposition, doivent
être déduits au procès-verbal d'enquête. Dans tous les
cas, il est essentiel que cet acte contienne la descrip-
tion des lieux désignés pour l'exploitation, et l'avis
motivé du fonctionnaire qui le rédige.

Souvent il arrive que la demande comprend plusieurs

établissements classés, lorsque, par exemple, un ou plusieurs appareils à vapeur sont nécessaires pour le service d'une industrie assujettie elle-même à une autorisation. En pareil cas, l'enquête *de commodo et incommodo* doit porter tant sur l'établissement des appareils à vapeur que sur celui de la fabrique à laquelle ils sont destinés. — Je crois utile de faire cette remarque, pour éviter à l'avenir des omissions qui ont souvent nécessité une enquête supplémentaire sur la portion de l'établissement laissée en oubli.

La même remarque s'applique à l'enquête exigée sur les demandes en autorisation d'industries comprises dans la première classe, et qui est toujours indispensable, lors même que les procès-verbaux d'apposition des affiches, que les règlements exigent en pareil cas, contiendraient de nombreuses oppositions. — Un procès-verbal d'apposition d'affiches pendant un mois, à la suite duquel l'autorité locale constate des oppositions et donne un avis motivé, ne peut jamais suppléer le procès-verbal d'information *de commodo et incommodo* prescrit par l'article 2 de l'ordonnance royale du 14 janvier 1815, qui a principalement pour objet de recueillir les observations des plus proches voisins de l'établissement projeté.

Plusieurs d'entre vous ont cru que, pour faire l'enquête, il fallait que les travaux de l'établissement fussent en pleine activité, ou qu'au moins les constructions fussent achevées : c'est admettre que l'établissement peut se former sans une autorisation, ce qui est contraire aux règlements, et, comme je l'ai expliqué plus haut, n'aurait pas moins d'inconvénients, dans certains cas, pour l'exploitant lui-même que pour ses voisins. C'est aux personnes intéressées qu'il importe de s'éclairer sur les inconvénients d'une industrie

avant de faire leur déclaration; rien ne doit donc faire
différer l'enquête, qui doit être commencée aussitôt
que vous avez reçu mes instructions. Il arrive quelquefois qu'ayant été mis régulièrement en demeure de
faire leur déclaration, des voisins laissent passer le
délai que vous avez fixé : vous devez alors vous borner
à constater le fait, et jamais cette circonstance, quelles
que soient les personnes qui la fassent naître, ne doit
vous déterminer à différer de m'envoyer votre procès-
verbal d'enquête, car tout délai, au delà du temps
rigoureusement nécessaire pour l'accomplissement de
cette formalité, porte un préjudice réel aux intérêts du
pétitionnaire, en retardant la décision qu'il attend de
l'autorité appelée à statuer sur son projet d'établissement.

Durée de l'enquête. — En ce qui concerne la durée
des enquêtes, il me paraît à propos d'adopter, autant
que possible, une marche régulière; je désire donc
que les procès-verbaux des enquêtes à faire sur les
établissements de première classe soient toujours
clos, au plus tard, huit jours après l'expiration du mois
pendant lequel les affiches de la demande doivent, aux
termes des règlements, demeurer apposées dans toutes
les communes environnantes. Quant aux établissements
qui font partie de la deuxième et de la troisième classe,
je ne vois rien qui s'oppose à ce que les enquêtes qui les
concernent soient commencées et terminées en quinze
jours au plus, lorsqu'elles s'appliquent à des affaires
d'une certaine importance; car, dans beaucoup de cas,
je ne doute pas qu'il ne vous soit facile de m'adresser
vos procès-verbaux avant l'expiration de la quinzaine.

Surveillance des établissements. — *Exécution des
conditions imposées.* — Un point essentiel, lorsqu'un
établissement est autorisé, c'est la surveillance dont il

doit être l'objet, d'abord pour assurer l'exécution des
conditions imposées, et ensuite, pour empêcher que
l'exploitation ne prenne une extension illicite ou ne
change de nature. Je vous rappelle, à cette occasion,
que les arrêtés d'autorisation doivent être textuelle-
ment notifiés par vous aux impétrants.

Il importe, pour que les prévisions de l'autorité ne
deviennent pas illusoires, que les conditions d'une
autorisation d'établissement classé soient constamment
observées : ce n'est donc qu'en vous transportant dans
les ateliers, fréquemment et à l'improviste, que vous
parviendrez à obtenir les soins désirables pour l'entière
exécution des mesures de précaution et des dispositions qui ont été prescrites ; car, après avoir employé
les voies de la persuasion, vous serez en droit de
constater régulièrement les infractions à l'arrêté d'autorisation, et, suivant les cas, d'user de moyens coërci-
tifs, notamment l'apposition des scellés.

Je sais, Messieurs, qu'une extrême rigueur dans les
formes que je vous indique pourrait avoir des inconvénients ; aussi, je laisse à votre discernement le soin
d'apprécier ce qu'il convient de faire pour détruire les
abus, sans que les intérêts privés puissent élever des
réclamations fondées. Il est des cas, néanmoins, où
une juste sévérité ne doit fléchir devant aucune considération ; c'est lorsque vous reconnaîtrez que la sûreté
publique est compromise. Je pourrais justifier ici, par
de nombreux exemples de ménagements déplacés, les
observations que je crois devoir vous faire relativement à l'exécution des conditions qui s'appliquent à
l'emploi des appareils à vapeur.

Une disposition spéciale des arrêtés pris pour autoriser ces appareils vous recommande de vous opposer
à leur mise en activité jusqu'à ce que les conditions de

sûreté exigées aient été remplies; et, dans ce but,
d'attendre que l'on vous ait représenté un certificat de
M. l'ingénieur en chef des mines constatant leur
entière exécution. Je ne sache pas que cette mesure,
si propre à empêcher les accidents, ait encore été
prise. Au contraire, j'ai la certitude qu'elle est presque
généralement négligée, et que la plupart des machines
et chaudières à vapeur fonctionnent longtemps, non
seulement avant d'être rendues conformes au vœu des
règlements, mais encore avant d'avoir été autorisées.
Je ne puis trop appeler votre attention sur ce point.

J'ajouterai que votre surveillance doit aussi se porter
sur les nouvelles dispositions qu'il vous paraîtrait utile
d'imposer aux établissements qui, bien qu'autorisés et
conformes aux conditions primitivement jugées néces=
saires, seraient une cause d'incommodité pour le
voisinage.

Cessation d'exploitation. — Quant aux établissements
qui cessent d'être exploités, vous devez constater la
suppression des travaux et m'adresser sans délai votre
procès-verbal.

Changement de propriétaires des fabriques. — Les permissions accordées pour la formation des manufactures ou ateliers dangereux, insalubres ou incommodes,
sont valables pour les acquéreurs de ces établissements,
les héritiers et ayants cause des entrepreneurs qui les
ont formés. Ce n'est, en effet, qu'à raison de la conve=
nance du local pour l'exercice de telle ou telle industrie, en quelque sorte, que l'autorisation est accordée
au local.

Ce serait donc sans motif qu'on voudrait exiger, à
la retraite ou à la mort du propriétaire d'un établisse=
ment de ce genre, que son successeur se pourvût personnellement d'une autre permission : il a la faculté

d'exercer librement la même industrie que son prédé=
cesseur, pourvu, toutefois, qu'il satisfasse exactement
aux conditions qui ont pu être imposées à celui-ci;
qu'il ne change pas la nature de ses travaux; qu'il ne
donne pas à ses ateliers une plus grande extension;
qu'il ne les transfère pas dans un autre emplacement,
et que les travaux de l'établissement n'aient pas éprouvé
une interruption de plus de six mois.

Dans ces différents cas, l'établissement ne peut être
remis en activité qu'en vertu d'une nouvelle permission.

CXXXVI. — *Extrait de l'ordonnance de police concernant les puits, puisards, puits d'absorption et égouts à la charge des particuliers* (1).

20 juillet 1838.

Nous, conseiller d'État, préfet de police,

Vu : 1° la loi des 16-24 août 1790, titre XI, article 3, §§ 1er et 5 ;

2° L'article 471 du Code pénal ;

3° Les arrêtés du gouvernement des 12 messidor an VIII (1er juillet 1800) et 3 brumaire an IX (25 octobre 1800) ;

4° L'ordonnance royale du 21 novembre 1814 ;

5° L'ordonnance de police du 8 mars 1815 ;

Considérant qu'il importe, dans l'intérêt de la salubrité publique, du service des incendies et de la sûreté des ouvriers employés au percement, à l'entretien, au curage et à la réparation des puits, de rappeler aux propriétaires et entrepreneurs les obligations imposées par les règlements ;

Considérant que l'expérience a démontré la nécessité de modifier quelques-unes de ces obligations et d'étendre aux puisards, aux puits d'absorption et égouts particuliers, la plupart des dispositions qui s'appliquent aux puits,

Ordonnons ce qui suit :

TITRE II. — *Dispositions spéciales aux puits.* —
Art. 12. Il est défendu de faire écouler dans les ruis-

____

(1) Voir plus haut, p. 327, l'ordonnance de police du 8 mars 1815, et plus loin, p. 453, *note a.* — G. DÉLESSERT, *Ordonnances de police,* t. III, n° 1663.

séaux les eaux infectes extraites des puits ; ces eaux seront portées aux lieux autorisés par l'administration, dans des tonnes de vidanges fermées avec cadenas, ou dans des tonneaux hermétiquement fermés et lutés, tels qu'ils sont adoptés pour les fosses d'aisances.

TITRE III. — *Dispositions spéciales aux puisards.* — Art. 13. Les puisards devront être couverts en maçonnerie et fermés par une cuvette à siphon.

L'ouverture d'extraction des puisards, correspondante à une cheminée de un mètre cinquante centimètres au plus de hauteur, ne pourra avoir moins de un mètre en longueur sur soixante-cinq centimètres de largeur ; lorsque cette ouverture correspondra à une cheminée excédant un mètre cinquante centimètres de hauteur, les dimensions ci-dessus spécifiées seront augmentées de manière que l'une de ces dimensions soit égale aux deux tiers de la hauteur de la cheminée.

La disposition de l'article 12, concernant l'écoulement des eaux, est applicable aux puisards.

TITRE IV. — *Dispositions particulières aux puisards, puits d'absorption et égouts particuliers.* — Art. 14. Aucun puisard, aucun puits d'absorption, ne sera établi sans une permission spéciale, qui sera accordée, s'il y a lieu, à la suite de la déclaration prescrite par l'article 1ᵉʳ (1).

La profondeur du puits d'absorption sera déterminée dans la permission qui sera délivrée, s'il y a lieu.

Toutes les dispositions relatives aux puisards proprement dits seront applicables aux puisards pratiqués au-dessus ou aux approches des puits d'absorption.

1. Voir cet art. 1, ordonn. de police du 8 mars 1815, p. 327.

Art. 15. Il est enjoint aux propriétaires et principaux locataires des maisons où il existe des puisards et des égouts particuliers, de les entretenir dans un état tel qu'ils ne puissent compromettre la sûreté et la salubrité publiques.

Il est expressément défendu de jeter dans les égouts particuliers des boues et immondices solides, des eaux vannes, des matières fécales, et généralement tous corps ou matières pouvant obstruer et infecter lesdits égouts.

ORDONNANCE DE POLICE DU 20 JUILLET 1838

CONCERNANT LES PUITS, ETC. (1).

Note a.

CONSEIL DE SALUBRITÉ. — *Extrait des instructions relatives au curage et à la réparation des puits, puisards et égouts particuliers.*

(D'après G. Delessert.)

§ 2. *Égouts particuliers.* — On ne doit pénétrer dans un égout que lorsqu'une lampe peut y brûler, que la flamme de cette lampe ne diminue pas de volume, et que la clarté ne diminue pas d'intensité d'une manière marquée.

On emploiera, lorsque la lampe ne brûlera pas bien, soit la ventilation forcée à l'aide du feu, soit cette ventilation produite par un tarare, en ayant soin, si l'égout a plusieurs regards, de faire des barrages pour que l'air tiré du dehors passe sur l'ouvrier et entraîne les gaz qui se dégagent par suite du travail auquel il se livre.

Si l'égout est assez long et que les matières accumulées soient en assez grande quantité, il faut opérer le curage de façon que, sans changer de place, les égoutiers puissent se passer les seaux de main en main, et qu'ils ne soient pas forcés de passer dans les boues liquides, ce qui, donnant lieu à de l'agitation, facilite le dégagement des gaz méphitiques.

Il faudra toujours que les ouvriers partent de la partie la plus basse de l'égout, qu'ils attaquent la masse devant eux, prenant la partie supérieure de cette masse, puis la partie inférieure; qu'ils ne montent jamais sur cette masse.

Si l'égout présente quelque danger, il ne faut employer que des hommes en bonne santé, et ne pas permettre à ceux qui seraient affaiblis ou qui relèveraient de maladie de s'occuper de ce travail.

L'entrée de ces égouts devra être interdite à tout ouvrier en état d'ivresse.

(1) Voir plus haut, p. 450.

CXXXVII. — ORDONNANCE *de police relative à la con-*
servation des monuments d'arts et religieux de la capi-
tale (1).

4 août 1838.

Nous, conseiller d'État, préfet de police,

Vu les lettres à nous adressées par M. le garde des
sceaux, ministre de la justice et des cultes, et par M. le
ministre de l'instruction publique ;

Vu : 1° les articles 1er et 34 de l'arrêté des consuls,
du 12 messidor an VIII (1er juillet 1800) ;

2° L'article 257 du Code pénal ;

Considérant que des individus commettent journellement des dégradations aux monuments d'arts et
religieux de la capitale, et notamment aux sculptures
extérieures de la cathédrale, soit par la projection de
corps durs sur ces monuments, soit par des mutila-
tions faites à la main ;

Voulant arriver à la répression de ces actes de van-
dalisme, et en livrer les auteurs aux tribunaux,

Ordonnons ce qui suit :

Art. 1er. Les dispositions de l'article 257 du Code
pénal seront de nouveau imprimées, publiées et
affichées dans Paris, à la suite de la présente ordonnance.

Art. 2. Tout individu qui sera trouvé détruisant ou
dégradant, par malveillance ou par quelque moyen
que ce soit, des monuments de science et d'arts et des
édifices religieux appartenant à l'État ou à la cité, sera

(1) G. DELESSERT, *Ordonnances de police*, t. III, n° 1666.

arrêté sur-le-champ et traduit devant le procureur du roi, pour être livré aux tribunaux compétents.

Art. 3. Les pères et mères, les maîtres, les commettants, les instituteurs et les artisans seront civilement responsables, d'après la loi, des dommages et des condamnations pécuniaires qui seront prononcées par les tribunaux contre tout mineur, élève ou apprenti placés sous leur surveillance, et qui auront été convaincus d'être les auteurs des dégradations spécifiées par l'article précédent.

Art. 4. Les délits prévus par l'article 257 du Code pénal seront constatés par des procès-verbaux et rapports des officiers de police, qui nous seront transmis, pour être déférés aux tribunaux compétents.

Art. 5. Le chef de la police municipale à Paris, les commissaires de police, les officiers de paix et tous agents et préposés à l'administration, sont chargés, chacun en ce qui le concerne, de concourir à l'exécution de la présente ordonnance.

M. le colonel de la garde municipale de la ville de Paris et M. le commandant de la gendarmerie de la Seine, ainsi que tous agents de la force publique, sont requis de leur prêter main-forte.

Art. 6. La présente ordonnance sera adressée à M. le préfet de la Seine et à M. le procureur général près la Cour royale de Paris.

Le conseiller d'État, préfet de police,

G. DELESSERT.

CXXXVIII. — *Extrait de l'Ordonnance de police concer=
nant la navigation des rivières, des canaux et des ports
dans le ressort de la préfecture de police* (1).

25 octobre 1840.

Nous, conseiller d'État, préfet de police,

Vu les anciens règlements sur la police des rivières
et canaux, et notamment :

Vu l'article 40, titre XXVII de l'ordonnance de 1669,
portant « défense de tirer terres, sables et autres matériaux à six toises (onze mètres six cent quatre=vingt=
quatorze millimètres) près des rivières navigables, à
peine de 100 livres d'amende » ;

L'article 41, qui déclare la propriété de tous les
fleuves et rivières portant bateaux, de leur fond, sans
artifices et ouvrages de mains, faire partie du domaine public ;

L'article 42, portant « défense à tous, soit propriétaires ou engagistes, de faire moulins, bâtardeaux,
écluses, gords, pertuis, murs, plants d'arbres, amas de
pierres, de terres et fascines, ni autres édifices ou empêchements nuisibles au cours de l'eau dans les fleuves
et rivières navigables et flottables, et même d'y jeter
aucune immondice, ordure, ou de les amasser sur les
quais et rivages à peine d'amende » ;

L'article 43, par lequel « il est enjoint à ceux qui
ont fait bâtir des moulins, écluses, vannes, gords et
autres édifices, dans l'étendue des fleuves et rivières

(1) G. DELESSERT, *Ordonnances de police*, t. III, n° 1743.

navigables et flottables, sans en avoir obtenu la permission, de les démolir, fauté de quoi il y sera procédé
à leurs frais et dépens » ;

L'article 44, défendant à toutes personnes « de détourner l'eau des rivières navigables et flottables ou
d'en affaiblir et altérer le cours par tranchées, fossés
et canaux, à peine d'être, les contrevenants, poursuivis
comme usurpateurs, et de voir les choses réparées à
leurs dépens » ;

L'article 7, titre XXVIII, qui enjoint « à tous les propriétaires d'héritages aboutissant aux rivières navigables, etc... » (1);

Vu l'article 1er, chapitre Ier de l'ordonnance de 1672,
qui renouvelle la défense portée par l'article 44, titre XXVII de l'ordonnance de 1669, de « détourner
l'eau des ruisseaux et rivières navigables et flottables,
sous les mêmes peines » ;

L'article 2, renouvelant la « défense de tirer terres,
sables et autres matériaux à six toises (onze mètres
six cent quatre-vingt-quatorze millimètres) près du
rivage des rivières navigables, à peine de 100 livres
d'amende » ;

L'article 3, portant : « Seront, tous propriétaires
d'héritages, etc... » (1);

Vu l'article 1er de l'arrêt du conseil d'État, du 24 juin
1777, qui maintient les ordonnances rendues sur
le fait de la navigation, notamment celles de 1669
et 1672, et « défend à toutes personnes de faire moulins, pertuis, vannes, écluses, arches, bouchis, gords
ou pêcheries, ni autres constructions ou autres empêchements sur ou au long des rivières et canaux navi-

(1) Voir plus haut p. 49.
(2) Voir plus haut p. 55.

gables, à peine de 1,000 livres d'amende et de démolition des ouvrages » ;

L'article 2, renouvelant « l'injonction, à tous propriétaires riverains, de livrer vingt-quatre pieds (sept mètres sept cent quatre-vingt-seize millimètres) de largeur pour le halage des bateaux et traits des chevaux, le long des bords des rivières et fleuves navigables, ainsi que sur les îles où il en serait besoin, et la défense de planter arbres ni haies, tirer fossés ou clôtures plus près desdits bords que de trente pieds (neuf mètres sept cent quarante-cinq millimètres), sous peine de 500 livres d'amende et de destruction des plantations, clôtures, etc. » ;

L'article 3, par lequel il est « ordonné à tous riverains, mariniers ou autres de faire enlever les pierres, terres, bois, pieux, débris de bateaux et autres empêchements étant de leur fait ou à leur charge, dans le lit desdites rivières ou sur leurs bords, à peine de 500 livres d'amende » ;

L'article 4, qui « défend sous les mêmes peines, à tous, riverains et autres, de jeter dans le lit desdites rivières et canaux ni sur leurs bords, aucuns immondices, pierres, gravois, bois, pailles ou fumiers, ni rien qui puisse embarrasser et altérer le lit, et d'en affaiblir et changer le cours par tranchées ou autrement, ainsi que d'y planter aucun pieu, d'y mettre rouir du chanvre, enfin d'y tirer des pierres, terres, sables et autres matériaux, plus près des bords que six toises (onze mètres six cent quatre-vingt-quatorze millimètres) » ;

L'article 5, enjoignant aux fermiers des bacs établis sur lesdites rivières « de rendre les bords et chaussées desdits bacs faciles et praticables pour la navigation et les passagers ; de livrer passage aux coches et bateaux

sans leur faire éprouver le moindre retard ou empêchement, à peine d'en demeurer garants et responsables »;

L'article 11, par lequel « tous les ponts, chaussées,
pertuis, digues, hollandages, pieux, balises et autres
ouvrages publics qui sont ou seront construits pour la
sûreté et facilité de la navigation et du halage, sur et le
long des rivières et canaux navigables, sont déclarés
faire partie des ouvrages royaux ».

Vu l'article 2, paragraphe 1er du décret des 22 no-
vembre-1er décembre 1790, relatif aux domaines nationaux, etc., portant : « Les chemins publics, les rues
et places des villes, les fleuves et rivières, etc. » (1);

Vu l'article 7 de la loi du 16 brumaire an V, concernant les bacs et bateaux à établir dans le département
de la Seine;

Vu l'article 538 du Code civil, portant : « Les chemins, routes et rues à la charge de l'État, les fleuves
et rivières navigables ou flottables, les rivages, lais et
relais de la mer, les ports, les havres, les rades et généralement toutes les portions du territoire français,
qui ne sont pas susceptibles d'une propriété privée,
sont considérés comme des dépendances du domaine
public » ;

Vu l'article 29, titre Ier de la loi des 19-22 juillet 1791,
portant : « Sont confirmés provisoirement les règlements qui subsistent touchant la voirie, ainsi que ceux
actuellement existants à l'égard de la construction des
bâtiments, et relatifs à la solidité et sûreté, sans que
de la présente disposition il puisse résulter la conservation des attributions ci-devant faites sur cet objet à
des tribunaux particuliers » (2);

(1) Voir plus haut, p. 206.
(2) Voir plus haut, p. 207.

Vu l'article 1ᵉʳ de l'arrêté du Directoire, du 13 nivôse an V, relatif aux chemins de halage sur les
rivières d'Yonne, Seine, Aube et autres affluents, lequel porte : « Les lois et règlements de police sur le
fait de la navigation et chemins de halage seront exécutés selon leur forme et teneur » ;

Vu l'article 1ᵉʳ du décret du 22 janvier 1808, qui déclare l'article 7, titre XXVIII de l'ordonnance de 1669,
applicable à toutes les rivières navigables de l'empire,
soit que la navigation y fût établie à cette époque, soit
que le gouvernement se soit déterminé depuis ou se
détermine à les rendre navigables ;

Vu l'article 2, section 3 du décret du 22 décembre
1789, relatif à la constitution des assemblées primaires
et des assemblées administratives, lequel charge les
administrateurs de département, sous l'autorité et
l'inspection du roi, de la conservation des propriétés
publiques, de celle des forêts, rivières, chemins, etc.;

Vu l'arrêté du gouvernement du 19 ventôse an VI,
concernant les mesures à prendre pour assurer le libre
cours des rivières et canaux navigables et flottables ;

Vu l'article 4 de la loi du 28 pluviôse an VIII, concernant la division du territoire français et l'administration, portant : « Le conseil de préfecture prononce
sur les difficultés qui pourront s'élever en matière de
grande voirie ».

. . . .

TITRE III. DISPOSITIONS GÉNÉRALES.

Chapitre XVII. Travaux en rivière. — Art. 206. Il
ne pourra être commencé aucun travail public ou
particulier dans le lit des rivières et canaux, ni sur les
ports, quais ou berges sans notre autorisation spéciale.

Défense d'établir des moulins, écluses, bâtardeaux, etc., sans permission. — Art. 207. Il est défendu d'établir des moulins, bâtardeaux, écluses, gords, pertuis, murs, plants d'arbres, amas de pierres, de terre, de fascines ni aucun autre empêchement au cours de l'eau dans les rivières ou canaux, sans y être spécialement autorisé.

Défense de détourner l'eau des rivières et canaux. — Art. 208. Il est défendu de détourner l'eau des rivières et canaux, ou d'en affaiblir et altérer le cours par tranchées ou fossés ou par quelque autre moyen que ce soit.

Défense de rien jeter dans les rivières et dans les canaux. — Art. 209. Il est défendu de jeter dans les rivières et canaux, ou déposer sur leurs bords, des gravois, pierres, bois, immondices, pailles ou fumiers, ainsi que tout autre objet qui pourrait embarrasser les berges ou altérer le lit desdites rivières et canaux, sans autorisation de notre part.

Pierres, bois, pieux, etc., à faire retirer de l'eau. — Art. 210. Il est enjoint à tous riverains, mariniers ou autres de faire enlever les pierres, bois, pieux, débris de bateau et autres empêchements étant de leur fait et à leur charge, dans le lit des rivières et canaux ou sur leurs bords.

Bateaux coulés bas. Balise à placer sur les bateaux en fonds. — Les marchands, les voituriers par eau ou tous autres dont les bateaux couleraient bas, sont tenus, aussitôt après l'événement, de faire placer sur ces bateaux une balise surmontée d'un drapeau rouge.

Ils devront ensuite faire procéder sans le moindre retard au relevage des bateaux et au repêchage des marchandises, des agrès et de tous autres objets qui seraient restés au fond de l'eau.

Espaces à laisser libres aux abords des rivières. — Art. 211. Il est enjoint aux propriétaires d'héritages aboutissants aux rivières navigables de laisser, le long de leurs bords, sept mètres sept cent quatre-vingt-seize millimètres pour trait des chevaux de halage.

Il est défendu de planter des arbres ou des haies, de creuser des fossés ou d'établir des clôtures à une distance moindre de neuf mètres sept cent quarante-cinq millimètres des bords desdites rivières.

CXXXIX. — Loi *sur l'expropriation pour cause d'utilité publique* (1).

3 mai 1841.

TITRE Ier. — DISPOSITIONS PRÉLIMINAIRES.

Art. 1er. L'expropriation pour cause d'utilité publique
s'opère par autorité de justice.

Art. 2. Les tribunaux ne peuvent prononcer l'expropriation qu'autant que l'utilité en a été constatée et
déclarée dans les formes prescrites par la présente loi.
— Ces formes consistent : — 1° Dans la loi ou l'ordonnance royale qui autorise l'exécution des travaux pour
lesquels l'expropriation est requise ; — 2° Dans l'acte
du préfet qui désigne les localités ou territoires sur lesquels les travaux doivent avoir lieu, lorsque cette désignation ne résulte pas de la loi ou de l'ordonnance
royale ; — 3° Dans l'arrêté ultérieur par lequel le préfet
détermine les propriétés particulières auxquelles l'expropriation est applicable. — Cette application ne peut
être faite à aucune propriété particulière qu'après que
les parties intéressées ont été mises en état d'y fournir
leurs contredits, selon les règles exprimées au titre II.

(1) Dans la discussion, il a été reconnu que l'ordonnance
du 18 septembre 1833 (*rapportée plus loin*, p. 485), rendue pour
l'exécution de la loi du 7 juillet 1833, aujourd'hui abrogée,
continuerait à régler le prix des actes faits en vertu de la loi
du 3 mai 1841. — Voir plus loin, *note a*, p. 485, cette ordonnance. — TRIPIER, *Codes français*.

Art. 3. Tous grands travaux publics, routes royales, canaux, chemins de fer, canalisation des rivières, bassins et docks, entrepris par l'État, les départements, les communes, ou par compagnies particulières, avec ou sans péage, avec ou sans subside du Trésor, avec ou sans aliénation du domaine public, ne pourront être exécutés qu'en vertu d'une loi qui ne sera rendue qu'après une enquête administrative. — Une ordonnance royale suffira pour autoriser l'exécution des routes départementales, celles des canaux et chemins de fer d'embranchement de moins de vingt mille mètres de longueur, des ponts et de tous autres travaux de moindre importance. — Cette ordonnance devra également être précédée d'une enquête. — Ces enquêtes auront lieu dans les formes déterminées par un règlement d'administration publique.

TITRE II. — DES MESURES D'ADMINISTRATION RELATIVES A L'EXPROPRIATION.

Art. 4. Les ingénieurs ou autres gens de l'art chargés de l'exécution des travaux lèvent, pour la partie qui s'étend sur chaque commune, le plan parcellaire des terrains ou des édifices dont la cession leur paraît nécessaire.

Art. 5. Le plan desdites propriétés particulières, indicatif des noms de chaque propriétaire, tels qu'ils sont inscrits sur la matrice des rôles, reste déposé, pendant huit jours, à la mairie de la commune où les propriétés sont situées, afin que chacun puisse en prendre connaissance.

Art. 6. Le délai fixé à l'article précédent ne court qu'à dater de l'avertissement, qui est donné collectivement aux parties intéressées, de prendre communication du plan déposé à la mairie. == Cet avertissement est publié à son de trompe ou de caisse dans la commune, et affiché tant à la principale porte de l'église du lieu qu'à celle de la maison commune. == Il est en outre inséré dans l'un des journaux publiés dans l'arrondissement, où, s'il n'en existe aucun, dans l'un des journaux du département.

Art. 7. Le maire certifie ces publications et affiches ; il mentionne sur un procès-verbal qu'il ouvre à cet effet, et que les parties qui comparaissent sont requises de signer, les déclarations et réclamations qui lui ont été faites verbalement, et y annexe celles qui lui sont transmises par écrit.

Art. 8. A l'expiration du délai de huitaine prescrit par l'article 5, une commission, se réunit au chef-lieu de la sous-préfecture. == Cette commission, présidée par le sous-préfet de l'arrondissement, sera composée de quatre membres du conseil général du département ou du conseil de l'arrondissement désignés par le préfet, du maire de la commune où les propriétés sont situées, et de l'un des ingénieurs chargés de l'exécution des travaux. == La commission ne peut délibérer valablement qu'autant que cinq de ses membres au moins sont présents. == Dans le cas où le nombre des membres présents serait de six, et où il y aurait partage d'opinions, la voix du président sera prépondérante. ==Les propriétaires qu'il s'agit d'exproprier ne peuvent être appelés à faire partie de la commission.

Art. 9. La commission reçoit, pendant huit jours, les observations des propriétaires. == Elle les appelle toutes les fois qu'elle le juge convenable. Elle donne son avis. == Ses opérations doivent être terminées dans le délai de dix jours ; après quoi le procès-verbal est adressé immédiatement par le sous-préfet au préfet. == Dans le cas où lesdites opérations n'auraient pas été mises à fin dans le délai ci-dessus, le sous-préfet devra, dans les trois jours, transmettre au préfet son procès-verbal et les documents recueillis.

Art. 10. Si la commission propose quelque changement au tracé indiqué par les ingénieurs, le sous-préfet devra, dans la forme indiquée par l'article 6, en donner immédiatement avis aux propriétaires que ces changements pourront intéresser. Pendant huitaine, à dater de cet avertissement, le procès-verbal et les pièces resteront déposés à la sous-préfecture; les parties intéressées pourront en prendre communication sans déplacement et sans frais, et fournir leurs observations écrites. — Dans les trois jours suivants, le sous-préfet transmettra toutes les pièces à la préfecture.

Art. 11. Sur le vu du procès-verbal et des documents y annexés, le préfet détermine, par un arrêté motivé, les propriétés qui doivent être cédées, et indique l'époque à laquelle il sera nécessaire d'en prendre possession. Toutefois, dans le cas où il résulterait de l'avis de la commission qu'il y aurait lieu de modifier le tracé des travaux ordonnés, le préfet surseoira jusqu'à ce qu'il ait été prononcé par l'administration supérieure. L'administration supérieure pourra, suivant les circonstances, ou statuer définitivement ou ordonner qu'il soit procédé de nouveau à tout ou partie des formalités prescrites par les articles précédents.

Art. 12. Les dispositions des articles 8, 9 et 10 ne sont point applicables au cas où l'expropriation serait demandée par une commune, et dans un intérêt purement communal, non plus qu'aux travaux d'ouverture ou de redressement des chemins vicinaux. — Dans ce cas, le procès-verbal prescrit par l'article 7 est transmis, avec l'avis du conseil municipal, par le maire au

sous-préfet, qui l'adressera au préfet avec ses observations. — Le préfet, en conseil de préfecture, sur le
vu de ce procès-verbal, et sauf l'approbation de l'administration supérieure, prononcera comme il est dit
en l'article précédent.

TITRE III. — DE L'EXPROPRIATION ET DE SES SUITES, QUANT
AUX PRIVILÈGES, HYPOTHÈQUES ET AUTRES DROITS RÉELS.

Art. 13. Si des biens de mineurs, d'interdits, d'ab-
sents, ou autres incapables, sont compris dans les plans
déposés en vertu de l'article 5, ou dans les modifications admises par l'administration supérieure, aux termes de l'article 11 de la présente loi, les tuteurs, ceux
qui ont été envoyés en possession provisoire, et tous
représentants des incapables, peuvent, après autorisation du tribunal donnée sur simple requête, en la
chambre du conseil, le ministère public entendu, consentir amiablement à l'aliénation desdits biens. — Le
tribunal ordonne les mesures de conservation ou de
remploi qu'il juge nécessaires. — Ces dispositions sont
applicables aux immeubles dotaux et aux majorats. —
Les préfets pourront, dans le même cas, aliéner les
biens des départements, s'ils y sont autorisés par délibération du conseil général; les maires ou administrateurs pourront aliéner les biens des communes ou
établissements publics, s'ils y sont autorisés par délibération du conseil municipal ou du conseil d'administration, approuvée par le préfet en conseil de préfecture. — Le ministre des finances peut consentir à
l'aliénation des biens de l'État, ou de ceux qui font
partie de la dotation de la Couronne, sur la proposition
de l'intendant de la liste civile. — A défaut de conventions amiables, soit avec les propriétaires des ter-

rains ou bâtiments dont la cession est reconnue nécessaire, soit avec ceux qui les représentent, le préfet
transmet au procureur du Roi, dans le ressort duquel
les biens sont situés, la loi ou l'ordonnance qui autorise
l'exécution des travaux, et l'arrêté mentionné en l'article 11.

Art. 14. Dans les trois jours, et sur la production
des pièces constatant que les formalités prescrites par
l'article 2 du titre Ier, et par le titre II de la présente
loi, ont été remplies, le procureur du Roi requiert et le
tribunal prononce l'expropriation pour cause d'utilité
publique des terrains ou bâtiments indiqués dans l'arrêté du préfet. — Si, dans l'année de l'arrêté du préfet,
l'administration n'a pas poursuivi l'expropriation, tout
propriétaire dont les terrains sont compris audit arrêté
peut présenter requête au tribunal. Cette requête sera
communiquée par le procureur du Roi au préfet, qui
devra, dans le plus bref délai, envoyer les pièces, et le
tribunal statuera dans les trois jours. — Le même jugement commet un des membres du tribunal pour
remplir les fonctions attribuées par le titre IV, chapitre II, au magistrat directeur du jury chargé de fixer
l'indemnité, et désigne un autre membre pour le remplacer au besoin. — En cas d'absence ou d'empêchement de ces deux magistrats, il sera pourvu à leur
remplacement par une ordonnance sur requête du
président du tribunal civil. — Dans le cas où les propriétaires à exproprier consentiraient à la cession, mais
où il n'y aurait point accord sur le prix, le tribunal
donnera acte du consentement, et désignera le magistrat directeur du jury, sans qu'il soit besoin de
rendre le jugement d'expropriation, ni de s'assurer que
les formalités prescrites par le titre II ont été remplies.

Art. 15. Le jugement est publié et affiché, par extrait, dans la commune de la situation des biens, de la manière indiquée en l'article 6. Il est en outre inséré dans l'un des journaux publiés dans l'arrondissement, ou, s'il n'en existe aucun, dans l'un de ceux du département. — Cet extrait, contenant les noms des propriétaires, les motifs et le dispositif du jugement, leur est notifié au domicile qu'ils auront élu dans l'arrondissement de la situation des biens, par une déclaration faite à la mairie de la commune où les biens sont situés; et, dans le cas où cette élection de domicile n'aurait pas eu lieu, la notification de l'extrait sera faite en double copie au maire et au fermier, locataire, gardien ou régisseur de la propriété. — Toutes les autres notifications prescrites par la présente loi seront faites dans la forme ci-dessus indiquée.

Art. 16. Le jugement sera, immédiatement après l'accomplissement des formalités prescrites par l'article 15 de la présente loi, transcrit au bureau de la conservation des hypothèques de l'arrondissement, conformément à l'article 2181 du Code civil.

Art. 17. Dans la quinzaine de la transcription, les privilèges et les hypothèques conventionnelles, judiciaires ou légales, seront inscrits. — A défaut d'inscription dans ce délai, l'immeuble exproprié sera affranchi de tous privilèges et hypothèques, de quelque nature qu'ils soient, sans préjudice des droits des femmes, mineurs et interdits, sur le montant de l'indemnité, tant qu'elle n'a pas été payée ou que l'ordre n'a pas été réglé définitivement entre les créanciers. — Les créanciers inscrits n'auront, dans aucun cas, la faculté de surenchérir, mais ils pourront exiger que l'indemnité soit fixée conformément au titre IV.

Art. 18. Les actions en résolution, en revendication, et toutes autres actions réelles, ne pourront arrêter l'expropriation ni en empêcher l'effet. Le droit des réclamants sera transporté sur le prix, et l'immeuble en demeurera affranchi.

Art. 19. Les règles posées dans le premier paragraphe de l'article 15 et dans les articles 16, 17 et 18, sont applicables dans le cas de conventions amiables passées entre l'administration et les propriétaires. — Cependant l'administration peut, sauf les droits des tiers, et sans accomplir les formalités ci-dessus tracées, payer le prix des acquisitions dont la valeur ne s'élèverait pas au-dessus de 500 fr. — Le défaut d'accomplissement des formalités de la purge des hypothèques n'empêche pas l'expropriation d'avoir son cours; sauf, pour les parties intéressées, à faire valoir leurs droits ultérieurement, dans les formes déterminées par le titre IV de la présente loi.

Art. 20. Le jugement ne pourra être attaqué que par la voie du recours en cassation, et seulement pour incompétence, excès de pouvoir ou vice de forme du jugement. — Le pourvoi aura lieu, au plus tard, dans les trois jours, à dater de la notification du jugement, par déclaration au greffe du tribunal. Il sera notifié dans la huitaine, soit à la partie, au domicile indiqué par l'article 15, soit au préfet ou au maire, suivant la nature des travaux; le tout à peine de déchéance. — Dans la quinzaine de la notification du pourvoi, les pièces seront adressées à la chambre civile de la Cour de cassation, qui statuera dans le mois suivant. — L'arrêt, s'il est rendu par défaut, à l'expiration de ce délai, ne sera pas susceptible d'opposition.

TÎTRÊ IV. — Du rÈGLÈMĚNT ĎES ÎNĎÈMNÌTÉS.

CHAPITRE I⁰ʳ. *Mesures préparatoires.* — Art. 21. Ďans
la huitaine qui suit la notification prescrite par
l'article 15, le propriétaire est tenu d'appeler et
de faire connaître à l'administration les fermiers,
locataires, ceux qui ont des droits d'usufruit, d'habitation ou d'usage, tels qu'ils sont réglés par le Code
civil, et ceux qui peuvent réclamer des servitudes
résultant des titres mêmes du propriétaire ou d'autres
actes dans lesquels il serait intervenu ; sinon il restera
seul chargé envers eux des indemnités que ces derniers pourront réclamer. — Les autres intéressés seront en demeure de faire valoir leurs droits par l'avertissement énoncé en l'article 6, et tenus de se faire
connaître à l'administration dans le même délai de
huitaine, à défaut de quoi ils seront déchus de tous
droits à l'indemnité.

Art. 22. Les dispositions de la présente loi relatives
aux propriétaires et à leurs créanciers sont applicables
à l'usufruitier et à ses créanciers.

Art. 23. L'administration notifie aux propriétaires et
à tous autres intéressés qui auront été désignés ou qui
seront intervenus dans le délai fixé par l'article 21,
les sommes qu'elle offre pour indemnités. — Ces offres sont, en outre, affichées et publiées conformément à l'article 6 de la présente loi.

Art. 24. Dans la quinzaine suivante, les propriétaires
et autres intéressés sont tenus de déclarer leur acceptation, ou, s'ils n'acceptent pas les offres qui leur
sont faites, d'indiquer le montant de leurs prétentions.

Art. 25. Les femmes mariées sous le régime dotal,

assistées de leurs maris, les tuteurs, ceux qui ont été envoyés en possession provisoire des biens d'un absent, et autres personnes qui représentent les incapables, peuvent valablement accepter les offres énoncées en l'article 23, s'ils y sont autorisés dans les formes prescrites par l'article 13.

Art. 26. Le ministre des finances, les préfets, maires ou administrateurs, peuvent accepter les offres d'indemnité pour expropriation des biens appartenant à l'État, à la Couronne, aux départements, communes ou établissements publics, dans les formes et avec les autorisations prescrites par l'article 13.

Art. 27. Le délai de quinzaine, fixé par l'article 24, sera d'un mois dans les cas prévus par les articles 25 et 26.

Art. 28. Si les offres de l'administration ne sont pas acceptées dans les délais prescrits par les articles 24 et 27, l'administration citera devant le jury, qui sera convoqué à cet effet, les propriétaires et tous les autres intéressés qui auront été désignés, ou qui seront intervenus, pour qu'il soit procédé au règlement des indemnités de la manière indiquée au chapitre suivant. La citation contiendra l'énonciation des offres qui auront été refusées.

CHAP. II. — *Du jury spécial chargé de régler les indemnités.* — Art. 29. Dans sa session annuelle, le conseil général du département désigne, pour chaque arrondissement de sous-préfecture, tant sur la liste des électeurs que sur la seconde partie de la liste du jury, trente-six personnes au moins, et soixante-douze au plus, qui ont leur domicile réel dans l'arrondissement, parmi lesquelles sont choisis, jusqu'à la session suivante ordinaire du conseil général, les mem-

bres du jury spécial appelé, le cas échéant, à régler
les indemnités dues par suite d'expropriation pour
cause d'utilité publique. — Le nombre des jurés désignés pour le département de la Seine sera de 600.

Art. 30. Toutes les fois qu'il y a lieu de recourir à un
jury spécial, la première chambre de la Cour royale,
dans les départements qui sont le siège d'une cour
royale, et, dans les autres départements, la première
chambre du tribunal du chef-lieu judiciaire, choisit en
la chambre du conseil, sur la liste dressée en vertu de
l'article précédent pour l'arrondissement dans lequel
ont lieu les expropriations, seize personnes qui forme-
ront le jury spécial chargé de fixer définitivement le
montant de l'indemnité, et, en outre, quatre jurés supplémentaires; pendant les vacances, ce choix est déféré à la chambre de la Cour ou du tribunal chargée
du service des vacations. En cas d'abstention ou de
récusation des membres du tribunal, le choix du jury
est déféré à la Cour royale. — Ne peuvent être choisis.
— 1° Les propriétaires, fermiers, locataires des terrains
et bâtiments désignés en l'arrêté du préfet pris en vertu
de l'article 11, et qui restent à acquérir; — 2° Les
créanciers ayant inscription sur lesdits immeubles; —
3° Tous autres intéressés désignés ou intervenants en
vertu des articles 21 et 22. — Les septuagénaires seront dispensés, s'ils le requièrent, des fonctions de
juré.

Art. 31. La liste des seize jurés et des quatre jurés
supplémentaires est transmise par le préfet au sous-
préfet, qui, après s'être concerté avec le magistrat directeur du jury, convoque les jurés et les parties, en
leur indiquant, au moins huit jours à l'avance, le lieu
et le jour de la réunion. La notification aux parties leur
fait connaître les noms des jurés.

Art. 32. Tout juré qui, sans motifs légitimes, manque à l'une des séances ou refuse de prendre part à la délibération, encourt une amende de 100 francs au moins et de 300 francs au plus. — L'amende est prononcée par le magistrat directeur du jury. — Il statue en dernier ressort sur l'opposition qui serait formée par le juré condamné. — Il prononce également sur les causes d'empêchement que les jurés proposent, ainsi que sur les exclusions ou incompatibilités dont les causes ne seraient survenues ou n'auraient été connues que postérieurement à la désignation faite en vertu de l'article 30.

Art. 33. Ceux des jurés qui se trouvent rayés de la liste par suite des empêchements, exclusions ou incompatibilités prévus à l'article précédent, sont immédiatement remplacés par les jurés supplémentaires, que le magistrat directeur du jury appelle dans l'ordre de leur inscription. — En cas d'insuffisance, le magistrat directeur du jury choisit, sur la liste dressée en vertu de l'article 29, les personnes nécessaires pour compléter le nombre des seize jurés.

Art. 34. Le magistrat directeur du jury est assisté, auprès du jury spécial, du greffier ou commis-greffier du tribunal, qui appelle successivement les causes sur lesquelles le jury doit statuer, et tient procès-verbal des opérations. — Lors de l'appel, l'administration a le droit d'exercer deux récusations péremptoires ; la partie adverse a le même droit. — Dans le cas où plusieurs intéressés figurent dans la même affaire, ils s'entendent pour l'exercice du droit de récusation, si non le sort désigne ceux qui doivent en user. — Si le droit de récusation n'est point exercé, ou s'il ne l'est que partiellement, le magistrat directeur du jury procède à la réduction des jurés au nombre de douze, en retranchant les derniers noms inscrits sur la liste.

Art 35. Le jury spécial n'est constitué que lorsque les douze jurés sont présents. — Les jurés ne peuvent délibérer valablement qu'au nombre de neuf au moins.

Art. 36. Lorsque le jury est constitué, chaque juré prête serment de remplir ses fonctions avec impartialité.

Art. 37. Le magistrat directeur met sous les yeux du jury. — 1° Le tableau des offres et demandes notifiées en exécution des articles 23 et 24; — 2° Les plans parcellaires et les titres ou autres documents produits par les parties à l'appui de leurs offres et demandes. — Les parties ou leurs fondés de pouvoir peuvent présenter sommairement leurs observations. — Le jury pourra entendre toutes les personnes qu'il croira pouvoir l'éclairer. — Il pourra également se transporter sur les lieux, ou déléguer à cet effet un ou plusieurs de ses membres. — La discussion est publique, elle peut être continuée à une autre séance.

Art. 38. La clôture de l'instruction est prononcée par le magistrat directeur du jury. — Les jurés se retirent immédiatement dans leur chambre pour délibérer, sans désemparer, sous la présidence de l'un d'eux, qu'ils désignent à l'instant même. — La décision du jury fixe le montant de l'indemnité; elle est prise à la majorité des voix. — En cas de partage, la voix du président du jury est prépondérante.

Art. 39. Le jury prononce des indemnités distinctes en faveur des parties qui les réclament à des titres différents, comme propriétaires, fermiers, locataires, usagers et autres intéressés dont il est parlé à l'article 21. — Dans le cas d'usufruit, une seule indem-

nité est fixée par le jury, eu égard à la valeur totale de
l'immeuble ; le nu propriétaire et l'usufruitier exercent
leurs droits sur le montant de l'indemnité au lieu de
l'exercer sur la chose. — L'usufruitier sera tenu de
donner caution ; les père et mère ayant l'usufruit légal
des biens de leurs enfants en seront seuls dispensés.
— Lorsqu'il y a litige sur le fond du droit ou sur la
qualité des réclamants, et toutes les fois qu'il s'élève
des difficultés étrangères à la fixation du montant de
l'indemnité, le jury règle l'indemnité indépendamment
de ces litiges et difficultés, sur lesquels les parties sont
renvoyées à se pourvoir devant qui de droit. — L'indemnité allouée par le jury ne peut, en aucun cas, être
inférieure aux offres de l'administration, ni supérieure
à la demande de la partie intéressée.

Art. 40. Si l'indemnité réglée par le jury ne dépasse
pas l'offre de l'administration, les parties qui l'auront
refusée seront condamnées aux dépens. — Si l'indemnité est égale à la demande des parties, l'administration sera condamnée aux dépens. — Si l'indemnité est
à la fois supérieure à l'offre de l'administration, et
inférieure à la demande des parties, les dépens seront
compensés de manière à être supportés par les parties
de l'administration, dans les proportions de leur offre
ou de leur demande avec la décision du jury. — Tout
indemnitaire qui ne se trouvera pas dans le cas des
articles 25 et 26 sera condamné aux dépens, quelle que
soit l'estimation ultérieure du jury, s'il a omis de se
conformer aux dispositions de l'article 24.

Art. 41. La décision du jury, signée des membres
qui y ont concouru, est remise par le président au magistrat directeur, qui la déclare exécutoire, statue sur
les dépens, et envoie l'administration en possession de
la propriété, à la charge par elle de se conformer aux

dispositions des articles 53, 54 et suivants. — Ce magistrat taxe les dépens, dont le tarif est déterminé par un règlement d'administration publique. — La taxe ne comprendra que les actes faits postérieurement à l'offre de l'administration ; les frais des actes antérieurs demeurent, dans tous les cas, à la charge de l'administration.

Art. 42. La décision du jury et l'ordonnance du magistrat directeur ne peuvent être attaquées que par la voie du recours en cassation, et seulement pour violation du premier paragraphe de l'article 30, de l'article 31, des deuxième et quatrième paragraphes de l'article 34, et des articles 35, 36, 37, 38, 39 et 40. — Le délai sera de quinze jours pour ce recours, qui sera d'ailleurs formé, notifié et jugé comme il est dit en l'article 20 ; il courra à partir du jour de la décision.

Art. 43. Lorsqu'une décision du jury aura été cassée, l'affaire sera renvoyée devant un nouveau jury, choisi dans le même arrondissement. — Néanmoins la Cour de cassation pourra, suivant les circonstances, renvoyer l'appréciation de l'indemnité à un jury choisi dans un des arrondissements voisins, quand même il appartiendrait à un autre département. — Il sera procédé, à cet effet, conformément à l'article 30.

Art. 44. Le jury ne connaît que des affaires dont il a été saisi au moment de sa convocation, et statue successivement et sans interruption sur chacune de ces affaires. Il ne peut se séparer qu'après avoir réglé toutes les indemnités dont la fixation lui a été ainsi déférée.

Art. 45. Les opérations commencées par un jury, et qui ne sont pas encore terminées au moment du renouvellement annuel de la liste générale mentionnée en l'article 29, sont continuées, jusqu'à conclusion définitive, par le même jury.

Art. 46. Après la clôture des opérations du jury, les minutes de ses décisions et les autres pièces qui se rattachent auxdites opérations sont déposées au greffe du tribunal civil de l'arrondissement.

Art. 47. Les noms des jurés qui auront fait le service d'une session ne pourront être portés sur le tableau dressé par le conseil général pour l'année suivante.

CHAP. III. — *Des règles à suivre pour la fixation des indemnités.* — Art. 48. Le jury est juge de la sincérité des titres et de l'effet des actes qui seraient de nature à modifier l'évaluation de l'indemnité.

Art. 49. Dans le cas où l'administration contesterait au détenteur exproprié le droit à une indemnité, le jury, sans s'arrêter à la contestation, dont il renvoie le jugement devant qui de droit, fixe l'indemnité comme si elle était due, et le magistrat directeur du jury en ordonne la consignation, pour, ladite indemnité, rester déposée jusqu'à ce que les parties se soient entendues ou que le litige soit vidé.

Art. 50. Les bâtiments dont il est nécessaire d'acquérir une portion pour cause d'utilité publique seront achetés en entier, si les propriétaires le requièrent, par une déclaration formelle adressée au magistrat directeur du jury, dans les détails énoncés aux articles 24 et 27. — Il en sera de même de toute parcelle de terrain qui, par suite du morcellement, se trouvera réduite au quart de la contenance totale, si toutefois le propriétaire ne possède aucun terrain immédiatement contigu, et si la parcelle ainsi réduite est inférieure à dix ares.

Art. 51. Si l'exécution des travaux doit procurer une

augmentation de valeur immédiate et spéciale au restant de la propriété, cette augmentation sera prise en considération dans l'évaluation du montant de l'indemnité.

Art. 52. Les constructions, plantations et améliorations ne donneront lieu à aucune indemnité, lorsque, à raison de l'époque où elles auront été faites ou de toutes autres circonstances dont l'appréciation lui est abandonnée, le jury acquiert la conviction qu'elles ont été faites dans la vue d'obtenir une indemnité plus élevée.

TITRE V. — DU PAIEMENT DES INDEMNITÉS.

Art. 53. Les indemnités réglées par le jury seront, préalablement à la prise de possession, acquittées entre les mains des ayants droit. — S'ils se refusent à les recevoir, la prise de possession aura lieu après offres réelles et consignation. — S'il s'agit de travaux exécutés par l'État ou les départements, les offres réelles pourront s'effectuer au moyen d'un mandat égal au montant de l'indemnité réglée par le jury : ce mandat délivré par l'ordonnateur compétent, visé par le payeur, sera payable sur la caisse publique qui s'y trouvera désignée. — Si les ayants droit refusent de recevoir le mandat, la prise de possession aura lieu après consignation en espèces.

Art. 54. Il ne sera pas fait d'offres réelles toutes les fois qu'il existera des inscriptions sur l'immeuble exproprié ou d'autres obstacles au versement des deniers entre les mains des ayants droit; dans ce cas, il suffira que les sommes dues par l'administration soient consignées, pour être ultérieurement distribuées ou remises, selon les règles du droit commun.

Art. 55. Si, dans les six mois du jugement d'expropriation, l'administration ne poursuit pas la fixation de l'indemnité, les parties pourront exiger qu'il soit procédé à ladite fixation. — Quand l'indemnité aura été réglée, si elle n'est ni acquittée ni consignée dans les six mois de la décision du jury, les intérêts courront de plein droit à l'expiration de ce délai.

TITRE VI. — DISPOSITIONS DIVERSES.

Art. 56. Les contrats de vente, quittances et autres actes relatifs à l'acquisition des terrains, peuvent être passés dans la forme des actes administratifs ; la minute restera déposée au secrétariat de la préfecture : expédition en sera transmise à l'administration des domaines.

Art. 57. Les significations et notifications mentionnées en la présente loi sont faites à la diligence du préfet du département de la situation des biens. — Elles peuvent être faites tant par huissier que par tout agent de l'administration dont les procès-verbaux font foi en justice.

Art. 58. Les plans, procès-verbaux, certificats, significations, jugements, contrats, quittances et autres actes faits en vertu de la présente loi, seront visés pour timbre et enregistrés gratis, lorsqu'il y aura lieu à la formalité de l'enregistrement. — Il ne sera perçu aucuns droits pour la transcription des actes au bureau des hypothèques. — Les droits perçus sur les acquisitions amiables faites antérieurement aux arrêtés du préfet seront restitués, lorsque, dans le délai de deux ans, à partir de la perception, il sera justifié que les immeubles acquis sont compris dans ces arrêtés. La restitution des droits ne pourra s'appliquer qu'à la

portion des immeubles qui aura été reconnue nécessaire à l'exécution des travaux.

Art. 59. Lorsqu'un propriétaire aura accepté les offres de l'administration, le montant de l'indemnité
devra, s'il l'exige et s'il n'y a pas eu contestation de la
part des tiers dans les délais prescrits par les articles 24 et 27, être versé à la caisse des dépôts et con-
signations, pour être remis ou distribué à qui de droit,
selon les règles du droit commun.

Art. 60. Si les terrains acquis pour des travaux d'u-
tilité publique ne reçoivent pas cette destination, les
anciens propriétaires ou leurs ayants droit peuvent en
demander la remise. — Le prix des terrains rétrocédés
est fixé à l'amiable, et s'il n'y a pas accord, par le jury,
dans les formes ci-dessus prescrites. La fixation par le
jury ne peut, en aucun cas, excéder la somme moyennant laquelle les terrains ont été acquis.

Art. 61. Un avis, publié de la manière indiquée en
l'article 6, fait connaître les terrains que l'administration est dans le cas de revendre. Dans les trois mois de
cette publication, les anciens propriétaires qui veulent
réacquérir la propriété desdits terrains sont tenus de
le déclarer; et, dans le mois de la fixation du prix, soit
amiable, soit judiciaire, ils doivent passer le contrat
de rachat et payer le prix : le tout à peine de déchéance du privilège que leur accorde l'article précédent.

Art. 62. Les dispositions des articles 60 et 61 ne sont
pas applicables aux terrains qui auront été acquis sur
la réquisition du propriétaire, en vertu de l'article 50,
et qui resteraient disponibles après l'exécution des
travaux.

Art. 63. Les concessionnaires des travaux publics
exerceront tous les droits conférés à l'administration,

et seront soumis à toutes les obligations qui lui sont imposées par la présente loi.

Art. 64. Les contributions de la portion d'immeuble qu'un propriétaire aura cédée, ou dont il aura été exproprié pour cause d'utilité publique, continueront à lui être comptées pendant un an, à partir de la remise de la propriété, pour former son cens électoral.

TITRE VII. — DISPOSITIONS EXCEPTIONNELLES.

CHAP. I. — Art. 65. Lorsqu'il y aura urgence de prendre possession des terrains non bâtis qui seront soumis à l'expropriation, l'urgence sera spécialement déclarée par une ordonnance royale.

Art. 66. En ce cas, après le jugement d'expropriation, l'ordonnance qui déclare l'urgence et le jugement seront notifiés, conformément à l'article 15, aux propriétaires et aux détenteurs, avec assignation devant le tribunal civil. L'assignation sera donnée à trois jours au moins ; elle énoncera la somme offerte par l'administration.

Art. 67. Au jour fixé, le propriétaire et les détenteurs seront tenus de déclarer la somme dont ils demandent la consignation avant l'envoi en possession. — Faute par eux de comparaître, il sera procédé en leur absence.

Art. 68. Le Tribunal fixe le montant de la somme à consigner. — Le Tribunal peut se transporter sur les lieux, ou commettre un juge pour visiter les terrains, recueillir tous les renseignements propres à en déterminer la valeur, et en dresser, s'il y a lieu, un procès-verbal descriptif. Cette opération devra être terminée dans les cinq jours, à dater du jugement qui l'aura ordonnée. — Dans les trois jours de la remise de ce procès-verbal au greffe, le tribunal déterminera la somme à consigner.

Art. 69. La consignation doit comprendre, outre le principal, la somme nécessaire pour assurer pendant deux ans le payement des intérêts à 5 p. 100.

Art. 70. Sur le vu du procès-verbal de consignation, et sur une nouvelle assignation à deux jours de délai au moins, le président ordonne la prise de possession.

Art. 71. Le jugement du Tribunal et l'ordonnance du président sont exécutoires sur minute et ne peuvent être attaqués par opposition ni par appel.

Art. 72. Le président taxera les dépens, qui seront supportés par l'administration.

Art. 73. Après la prise de possession, il sera, à la poursuite de la partie la plus diligente, procédé à la fixation définitive de l'indemnité, en exécution du titre IV de la présente loi.

Art. 74. Si cette fixation est supérieure à la somme qui a été déterminée par le Tribunal, le supplément doit être consigné dans la quinzaine de la notification de la décision du jury, et, à défaut, le propriétaire peut s'opposer à la continuation des travaux.

Chap. II. — Art. 75. Les formalités prescrites par les titres I et II de la présente loi ne sont applicables ni aux travaux militaires ni aux travaux de la marine royale. — Pour ces travaux, une ordonnance royale détermine les terrains qui sont soumis à l'expropriation.

Art. 76. L'expropriation ou l'occupation temporaire, en cas d'urgence, des propriétés privées qui seront jugées nécessaires pour des travaux de fortification, continueront d'avoir lieu conformément aux dispositions prescrites par la loi du 30 mars 1831. — Toutefois, lorsque les propriétaires ou autres intéressés n'auront pas accepté les offres de l'administration, le règlement définitif des indemnités aura lieu conformément aux dispositions du titre IV ci-dessus. — Seront également applicables aux expropriations poursuivies en vertu de la loi du 30 mars 1831, les articles 16, 17, 18, 19 et 20, ainsi que le titre VI de la présente loi.

Art. 77. Les lois des 8 mars 1810 et 7 juillet 1833 sont abrogées.

LOI SUR L'EXPROPRIATION DU 3 MAI 1841 (1)

Note a.

ORDONNANCE *contenant le tarif des frais et dépens pour tous les actes qui seront faits en vertu de la loi du 7 juillet 1833, sur l'expropriation pour cause d'utilité publique* (2).

18 septembre 1833.

CHAP. I. — DES HUISSIERS. — Art. 1er. Il sera alloué à tous huissiers un franc pour l'original :

1° De la notification de l'extrait du jugement d'expropriation aux personnes désignées dans les articles 15 et 22 de la loi du 7 juillet 1833 ;

2° De la signification de l'arrêt de la Cour de cassation (art. 20 et 42 de ladite loi) ;

3° De la dénonciation de l'extrait du jugement d'expropria tion aux ayants droit mentionnés aux articles 21 et 22 ;

4° De la notification de l'arrêté du préfet qui fixe la somme offerte pour indemnités *(art. 23)* ;

5° De l'acte contenant acceptation des offres faites par l'administration, avec signification, s'il y a lieu, des autorisations requises (art. 24, 25 et 26) ;

6° De l'acte portant convocation des jurés et des parties, avec notification aux parties d'une expédition de l'arrêt par lequel la cour royale a formé la liste du jury (art. 31 et 33) ;

7° De la notification au juré défaillant de l'ordonnance du directeur du jury, qui l'a condamné à l'amende (art. 32) ;

8° De la notification de la décision du jury, revêtue de l'ordonnance d'exécution *(art. 41)* ;

9° De la sommation d'assister à la consignation, dans le cas où il n'y aura pas eu d'offres réelles (art. 54) ;

10° De la sommation au préfet pour qu'il soit procédé à la fixation de l'indemnité (art. 55) ;

(1) Voir plus haut, p. 463.
(2) TRIPIER, *Codes français.*

11° De l'acte contenant réquisition par le propriétaire de la consignation des sommes offertes, dans le cas où cette réquisition n'a pas été faite par l'acte même d'acceptation (art. 59);

12° Et généralement de tous actes simples auxquels pourra donner lieu l'expropriation.

Art. 2. Il sera alloué à tous huissiers un franc cinquante centimes pour l'original :

1° De la notification du pourvoi en cassation formé, soit contre le jugement d'expropriation, soit contre la décision du jury (art 20 et 42);

2° De la dénonciation, faite au directeur du jury par le propriétaire ou l'usufruitier, des noms et qualités des ayants droit mentionnés au § 1er de l'article 21 de la loi précitée (art. 21 et 22);

3° De l'acte par lequel les parties intéressées font connaître leurs réclamations (art. 18, 21, 39, 52 et 54);

4° De l'acte d'acceptation des offres de l'administration, avec réquisition de consignation (art. 24 et 59);

5° De l'acte par lequel la partie qui refuse les offres de l'administration indique le montant de ses prétentions (art. 17, 24, 28 et 53);

6° De l'opposition formée par un juré à l'ordonnance du magistrat directeur du jury, qui l'a condamné à l'amende (art. 32);

7° De la réquisition du propriétaire tendant à l'acquisition de la totalité de son immeuble (art. 50);

8° De la demande à fin de rétrocession des terrains non employés à des travaux d'utilité publique (art 60 et 61);

9° De la demande tendant à ce que l'indemnité d'une expropriation déjà commencée soit réglée conformément à la loi du 7 juillet 1833 (art. 68);

10° Enfin, de tous actes qui, par leur nature, pourront être assimilés à ceux dont l'énumération précède.

Art. 3. Il sera alloué à tous huissiers pour l'original :

1° Du procès-verbal d'offres réelles, contenant le refus ou l'acceptation des ayants droit et sommation d'assister à la consignation (art. 53) . . . . 2 fr. 25 c.

2° Du procès-verbal de consignation, soit qu'il y ait eu ou non offres réelles (art. 49, 53 et 54). . . . . 4 fr. 00 c.

Art. 4. Il sera alloué pour chaque copie des exploits ci dessus le quart de la somme fixée pour l'original.

Art. 5. Lorsque les copies de pièces dont la notification a lieu en vertu de la loi seront certifiées par l'huissier, il lui sera payé trente centimes par chaque rôle, évalué à raison de vingt-huit lignes à la page, et quatorze à seize syllabes à la ligne (art. 57).

Art. 6. Les copies des pièces déposées dans les archives de l'administration qui seront réclamées par les parties dans leur intérêt pour l'exécution de la loi, et qui seront certifiées par les agents de l'administration, seront payées à l'administration sur le même taux que les copies certifiées par les huissiers.

Art. 7. Il sera alloué à tous huissiers cinquante centimes pour visa de leurs actes, dans le cas où cette formalité est prescrite. = Ce droit sera double, si le refus du fonctionnaire qui doit donner le visa oblige l'huissier à se transporter auprès d'un autre fonctionnaire.

Art. 8. Les huissiers ne pourront rien réclamer pour le papier des actes par eux notifiés, ni pour l'avoir fait viser pour timbre. = Ils emploieront du papier d'une dimension égale, au moins, à celle des feuilles assujetties au timbre de soixante-dix centimes.

CHAP. II. = DES GREFFIERS. = Art. 9. Tous extraits ou expéditions délivrés par les greffiers en matière d'expropriation pour cause d'utilité publique, seront portés sur papier d'une dimension égale à celle des feuilles assujetties au timbre de un franc vingt-cinq centimes. = Ils contiendront vingt-huit lignes à la page, et quatorze à seize syllabes à la ligne.

Art. 10. Il sera alloué aux greffiers quarante centimes pour chaque rôle d'expédition ou d'extrait.

Art. 11. Il sera alloué aux greffiers, pour la rédaction du procès-verbal des opérations du jury spécial, cinq francs pour chaque affaire terminée par décision du jury rendue exécutoire. = Néanmoins cette allocation ne pourra jamais excéder quinze francs par jour, quel que soit le nombre des affaires; et, dans ce cas, ladite somme de quinze francs sera répartie également entre chacune des affaires terminées le même jour.

Art. 12. L'état des dépens sera rédigé par le greffier. — Celle des parties qui requerra la taxe devra, dans les trois jours qui suivront la décision du jury, remettre au greffier toutes les pièces justificatives. = Le greffier paraphera chaque pièce admise en taxe, avant de la remettre à la partie.

Art. 13. Il sera alloué au greffier dix centimes pour chaque article de l'état des dépens, y compris le paraphe des pièces.

Art. 14. L'ordonnance d'exécution du magistrat directeur du jury indiquera la somme des dépens taxés et la proportion dans laquelle chaque partie devra les supporter.

Art. 15. Au moyen des droits ci-dessus accordés aux greffiers, il ne leur sera alloué aucune autre rétribution à aucun titre, sauf les droits de transport dont il sera parlé ci-après; et ils demeureront chargés :

1° Du traitement des commis greffiers, s'il était besoin d'en établir pour le service des assises spéciales;

2° De toutes les fournitures de bureau nécessaires pour la tenue de ces assises;

3° De la fourniture du papier des expéditions ou extraits, qu'ils devront aussi faire viser pour timbre:

CHAP. III. — DES INDEMNITÉS DE TRANSPORT. — Art. 16. Lors que les assises spéciales se tiendront ailleurs que dans la ville où siège le tribunal, le magistrat directeur du jury aura droit à une indemnité fixée de la manière suivante : — S'il se transporte à plus de cinq kilomètres de sa résidence, il recevra pour tous frais de voyage, de nourriture et de séjour, une indemnité de neuf francs par jour; — S'il se transporte à plus de deux myriamètres, l'indemnité sera de douze francs par jour.

Art. 17. Dans le même cas, le greffier ou son commis assermenté recevra six ou huit francs par jour, suivant que le voyage sera de plus de cinq kilomètres ou de plus de deux myriamètres, ainsi qu'il est dit dans l'article précédent.

Art. 18. Les jurés qui se transporteront à plus de deux kilomètres du lieu où se tiendront les assises spéciales, pour les descentes sur les lieux, autorisées par l'article 37 de la loi du 7 juillet 1838, recevront, s'ils en font la demande formelle, une indemnité qui sera fixée pour chaque myriamètre parcouru, en allant et revenant, à deux francs cinquante centimes. Il ne leur sera rien alloué pour toute autre cause que ce soit, à raison de leurs fonctions, si ce n'est dans le cas de séjour forcé en route, comme il est dit ci-après, article 24.

Art. 19. Les personnes qui seront appelées pour éclairer le ury, conformément à l'article 37 précité, recevront, si elles le requièrent, savoir : — Quand elles ne seront pas domiciliées à plus d'un myriamètre du lieu où elles doivent être entendues, pour indemnité de comparution, un franc cinquante centimes;

— Quand elles seront domiciliées à plus d'un myriamètre, pour indemnité de voyage, lorsqu'elles ne seront pas sorties de leur arrondissement, un franc par myriamètre parcouru en allant et en revenant; et lorsqu'elles seront sorties de leur arrondissement, un franc cinquante centimes. — Dans le cas où l'indemnité de voyage est allouée, il ne doit être accordé aucune taxe de comparution.

Art. 20. Les personnes appelées devant le jury, qui reçoivent un traitement quelconque à raison d'un service public, n'auront droit qu'à l'indemnité de voyage, s'il y a lieu, et si elles le requièrent.

Art. 21. Les huissiers qui instrumenteront dans les procédures en matière d'expropriation pour cause d'utilité publique recevront, lorsqu'ils seront obligés de se transporter à plus de deux kilomètres de leur résidence, un franc cinquante centimes pour chaque myriamètre parcouru en allant et en revenant, sans préjudice de l'application de l'article 35 du décret du 14 juin 1813.

Art. 22. Les indemnités de transport ci dessus établies seront réglées par myriamètre et demi-myriamètre. Les fractions de huit ou neuf kilomètres seront comptées pour un myriamètre, et celles de trois à huit kilomètres pour un demi-myriamètre.

Art. 23. Les distances seront calculées d'après le tableau dressé par les préfets, conformément à l'article 93 du décret du 18 juin 1811.

Art. 24. Lorsque les individus dénommés ci-dessus seront arrêtés dans le cours du voyage par force majeure, ils recevront en indemnité, pour chaque jour de séjour forcé, savoir : — Des jurés, deux francs cinquante centimes; — Les personnes appelées devant le jury et les huissiers, un franc cinquante centimes. — Ils seront tenus de faire constater par le juge de paix, et à son défaut par l'un des suppléants ou par le maire, et à son défaut par l'un de ses adjoints, la cause du séjour forcé en route, et d'en représenter le certificat à l'appui de leur demande en taxe.

Art. 25. Si les personnes appelées devant le jury sont obligées de prolonger leur séjour dans le lieu où se fait l'instruction, et que ce lieu soit éloigné de plus d'un myriamètre de leur résidence, il leur sera alloué, pour chaque journée, une indemnité de deux francs.

Art. 26. Les indemnités des jurés et des personnes appelées pour éclairer le jury seront acquittées comme frais urgents par le receveur de l'enregistrement, sur un simple mandat du magistrat directeur du jury, lequel mandat devra, lorsqu'il s'agira d'un transport, indiquer le nombre des myriamètres parcourus, et, dans tous les cas, faire mention expresse de la demande d'indemnité.

Art. 27. Seront également acquittées par le receveur de l'enregistrement les indemnités de déplacement que le magistrat directeur du jury et son greffier pourront réclamer, lorsque la réunion du jury aura lieu dans une commune autre que le chef-lieu judiciaire de l'arrondissement. Le payement sera fait sur un état certifié et signé par le magistrat directeur du jury, indiquant le nombre des journées employées au transport, et la distance entre le lieu où siège le jury et le chef-lieu judiciaire de l'arrondissement.

Art. 28. Dans tous les cas les indemnités de transport allouées au magistrat directeur du jury et au greffier resteront à la charge, soit de l'administration, soit de la compagnie concessionnaire qui aura provoqué l'expropriation, et ne pourront entrer dans la taxe des dépens.

CHAP. IV. — DISPOSITIONS GÉNÉRALES. — Art. 29. Il ne sera alloué aucune taxe aux agents de l'administration autorisés par la loi du 7 juillet 1833 à instrumenter concurremment avec les huissiers.

Art. 30. Le greffier tiendra exactement note des indemnités allouées aux jurés et aux personnes qui seront appelées pour éclairer le jury, et en portera le montant dans l'état de liquidation des frais.

Art. 31. L'administration de l'enregistrement se fera rembourser de ses avances comprises dans la liquidation des frais, par la partie qui sera condamnée aux dépens, en vertu d'un exécutoire délivré par le magistrat directeur du jury, et selon le mode usité pour le recouvrement des droits dont la perception est confiée à cette administration. — Quant aux indemnités de transport payées au magistrat directeur du jury et au greffier, et qui, suivant l'article 28 ci-dessus, ne pourront entrer dans la taxe des dépens, elle en sera remboursée, soit par l'administration, soit par la compagnie concessionnaire, qui aura provoqué l'expropriation.

CXL. — Loi sur *la police de la grande voirie* (1).

23-30 mars 1842.

Art. 1er. A dater de la promulgation de la présente loi, les amendes fixes, établies par les règlements de grande voirie antérieurs à la loi des 19-22 juillet 1791, pourront être modérées, eu égard au degré d'importance et aux circonstances atténuantes des délits, jusqu'au vingtième desdites amendes, sans toutefois que ce minimum puisse descendre au-dessous de 16 francs.

A dater de la même époque, les amendes, dont le taux, d'après ces règlements, était laissé à l'arbitraire du juge, pourront varier entre un minimum de 14 francs et un maximum de 300 francs.

Art. 2. Les piqueurs des ponts et chaussées et les cantonniers-chefs, commissionnés et assermentés à cet effet, constateront tous les délits de grande voirie, concurremment avec les fonctionnaires et agents dénommés dans les lois et décrets antérieurs sur la matière.

(1) PRÉFECTURE DE LA SEINE. (*Recueil de règlements sur l'assaínissement.*

CXLI. — ORDONNANCE *de police concernant les conduites et appareils d'éclairage à gaz dans l'intérieur des habitations.*

31 mai 1842.

(Voir plus loin *Règlement concernant les conduites et appareils d'éclairage et de chauffage par le gaz* extrait des *Arrêtés des* 18 *février* 1862 *et* 2 *avril* 1868).

CXLII. — ORDONNANCE *contenant les dispositions régle-*
mentaires de la grande voirie de Paris, sur la hauteur
des bâtiments et de leurs combles.

1er novembre 1844.

(*Cette ordonnance est remplacée par le Décret impérial*
portant règlement sur la hauteur des maisons, du 27 juillet
1859). — Voir plus loin.

CXLIII. — *Extrait de l'Instruction ministérielle concernant les constructions nouvelles à établir sur une partie de terrain retranchable* (1).

8 mars 1845.

Monsieur le Préfet, des difficultés se sont élevées, depuis quelques années, entre la Ville de Paris et plusieurs propriétaires, à raison de constructions légères que ceux-ci demandaient l'autorisation d'établir, en les adossant à des murs de clôture riverains de la voie publique, mais soumis à reculement par les plans d'alignement des rues où ils sont situés..

La Ville a refusé ces autorisations, et, nonobstant les décisions que j'ai prises pour écarter ce refus, elle n'en a pas moins persisté à repousser les demandes qui lui étaient adressées aux mêmes fins.

. . . .

Les actes précités ayant définitivement tranché la question, je dois supposer, monsieur le Préfet, qu'elle ne se renouvellera plus et que l'Administration, après s'être assurée que les demandes qui lui seraient ultérieurement adressées pour construire sur des terrains situés en arrière d'un mur de clôture, n'ont point pour objet des constructions durables ou propres à consolider un mur dans cette situation, s'abstiendra de persister dans des refus qui ne pourraient obtenir mon assentiment en présence des principes adoptés par le conseil d'État.

(1) PRÉFECTURE DE LA SEINE (DIRECTION DE LA VOIRIE DE PARIS).

CXLIV. — Loi *sur les irrigations* (1).

29 avril — 1er mai 1845.

Art. 1er. Tout propriétaire qui voudra se servir, pour l'irrigation de ses propriétés, des eaux naturelles ou artificielles dont il a le droit de disposer, pourra obtenir le passage de ces eaux sur les fonds intermédiaires, à la charge d'une juste et préalable indemnité.

Sont exceptés de cette servitude les maisons, cours, jardins, parcs et enclos attenant aux habitations.

Art. 2. Les propriétaires des fonds inférieurs devront recevoir les eaux qui s'écouleront des terrains ainsi arrosés, sauf l'indemnité qui pourra leur être due. — Seront également exceptés de cette servitude les maisons, cours, jardins, parcs et enclos attenant aux habitations.

Art. 3. La même faculté de passage sur les fonds intermédiaires pourra être accordée au propriétaire d'un terrain submergé en tout ou en partie, à l'effet de procurer aux eaux nuisibles leur écoulement.

Art. 4. Les contestations auxquelles pourront donner lieu l'établissement de la servitude, la fixation des parcours de la conduite d'eau, de ses dimensions et de sa forme, et les indemnités dues, soit au propriétaire du fonds traversé, soit à celui du fonds qui recevra l'écoulement des eaux, seront portées devant les tribunaux, qui, en prononçant, devront concilier l'intérêt

(1) TRIPIER, *Codes français.*

de l'opération avec le respect dû à la propriété. — Il
sera procédé devant les tribunaux comme en matière
sommaire, et, s'il y a lieu à expertise, il pourra n'être
nommé qu'un seul expert.

Art. 5. Il n'est aucunement dérogé par les présentes
dispositions aux lois qui règlent la police des eaux.

CXLV. = LOI *concernant la répartition des frais de construction des trottoirs* (1).

Au palais de Neuilly, 7 juin 1845.

Art. 1er. Dans les rues et places dont les plans d'alignement ont été arrêtés par ordonnances royales, et où, sur la demande des conseils municipaux, l'établissement de trottoirs sera reconnu d'utilité publique, la dépense de construction des trottoirs sera répartie entre les communes et les propriétaires riverains, dans les proportions et après l'accomplissement des formalités déterminées par les articles suivants.

Art. 2. La délibération du conseil municipal qui provoquera la déclaration d'utilité publique désignera en même temps les rues et places où les trottoirs seront établis, arrêtera le devis des travaux, selon les matériaux entre lesquels les propriétaires auront été autorisés à faire un choix, et répartira la dépense entre la commune et les propriétaires. La portion à la charge de la commune ne pourra être inférieure à la moitié de la dépense totale. = Il sera procédé à une enquête *de commodo et incommodo.* = Une ordonnance du Roi statuera définitivement, tant sur l'utilité publique que sur les autres objets compris dans la délibération du conseil municipal.

Art. 3. La portion de la dépense à la charge des propriétaires sera recouvrée dans la forme déterminée par l'article 28 de la loi de finances du 25 juin 1841.

Art. 4. Il n'est pas dérogé aux usages en vertu des-

(1) TRIPIER, *Codes français.*

quels les frais de construction des trottoirs seraient à la charge des propriétaires riverains, soit en totalité, soit dans une proportion supérieure à la moitié de la dépense totale.

CXLVI. — *Extrait de la loi sur la police des chemins de fer* (1).

15 juillet 1845.

TITRE Ier. — *Mesures relatives à la conservation des chemins de fer.* — Art. 1er. Les chemins de fer construits ou concédés par l'État font partie de la grande voirie.

Art. 2. Sont applicables aux chemins de fer les lois et règlements sur la grande voirie, qui ont pour objet d'assurer la conservation des fossés, talus, levées et ouvrages d'art dépendant des routes, et d'interdire, sur toute leur étendue, le pacage des bestiaux et les dépôts de terre et autres objets quelconques.

Art. 3. Sont applicables aux propriétés riveraines des chemins de fer les servitudes imposées par les lois et règlements sur la grande voirie, et qui concernent : — L'alignement, — l'écoulement des eaux, — l'occupation temporaire des terrains en cas de réparation, la distance à observer pour les plantations, et l'élagage des arbres plantés, le mode d'exploitation des mines, minières, tourbières, carrières et sablières, dans la zone déterminée à cet effet. — Sont également applicables à la confection et à l'entretien des chemins de fer, les lois et règlements sur l'extraction des matériaux nécessaires aux travaux publics.

Art. 4. Tout chemin de fer sera clos des deux côtés et sur toute l'étendue de la voie. — L'Administration déterminera, pour chaque ligne, le mode de cette clô-

(1) ROGER et SOREL, *Codes et Lois usuelles.*

ture, et, pour ceux des chemins qui n'y ont pas été assujettis, l'époque à laquelle elle devra être effectuée. — Partout où les chemins de fer croiseront de niveau les routes de terre, des barrières seront établies et tenues fermées, conformément aux règlements.

Art. 5. A l'avenir, aucune construction autre qu'un mur de clôture ne pourra être établie dans une distance de deux mètres d'un chemin de fer. — Cette distance sera mesurée soit de l'arête supérieure du déblai, soit de l'arête inférieure du talus du remblai, soit du bord extérieur des fossés du chemin, et, à défaut d'une ligne tracée, à un mètre cinquante centimètres à partir des rails extérieurs de la voie de fer. — Les constructions existantes au moment de la promulgation de la présente loi, ou lors de l'établissement d'un nouveau chemin de fer, pourront être entretenues dans l'état où elles se trouveront à cette époque. — Un règlement d'administration publique déterminera les formalités à remplir par les propriétaires pour faire constater l'état desdites constructions, et fixera le délai dans lequel ces formalités devront être remplies.

Art. 6. Dans les localités où le chemin de fer se trouvera en remblai de plus de trois mètres au-dessus du terrain naturel, il est interdit aux riverains de pratiquer, sans autorisation préalable, des excavations dans une zone de largeur égale à la hauteur verticale du remblai, mesurée à partir du pied du talus. — Cette autorisation ne pourra être accordée sans que les concessionnaires ou fermiers de l'exploitation du chemin de fer aient été entendus ou dûment appelés.

Art. 7. Il est défendu d'établir, à une distance de moins de vingt mètres d'un chemin de fer desservi par des machines à feu, des couvertures en chaume, des meules de paille, de foin, et aucun autre dépôt de matières inflammables. — Cette prohibition ne s'étend pas aux dépôts de récoltes faits seulement pour le temps de la moisson.

Art. 8. Dans une distance de moins de cinq mètres d'un chemin de fer, aucun dépôt de pierres, ou objets non inflammables, ne peut être établi sans l'autorisation préalable du préfet. — Cette autorisation sera toujours révocable. — L'autorisation n'est pas nécessaire, — 1° Pour former, dans les localités où le chemin de fer est en remblai, des dépôts de matières non inflammables, dont la hauteur n'excède pas celle du remblai du chemin; — 2° Pour former des dépôts temporaires d'engrais et autres objets nécessaires à la culture des terres.

Art. 9. Lorsque la sûreté publique, la conservation du chemin et la disposition des lieux le permettront, les distances déterminées par les articles précédents pourront être diminuées en vertu d'ordonnances royales rendues après enquêtes.

Art. 10. Si, hors des cas d'urgence prévus par la loi des 16-24 août 1790, la sûreté publique ou la conservation du chemin de fer l'exige, l'administration pourra faire supprimer, moyennant une juste indemnité, les constructions, plantations, excavations, couvertures en chaume, amas de matériaux combustibles ou autres, existant, dans les zones ci-dessus spécifiées, au moment de la promulgation de la présente loi, et, pour l'avenir, lors de l'établissement du chemin de fer. — L'indemnité sera réglée, pour la suppression des constructions, conformément aux titres IV et suivants de la loi du 3 mai 1841, et, pour tous les autres cas, conformément à la loi du 16 septembre 1807.

Art. 11. Les contraventions aux dispositions du présent titre seront constatées, poursuivies et réprimées comme en matière de grande voirie. — Elles seront punies d'une amende de seize à trois cents francs, sans préjudice, s'il y a lieu, des peines portées au Code pénal et au titre III de la présente loi. Les contrevenants seront, en outre, condamnés à supprimer, dans le délai déterminé par l'arrêté du conseil de préfecture, les excavations, couvertures, meules ou dépôts faits contrairement aux dispositions précédentes. A défaut, par eux, de satisfaire à cette condamnation dans le délai fixé, la suppression aura lieu d'office, et le montant de la dépense sera recouvré contre eux par voie de contrainte, comme en matière de contributions publiques.

TITRE II. — *Des contraventions de voirie commises par les concessionnaires ou fermiers de chemins de fer.* — Art. 12. Lorsque le concessionnaire ou le fermier de l'exploitation d'un chemin de fer contreviendra aux clauses du cahier des charges, ou aux décisions rendues en exécution de ces clauses, en ce qui concerne le service de la navigation la viabilité des routes royales, départementales et vicinales, ou le libre écoulement des eaux, procès-verbal sera dressé de la contravention, soit par les ingénieurs des ponts et chaussées ou des mines, soit par les conducteurs, gardes-mines et piqueurs, dûment assermentés.

Art. 13. Les procès-verbaux, dans les quinze jours de leur date, seront notifiés administrativement au domicile élu par le concessionnaire ou le fermier, à la diligence du préfet et transmis dans le même délai au conseil de préfecture du lieu de la contravention.

Art. 14. Les contraventions prévues à l'article 12

seront punies d'une amende de trois cents francs à trois mille francs.

Art. 15. L'administration pourra, d'ailleurs, prendre immédiatement toutes les mesures provisoires pour faire cesser le dommage, ainsi qu'il est procédé en matière de grande voirie. — Les frais qu'entraînera l'exécution de ces mesures seront recouvrés, contre le concessionnaire ou fermier, par voie de contrainte, comme en matière de contributions publiques.

CXLVII. — ORDONNANCE *qui détermine les formalités auxquelles seront soumises les extractions de matériaux ayant pour objet les travaux des chemins vicinaux, lorsque ces extractions devront avoir lieu dans des bois régis par l'Administration des forêts* (1).

8 août 1845.

Art. 1ᵉ¹. Les extractions de matériaux ayant pour objet les travaux des chemins vicinaux, lorsqu'elles devront avoir lieu dans des bois régis par l'administration des forêts, seront soumises à l'observation des formalités indiquées ci-après.

Art. 2. Les lieux d'extraction devront être désignés préalablement à l'agent forestier supérieur de l'arrondissement. — Les agents forestiers, de concert avec les agents chargés du service vicinal, ou, à défaut de ceux-ci, avec le maire, procéderont à la reconnaissance du terrain et en détermineront les limites. — Ils indiqueront également le nombre, l'espèce et les dimensions des arbres dont l'abatage sera reconnu nécessaire, ainsi que les chemins à suivre pour le transport des matériaux. — En cas de contestation sur ces divers objets, il sera statué par le préfet.

Art. 3. Les clauses et conditions qui devront, en conséquence des dispositions de l'article précédent, être imposées, tant pour le mode d'extraction que pour le rétablissement des lieux en l'état, seront rédigées par les agents forestiers, et remises par eux au préfet, qui les fera insérer au cahier des charges des travaux.

(1) ROGER et SOREL, *Codes et Lois usuelles.*

— Un arrêté spécial réglera les conditions, lorsque les travaux s'exécuteront par économie. — Dans tous les cas, les communes demeureront responsables du paiement de tous dommages et indemnités.

Art. 4. L'évaluation des indemnités dues à raison de l'occupation ou de la fouille des terrains et des dégâts causés par l'extraction, sera faite conformément au deuxième paragraphe de l'article 17 de la loi du 21 mai 1836. — L'agent forestier supérieur de l'arrondissement remplira les fonctions d'expert dans l'intérêt de l'État.

Art. 5. Les agents forestiers, les agents du service vicinal et les maires, sont expressément chargés de veiller à ce que les matériaux provenant des extractions ne soient pas employés à des travaux autres que ceux pour lesquels les extractions auront été autorisées. — Les agents forestiers exerceront contre les contrevenants toutes poursuites de droit.

Art. 6. Les arbres abattus seront vendus comme menus marchés, sur l'autorisation du conservateur.

Art. 7. Les contestations qui pourront s'élever relativement à l'exécution des travaux d'extraction et à l'évaluation des indemnités seront soumises au conseil de préfecture, conformément à l'article 4 de la loi du 28 pluviôse an VIII, et à l'article 17 de la loi du 21 mai 1836.

CXLVIII. — INSTRUCTION *sur les dispositions de sûreté et de salubrité à exécuter dans les boulangeries* (1).

17 octobre 1845.

Le bois *de provision* sera toujours placé à l'extérieur du fournil (§ 1er, art. 19 de l'Ordonnance de police du 24 novembre 1843, concernant les incendies).

Cette disposition est de rigueur pour les boulangeries qui seront transférées ou qui changeront de titulaires.

Quant au bois *destiné à la consommation du jour*, il pourra rester dans le fournil, sauf à être renfermé de la manière indiquée dans la deuxième partie de cette instruction.

Il est expressément défendu de laisser dans le fournil d'autre bois que celui qui sera ainsi renfermé.

Les supports à bannetons ou autres seront en matériaux incombustibles (§ 2, art. 19 de l'Ordonnance susmentionnée).

Les soupentes et toutes autres constructions en bois établies dans les fournils seront également en matériaux incombustibles (même paragraphe).

Les couches à pain seront revêtues extérieurement de tôle, ainsi que les pétrins qui se trouveront à moins de deux mètres de la bouche du four (même paragraphe).

Les glissoires seront toujours en métal avec fourreau en cuir, à moins qu'elles ne se trouvent à l'extérieur des fournils ou qu'elles ne soient dans l'intérieur à une

_____

(1) PRÉFECTURE DE LA SEINE (DIRECTION DES TRAVAUX DE PARIS).

très grande distance du four. (Décision du 22 mars 1844.)

Les escaliers communiquant aux fournils seront construits en matériaux incombustibles (§ 2, art. 19 de l'Ordonnance susmentionnée).

Ces escaliers devront toujours être d'un accès facile.

Les chaudières seront fermées d'un couvercle à charnières. (Décision du 25 février 1839.)

Elles devront être aussi munies d'un robinet.

Il ne pourra être établi de lieux d'aisances dans l'intérieur des fournils. (Décision du 25 février 1839.)

Il ne pourra être placé des rideaux ou des portières ni dans les caves ni aux chaudières. (Même décision.)

Les étouffoirs et coffres à braise devront être en matériaux incombustibles et les couvercles entièrement en forte tôle (§ 3, art. 19 de l'Ordonnance susmentionnée).

Les trappes ne seront tolérées dans les boulangeries qu'autant qu'elles seront disposées de manière à ne présenter aucune chance d'accident. (Décision du 31 janvier 1838.)

Les treuils servant à monter les farines seront supprimés, et à l'avenir il ne pourra plus en être établi, sous aucun prétexte.

Les réservoirs de plomb des boulangers devront être nettoyés à fond tous les mois. (Décision du 20 novembre 1834.)

Les puits des boulangers devront être entretenus en état de salubrité et être garnis de cordes, poulies et seaux, pour pouvoir servir en cas d'incendie (art. 11 de l'Ordonnance de police du 20 juillet 1838, concernant les puits, puisards, etc.).

Les chandelles ou lampes portatives dont on ferait usage dans les fournils devront toujours être ren-

fermées dans une lanterne vitrée ou à tissu métallique
(§ 1er de l'art. 24 de l'ordonnance précitée de 1843).

Dispositions relatives aux établissements actuellement
existants.

Lorsque, dans les boulangeries actuelles, les localités
ne permettront pas de déposer le bois *de provision* à
l'extérieur du fournil, il sera ménagé dans ledit fournil
un emplacement séparé par des murs en briques et
fermé d'une porte en fer.

Le bois *destiné à la consommation du jour* ne pourra,
après sa dessiccation, être déposé que dans un lieu
construit en matériaux incombustibles et hermétiquement fermé par une porte en fer.

Les arcades situées sous les fours pourront être
affectées à cette destination, en les fermant aussi par
une porte en fer.

Dans les boulangeries actuelles, où les fours n'auront pas d'arcade, la partie du fournil où ce bois est
ordinairement déposé sera également isolée par une
construction en matériaux incombustibles et hermétiquement fermée par une porte en fer.

Ce lieu sera toujours indépendant de celui qui sera
destiné au bois *de provision*.

Le pair de France, préfet de police,
G. DELESSERT.

CXLIX. — *Extrait de l'arrêté du Préfet de la Seine sur la construction des trottoirs* (1).

15 avril 1845.

Les trottoirs des rues centrales et commerçantes de Paris doivent être établis en granit (bordures et dallages, l'Administration se réservant d'autoriser, pour les autres rues, des dallages en bitume et des bordures en pierre dure calcaire). Ils sont, dans tous les cas, exécutés conformément aux conditions des devis et des adjudications des travaux semblables de la Ville de Paris.

La bordure des trottoirs sera élevée de 0,^{m}17 au-dessus du pavé : la pente, en travers du dallage, sera de 0^m,04 par mètre, à moins que le projet n'en indique une autre.

Devant les portes cochères, la bordure, sur 2 mètres de longueur, n'aura que 0^m,04 de saillie au-dessus du ruisseau. Aux extrémités de cette bordure, règneront deux rampants inclinés de 0^m,05 par mètre, au milieu desquels déboucheront les gargouilles obliques de la porte cochère. Les bordures, devant ces portes, ne seront jamais intaillées.

L'intervalle compris entre les portes cochères et la bordure sera rempli par un pavage essemillé, appareillé en quinconce et posé sur un mortier hydraulique, avec des joints de 0^m,105 de largeur au plus.

Les gargouilles pour l'écoulement des eaux ména-

---

(1) SOCIÉTÉ CENTRALE DES ARCHITECTES, *Manuel des lois du bâtiment* (1re édit.).

gères doivent être en fonte, avec rainure à leur partie supérieure, pour en faciliter le nettoiement, scellées sur un massif en maçonnerie et mortier hydraulique, de 0m,28 de large sur 0m,15 de hauteur, et avec les tuyaux de descente.

Aucune borne ni corps saillants ne peuvent être conservés dans l'épaisseur ou à l'extérieur du trottoir.

Tous travaux quelconques, pour une superficie de trottoirs ne dépassant pas 10,000 mètres, doivent être terminés dans un délai de dix jours. Ce délai sera augmenté d'un jour par 5,000 mètres carrés de trottoir en sus de la surface précitée.

Le raccordement du pavé de la rue au droit des trottoirs doit être exécuté par l'entrepreneur de la ville, conformément aux règlements de voirie, sur l'ordre de l'ingénieur, et aussitôt après la pose de la bordure du trottoir.

Pour les trottoirs tout en granit, la prime accordée par la ville est du tiers de l'évaluation faite par les ingénieurs; elle est payée immédiatement après l'exécution.

Pour les trottoirs en bitume, la prime est du sixième de l'estimation des ingénieurs, et doit rester trois ans entre les mains de l'administration, à titre de garantie de la bonne exécution des travaux et après leur réception par l'ingénieur.

La largeur des trottoirs se règle d'après celle des rues conformément aux indications du tableau suivant :

LARGEUR des RUES.	LARGEUR des CHAUSSÉES.	LARGEUR de chaque TROTTOIR.	LARGEUR des RUES.	LARGEUR des CHAUSSÉES.	LARGEUR de chaque TROTTOIR.
m. c.	m. c.	m. c.	m. c.	m. c.	m. c.
3 50	2 »	0 75	11 70	7 10	2 30
4 »	2 50	0 75	12 »	7 20	2 40
4 50	3 »	0 75	12 50	7 50	2 50
5 »	3 50	0 75	13 »	7 80	2 60
5 50	4 »	0 75	13 50	8 10	2 70
6 »	4 40	0 80	14 »	8 40	2 80
6 50	4 50	1 »	14 50	8 70	2 90
7 »	4 60	1 20	15 »	9 »	3 »
7 50	4 80	1 35	15 50	9 30	3 10
7 80	5 »	1 40	16 »	9 60	3 20
8 »	5 »	1 50	16 50	9 90	3 30
8 50	5 50	1 50	17 »	10 20	3 40
9 »	6 »	1 50	17 50	10 50	3 50
9 50	6 40	1 55	18 »	10 80	3 60
9 70	6 50	1 60	18 50	11 10	3 70
10 »	6 60	1 70	19 »	11 40	3 80
10 50	6 80	1 85	19 50	11 70	3 90
11 »	7 »	2 »	20 » et	12 »	4 »
11 50	7 10	2 20	au-dessus.	minimum.	maximum.

CL. — *Extrait de l'Instruction ministérielle concernant la construction en pans de bois sur la voie publique* (1).

3 juillet 1846.

.... L'exhaussement en brique d'une façade qui est en pans de bois constituerait un travail vicieux, et « l'exhaussement en pans de bois ne saurait être autorisé, puisqu'il serait contraire aux règlements de voirie qui prohibent formellement l'usage des pans de bois sur la voie publique »

(1) PRÉFECTURE DE LA SEINE (DIRECTION DE LA VOIRIE DE PARIS.

CLI. — RÈGLEMENT *du préfet de la Seine sur les abonnements aux eaux de Paris.*

1er août 1846.

(Voir plus loin *Règlement sur les abonnements aux eaux du 27 février 1860.*

CLII. — INSTRUCTION *ministérielle relative au refus d'autoriser la réparation d'une façade détériorée par le choc d'une voiture* (1).

22 décembre 1846.

Monsieur le Préfet, j'ai pris connaissance des renseignements que vous m'avez adressés le 21 octobre dernier, en me renvoyant la réclamation formée par M. l'abbé de Bervanger contre votre arrêté du 5 septembre précédent, portant refus de l'autoriser à faire remplacer par des moellons neufs ceux de mauvaise qualité qui ont été écrasés accidentellement dans un angle du mur de la maison située rue de Vaugirard, n° 98, et sujette à reculement.

Tout en reconnaissant l'intérêt qu'inspire la position de M. l'abbé de Bervanger, qui n'agit ici qu'au nom d'un établissement charitable, vous concluez au rejet de la réclamation, attendu que la réparation dont il s'agit aurait un effet réconfortatif et constituerait une atteinte aux règlements de voirie.

Le Conseil des Bâtiments civils, que j'ai consulté, s'est prononcé dans ce sens; j'ai dû, en conséquence, confirmer votre refus, et je viens d'informer M. l'abbé de Bervanger de ma décision.

Recevez, monsieur le Préfet, l'assurance de ma considération la plus distinguée.

Le Ministre de l'Intérieur,
Signé : DUCHATEL.

(1) PRÉFECTURE DE LA SEINE (DIRECTION DE LA VOIRIE DE PARIS).

CLIII. — ORDONNANCE *portant règlement de la vente du gaz dans Paris.*

26 décembre 1846.

(Voir plus loin *Extrait du Traité passé entre la Ville de Paris et la compagnie parisienne d'éclairage et de chauffage par le gaz, du 7 février* 1870.)

CLIV. — LOI *sur les irrigations* (1).

11 juillet 1847.

Art. 1ᵉʳ. Tout propriétaire qui voudra se servir, pour l'irrigation de ses propriétés, des eaux naturelles ou artificielles dont il a le droit de disposer, pourra obtenir la faculté d'appuyer sur la propriété du riverain opposé les ouvrages d'art nécessaires à sa prise d'eau, à la charge d'une juste et préalable indemnité. — Sont exceptés de cette servitude les bâtiments, cours et jardins attenant aux habitations.

Art. 2. Le riverain sur le fond duquel l'appui sera réclamé pourra toujours demander l'usage commun du barrage, en contribuant pour moitié aux frais d'établissement et d'entretien ; aucune indemnité ne sera respectivement due dans ce cas, et celle qui aurait été payée devra être rendue. — Lorsque cet usage commun ne sera réclamé qu'après le commencement ou la confection des travaux, celui qui le demandera devra supporter seul l'excédant de dépense auquel donneront lieu les changements à faire au barrage pour le rendre propre à l'irrigation des deux rives.

Art. 3. Les contestations auxquelles pourra donner lieu l'application des deux articles ci-dessus seront portées devant les tribunaux. — Il sera procédé comme en matière sommaire, et s'il y a lieu à expertise, le tribunal pourra ne nommer qu'un seul expert.

Art. 4. Il n'est aucunement dérogé, par les présentes dispositions, aux lois qui règlent la police des eaux.

(1) ROGER et SOREL, *Codes et Lois usuelles.*

TABLE CHRONOLOGIQUE

DES

USAGES ANCIENS, RÈGLEMENTS ADMINISTRATIFS ET LOIS COMPLÉMÉNTAIRES

PREMIÈRE PARTIE

(1511 — 1848)

II   34

FIN DE LA TABLE CHRONOLOGIQUE DES USAGES ANCIENS, RÈGLEMENTS
ADMINISTRATIFS ET LOIS COMPLÉMENTAIRES.
(1ʳᵉ PARTIE, 1511-1848)

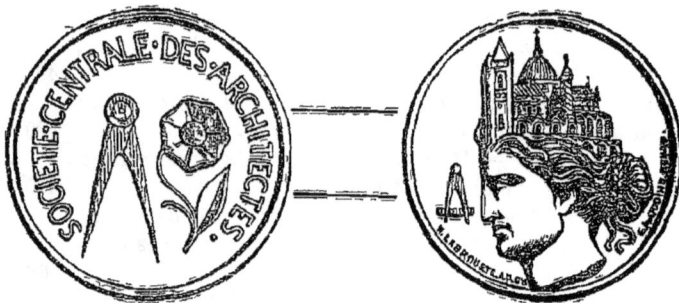

Paris, le 30 août 1879.

Vu et approuvé :

Pour le Président de la Société,
    Membre de l'Institut,
Le membre de la Société délégué, Le Secrétaire-Rédacteur,

    ACH. HERMANT.   CHARLES LUCAS.

OUVRAGES PUBLIÉS

PAR

LA LIBRAIRIE GÉNÉRALE DE L'ARCHITECTURE ET DES TRAVAUX PUBLICS

PUBLICATIONS PÉRIODIQUES.

La Revue générale de l'Architecture et des Travaux publics. — La Semaine des Constructeurs. — Le Bulletin de la Société centrale des Architectes. — Les Annales de la Société centrale des Architectes, — Les Croquis d'Architecture. — Le Recueil d'Architecture. — Les Annales industrielles. — Les Matériaux et Documents d'Architecture. — L'Art et l'Industrie. — L'Art pratique. — Le Recueil de Menuiserie pratique. — Le Recueil de Serrurerie pratique.

OUVRAGES TERMINÉS.

L'Architecture privée au dix-neuvième siècle (1re, 2e et 3e séries). — Le Nouvel Opéra de Paris. — Les Motifs historiques d'Architecture et de Sculpture d'ornement (1re et 2e séries). — La Brique ordinaire au point de vue décoratif. — L'Architecture funéraire. — L'Ornement des tissus. — Recueil de Tombeaux modernes. — L'Album du Peintre en bâtiment. — Les Châteaux de Blois, d'Anet, de Fontainebleau, de Chambord, de Pierrefonds, etc. — L'Architecture de la Renaissance en Lombardie. — L'Ameublement moderne. — Le Mobilier de la Couronne. — L'Architecture toscane. — Le Théâtre du Vaudeville. — Les Théâtres du Châtelet. — L'Église de la Trinité. — L'Église Saint-Ambroise. — Les Halles centrales de Paris. — Les Maisons de Berlin. — Maisons d'Allemagne. — L'Architecture moderne de Vienne. — Motifs d'Architecture russe. — Les Habitations ouvrières. — L'Art de bâtir chez les Romains. — L'Ornementation pratique. — La Décoration usuelle. — Dictionnaire d'Architecture. — Histoire de l'Architecture, etc., etc.

Jurisprudence du bâtiment. — Traité des Honoraires, de la Responsabilité, de la Mitoyenneté, des Devis dépassés. — Dictionnaire du métré. — Traité des Réparations locatives. — Traité de la Voirie urbaine. — Comptabilité du Bâtiment. — Carnets-contrôle à l'usage des entrepreneurs, etc.

Constructions en bois et en fer. — Pratique de la Résistance des matériaux. — Cours de Construction. — Manuel des entrepreneurs. — Série des prix de la Ville. — Carnet du Conducteur de travaux. — L'Art de la menuiserie. — Recueil de charpente. — Traité des ponts. — Traité des Paratonnerres. — Machines à vapeur, etc.

Papiers exceptionnels à calquer, à dessiner, pour esquisses sur toile, etc.

Envoi franco du catalogue et d'une collection d'échantillons des papiers sur toute demande.

Paris. — Imp. Arnous de Rivière, rue Racine, 26.